American Agriculturist Handbook for 1910

by Orange Judd Company

with an introduction by Jackson Chambers

Introduction

I am pleased to present yet another title on Agriculture.

The work is in the Public Domain and is re-printed here in accordance with Federal Laws.

As with all reprinted books of this age that are intended to perfectly reproduce the original edition, considerable pains and effort had to be undertaken to correct fading and sometimes outright damage to existing proofs of this title. At times, this task is quite monumental, requiring an almost total "rebuilding" of some pages from digital proofs of multiple copies. Despite this, imperfections still sometimes exist in the final proof and may detract from the visual appearance of the text.

I hope you enjoy reading this book as much as I enjoyed making it available to readers again.

Jackson Chambers

Kellerstrass Farm
1907

FOREWORD

THIS Hand Book is intended to supplement the American Agriculturist's weeklies. They go together. The Hand Book condenses and presents in form for convenient reference progress and results, especially agricultural, in the busy world up to the year 1910. It contains a large amount of the kind of reference matter that farm men, women and children find most useful. Much of it is useful for anybody anywhere.

We have not been content with getting up an interesting and instructive book, but have tried to make it the most interesting and the most instructive book of the kind that has ever been made. Our year books and annual hand books in the past have always led the world, and so we have to beat ourselves at our own game. We leave it for you to say how great has been the measure of our success.

Make this a text book to be studied in your leisure hours. Look here for what you want to know. The habit will please you and pay you. We make no pretense of covering the whole field of human knowledge, but it is really surprising how many questions that the people of the United States are likely to ask one another during the year will be found answered in the American Agriculturist Hand Book for 1910.

Under the Apple Blossoms

1910

JANUARY

Su.	Mo.	Tu.	We.	Th.	Fr.	Sa.
--	--	--	--	--	--	1
2	3	4	5	6	7	8
9	10	11	12	13	14	15
16	17	18	19	20	21	22
23	24	25	26	27	28	29
30	31	--	--	--	--	--

FEBRUARY

Su.	Mo.	Tu.	We.	Th.	Fr.	Sa.
--	--	1	2	3	4	5
6	7	8	9	10	11	12
13	14	15	16	17	18	19
20	21	22	23	24	25	26
27	28	--	--	--	--	--
--	--	--	--	--	--	--

MARCH

Su.	Mo.	Tu.	We.	Th.	Fr.	Sa.
--	--	1	2	3	4	5
6	7	8	9	10	11	12
13	14	15	16	17	18	19
20	21	22	23	24	25	26
27	28	29	30	31	--	--
--	--	--	--	--	--	--

APRIL

Su.	Mo.	Tu.	We.	Th.	Fr.	Sa.
--	--	--	--	--	1	2
3	4	5	6	7	8	9
10	11	12	13	14	15	16
17	18	19	20	21	22	23
24	25	26	27	28	29	30
--	--	--	--	--	--	--

MAY

Su.	Mo.	Tu.	We.	Th.	Fr.	Sa.
1	2	3	4	5	6	7
8	9	10	11	12	13	14
15	16	17	18	19	20	21
22	23	24	25	26	27	28
29	30	31	--	--	--	--
--	--	--	--	--	--	--

JUNE

Su.	Mo.	Tu.	We.	Th.	Fr.	Sa.
--	--	--	1	2	3	4
5	6	7	8	9	10	11
12	13	14	15	16	17	18
19	20	21	22	23	24	25
26	27	28	29	30	--	--
--	--	--	--	--	--	--

JULY

Su.	Mo.	Tu.	We.	Th.	Fr.	Sa.
--	--	--	--	--	1	2
3	4	5	6	7	8	9
10	11	12	13	14	15	16
17	18	19	20	21	22	23
24	25	26	27	28	29	30
31	--	--	--	--	--	--

AUGUST

Su.	Mo.	Tu.	We.	Th.	Fr.	Sa.
--	1	2	3	4	5	6
7	8	9	10	11	12	13
14	15	16	17	18	19	20
21	22	23	24	25	26	27
28	29	30	31	--	--	--
--	--	--	--	--	--	--

SEPTEMBER

Su.	Mo.	Tu.	We.	Th.	Fr.	Sa.
--	--	--	--	1	2	3
4	5	6	7	8	9	10
11	12	13	14	15	16	17
18	19	20	21	22	23	24
25	26	27	28	29	30	--
--	--	--	--	--	--	--

OCTOBER

Su.	Mo.	Tu.	We.	Th.	Fr.	Sa.
--	--	--	--	--	--	1
2	3	4	5	6	7	8
9	10	11	12	13	14	15
16	17	18	19	20	21	22
23	24	25	26	27	28	29
30	31	--	--	--	--	--

NOVEMBER

Su.	Mo.	Tu.	We.	Th.	Fr.	Sa.
--	--	1	2	3	4	5
6	7	8	9	10	11	12
13	14	15	16	17	18	19
20	21	22	23	24	25	26
27	28	29	30	--	--	--
--	--	--	--	--	--	--

DECEMBER

Su.	Mo.	Tu.	We.	Th.	Fr.	Sa.
--	--	--	--	1	2	3
4	5	6	7	8	9	10
11	12	13	14	15	16	17
18	19	20	21	22	23	24
25	26	27	28	29	30	31
--	--	--	--	--	--	--

1911

JANUARY

Su.	Mo.	Tu.	We.	Th.	Fr.	Sa.
1	2	3	4	5	6	7
8	9	10	11	12	13	14
15	16	17	18	19	20	21
22	23	24	25	26	27	28
29	30	31	--	--	--	--
--	--	--	--	--	--	--

FEBRUARY

Su.	Mo.	Tu.	We.	Th.	Fr.	Sa.
--	--	--	1	2	3	4
5	6	7	8	9	10	11
12	13	14	15	16	17	18
19	20	21	22	23	24	25
26	27	28	--	--	--	--
--	--	--	--	--	--	--

MARCH

Su.	Mo.	Tu.	We.	Th.	Fr.	Sa.
--	--	--	1	2	3	4
5	6	7	8	9	10	11
12	13	14	15	16	17	18
19	20	21	22	23	24	25
26	27	28	29	30	31	--
--	--	--	--	--	--	--

APRIL

Su.	Mo.	Tu.	We.	Th.	Fr.	Sa.
--	--	--	--	--	--	1
2	3	4	5	6	7	8
9	10	11	12	13	14	15
16	17	18	19	20	21	22
23	24	25	26	27	28	29
30	--	--	--	--	--	--

MAY

Su.	Mo.	Tu.	We.	Th.	Fr.	Sa.
--	1	2	3	4	5	6
7	8	9	10	11	12	13
14	15	16	17	18	19	20
21	22	23	24	25	26	27
28	29	30	31	--	--	--
--	--	--	--	--	--	--

JUNE

Su.	Mo.	Tu.	We.	Th.	Fr.	Sa.
--	--	--	--	1	2	3
4	5	6	7	8	9	10
11	12	13	14	15	16	17
18	19	20	21	22	23	24
25	26	27	28	29	30	--
--	--	--	--	--	--	--

ECLIPSES FOR 1910.

Standard Time.

In the year 1910 there will be four Eclipses, two of the SUN and two of the MOON.

I. A TOTAL ECLIPSE OF THE SUN, May 9. Invisible. Visible to Australia and adjacent regions.

II. A TOTAL ECLIPSE OF THE MOON, May 23–24. Visible to North and South America, the Atlantic and Pacific Oceans, and in part to southwest Europe, the western portions of Africa and the extreme eastern part of Australia. Occurring as follows:

	EASTERN STANDARD TIME
Moon enters Penumbra - - - -	23 d. 9 h. 32 m. P. M.
Moon enters Shadow - - - - -	23 d. 10 h. 46 m. P. M.
Total Eclipse begins - - - - -	24 d. 0 h. 9 m. A. M.
Middle of Eclipse - - - - -	24 d. 0 h. 34 m. A. M.
Total Eclipse ends - - - - - -	24 d. 1 h. 0 m. A. M.
Moon leaves Shadow - - - - -	24 d. 2 h. 22 m. A. M.
Moon leaves Penumbra - - - - -	24 d. 3 h. 36 m. A. M.

First contact of Shadow, 84 degrees from the north point of the Moon's limb toward the East. Magnitude of Eclipse = 1.099 (Moon's diameter = 1.0).

III. A PARTIAL ECLIPSE OF THE SUN, November 1–2. Invisible. Visible to the greater part of Alaska, the north-eastern portion of Asia and the northern Pacific Ocean.

IV. A TOTAL ECLIPSE OF THE MOON, November 16. Visible to Europe and Africa, and in part to North and South America and south-western Asia. Occurring as follows:

	EASTERN STANDARD TIME
Moon enters Penumbra - - - - -	16 d. 4 h. 45 m. P. M.
Moon enters Shadow - - - - -	16 d. 5 h. 44 m. P. M.
Total Eclipse begins - - - - -	16 d. 6 h. 55 m. P. M.
Middle of Eclipse - - - - -	16 d. 7 h. 21 m. P. M.
Total Eclipse ends - - - - - -	16 d. 7 h. 47 m. P. M.
Moon leaves Shadow - - - - -	16 d. 8 h. 58 m. P. M.
Moon leaves Penumbra - - - - -	16 d. 9 h. 56 m. P. M.

First contact of Shadow, 93 degrees from the north point of the Moon's limb toward the East. Magnitude of Eclipse = 1.131 (Moon's diameter = 1.0).

THE TWELVE SIGNS OF THE ZODIAC.

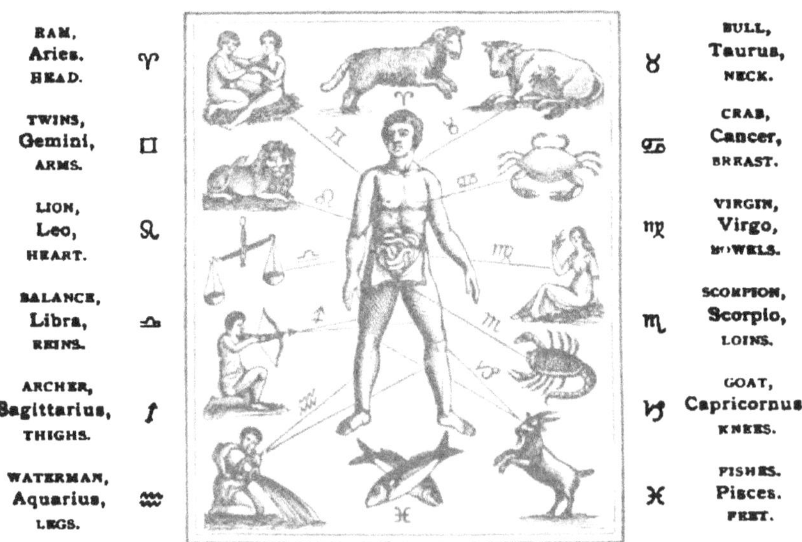

THE SEASONS.

		EASTERN TIME
Vernal Equinox (Spring begins) - - -	**March**	**21 d. 7 h. 3 m. A. M.**
Summer Solstice (Summer begins) - - -	**June**	**22 d. 2 h. 48 m. A. M.**
Autumnal Equinox (Autumn begins) - - -	September	23 d. 5 h. 30 m. P. M.
Winter Solstice (Winter begins) - - - -	December	22 d. 0 h. 12 m. P. M.

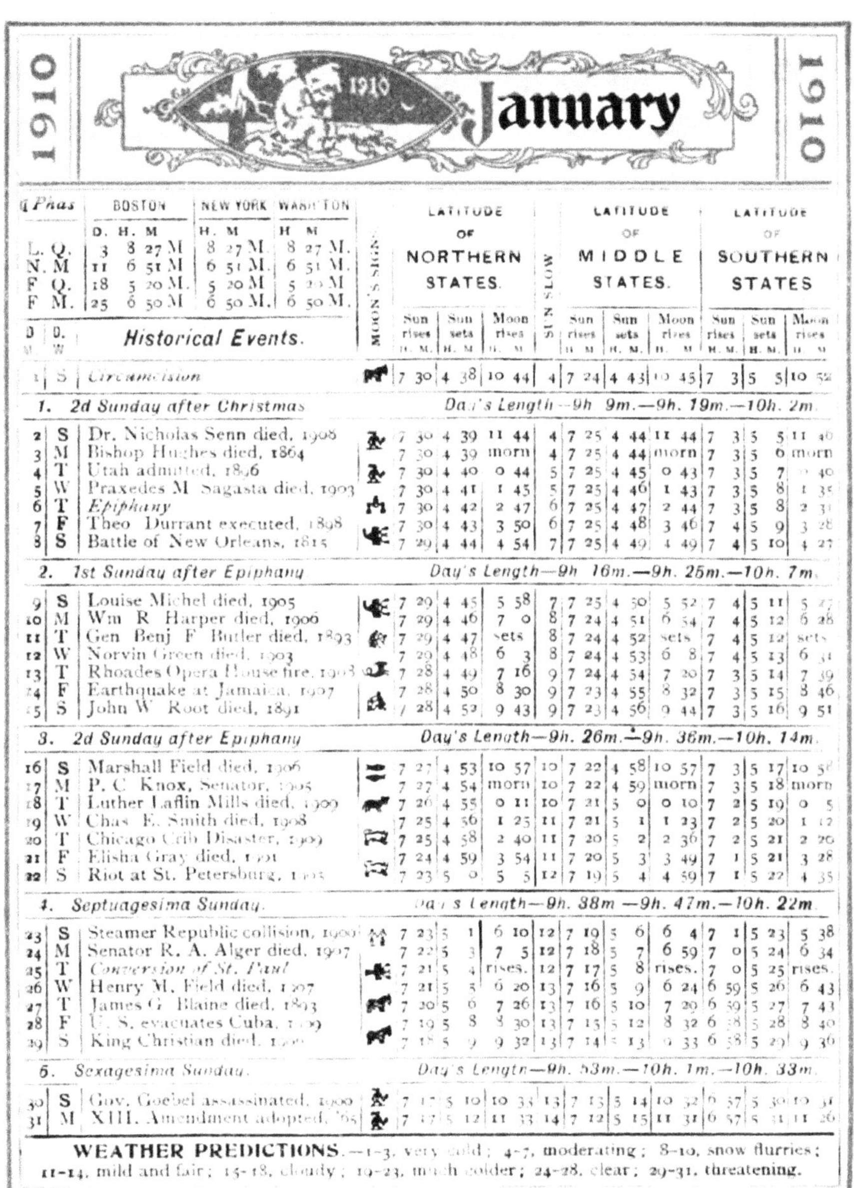

1910 January 1910

☾ Phas	BOSTON D. H. M	NEW YORK H. M	WASH'TON H. M
L. Q.	3 8 27 M.	8 27 M.	8 27 M.
N. M	11 6 51 M.	6 51 M.	6 51 M.
F. Q.	18 5 20 M.	5 20 M.	5 20 M.
F. M.	25 6 50 M.	6 50 M.	6 50 M.

				Latitude of Northern States				Latitude of Middle States			Latitude of Southern States		
D. M.	D. W.	Historical Events.	Moon's Sign	Sun rises H. M.	Sun sets H. M.	Moon rises H. M.	Sun Slow	Sun rises H. M.	Sun sets H. M.	Moon rises H. M.	Sun rises H. M.	Sun sets H. M.	Moon rises H. M.
1	S	*Circumcision*		7 30	4 38	10 44	4	7 24	4 43	10 45	7 3	5 5	10 52
1. 2d Sunday after Christmas				Day's Length—9h 9m.—9h. 19m.—10h. 2m.									
2	S	Dr. Nicholas Senn died, 1908		7 30	4 39	11 44	4	7 25	4 44	11 44	7 3	5 5	11 46
3	M	Bishop Hughes died, 1864		7 30	4 39	morn	4	7 25	4 44	morn	7 3	5 6	morn
4	T	Utah admitted, 1896		7 30	4 40	0 44	5	7 25	4 45	0 43	7 3	5 7	0 40
5	W	Praxedes M. Sagasta died, 1903		7 30	4 41	1 45	5	7 25	4 46	1 43	7 3	5 8	1 35
6	T	*Epiphany*		7 30	4 42	2 47	6	7 25	4 47	2 44	7 3	5 8	2 31
7	F	Theo. Durrant executed, 1898		7 30	4 43	3 50	6	7 25	4 48	3 46	7 4	5 9	3 28
8	S	Battle of New Orleans, 1815		7 29	4 44	4 54	7	7 25	4 49	4 49	7 4	5 10	4 27
2. 1st Sunday after Epiphany				Day's Length—9h 16m.—9h. 25m.—10h. 7m.									
9	S	Louise Michel died, 1905		7 29	4 45	5 58	7	7 25	4 50	5 52	7 4	5 11	5 47
10	M	Wm. R. Harper died, 1906		7 29	4 46	7 0	8	7 24	4 51	6 54	7 4	5 12	6 28
11	T	Gen. Benj. F. Butler died, 1893		7 29	4 47	sets	8	7 24	4 52	sets	7 4	5 12	sets
12	W	Norvin Green died, 1903		7 29	4 48	6 3	8	7 24	4 53	6 8	7 4	5 13	6 31
13	T	Rhoades Opera House fire, 1908		7 28	4 49	7 16	9	7 24	4 54	7 20	7 3	5 14	7 39
14	F	Earthquake at Jamaica, 1907		7 28	4 50	8 30	9	7 23	4 55	8 32	7 3	5 15	8 46
15	S	John W. Root died, 1891		7 28	4 52	9 43	9	7 23	4 56	9 44	7 3	5 16	9 51
3. 2d Sunday after Epiphany				Day's Length—9h. 26m.—9h. 36m.—10h. 14m.									
16	S	Marshall Field died, 1906		7 27	4 53	10 57	10	7 22	4 58	10 57	7 3	5 17	10 58
17	M	P. C. Knox, Senator, 1905		7 27	4 54	morn	10	7 22	4 59	morn	7 3	5 18	morn
18	T	Luther Laflin Mills died, 1909		7 26	4 55	0 11	10	7 21	5 0	0 10	7 2	5 19	0 5
19	W	Chas. E. Smith died, 1908		7 25	4 56	1 25	11	7 21	5 1	1 23	7 2	5 20	1 12
20	T	Chicago Crib Disaster, 1909		7 25	4 58	2 40	11	7 20	5 2	2 36	7 2	5 21	2 20
21	F	Elisha Gray died, 1901		7 24	4 59	3 54	11	7 20	5 3	3 49	7 1	5 21	3 28
22	S	Riot at St. Petersburg, 1905		7 23	5 0	5 5	12	7 19	5 4	4 59	7 1	5 22	4 35
4. Septuagesima Sunday.				Day's Length—9h. 38m.—9h. 47m.—10h. 22m.									
23	S	Steamer Republic collision, 1909		7 23	5 1	6 10	12	7 19	5 6	6 4	7 1	5 23	5 38
24	M	Senator R. A. Alger died, 1907		7 22	5 3	7 5	12	7 18	5 7	6 59	7 0	5 24	6 34
25	T	*Conversion of St. Paul*		7 21	5 4	rises.	12	7 17	5 8	rises.	7 0	5 25	rises.
26	W	Henry M. Field died, 1907		7 21	5 5	6 20	13	7 16	5 9	6 24	6 59	5 26	6 43
27	T	James G. Blaine died, 1893		7 20	5 6	7 26	13	7 16	5 10	7 29	6 59	5 27	7 43
28	F	U. S. evacuates Cuba, 1909		7 19	5 8	8 30	13	7 15	5 12	8 32	6 58	5 28	8 40
29	S	King Christian died, 1906		7 18	5 9	9 32	13	7 14	5 13	9 33	6 58	5 29	9 36
5. Sexagesima Sunday.				Day's Length—9h. 53m.—10h. 1m.—10h. 33m.									
30	S	Gov. Goebel assassinated, 1900		7 17	5 10	10 33	13	7 13	5 14	10 32	6 57	5 30	10 31
31	M	XIII. Amendment adopted, '65		7 17	5 12	11 33	14	7 12	5 15	11 31	6 57	5 31	11 26

WEATHER PREDICTIONS.—1-3, very cold; 4-7, moderating; 8-10, snow flurries; 11-14, mild and fair; 15-18, cloudy; 19-23, much colder; 24-28, clear; 29-31, threatening.

1910 February 1910

☾ Phas.	Boston D. H. M.	New York H. M.	Wash'ton H. M.
L. Q.	2 6 27 M.	6 27 M.	6 27 M.
N. M.	9 8 13 A.	8 13 A.	8 13 A.
F. Q.	16 1 32 A	1 32 A	1 32 A.
F. M.	23 10 36 A.	10 36 A.	10 36 A.

D. M.	D. W.	Historical Events.	Moon's Signs.	Latitude of Northern States. Sun rises H. M.	Sun sets H. M.	Moon rises H. M.	Sun Slow.	Latitude of Middle States. Sun rises H. M.	Sun sets H. M.	Moon rises H. M.	Latitude of Southern States. Sun rises H. M.	Sun sets H. M.	Moon rises H. M.
1	T	King Carlos assassinated, 1908		7 15	5 13	morn	14	7 11	5 17	morn	6 56	5 32	morn
2	W	*Purification—Candlemas*		7 14	5 14	0 33	14	7 10	5 18	0 30	6 55	5 33	0 20
3	T	Peace Conference, 1865		7 13	5 16	1 35	14	7 10	5 19	1 31	6 55	5 34	1 15
4	F	Revolution in Nicaragua, 1898		7 12	5 17	2 39	14	7 9	5 20	2 34	6 54	5 35	2 14
5	S	Thomas Carlyle died, 1881		7 11	5 18	3 43	14	7 7	5 22	3 37	6 53	5 36	3 14
		6. Quinquagesima—Shrove Sunday.		**Day's Length—10h. 9m.—10h. 17m.—10h. 45m.**									
6	S	Fort Henry captured, 1862		7 10	5 19	4 45	14	7 6	5 23	4 39	6 52	5 37	4 13
7	M	Great Fire in Baltimore, 1904		7 9	5 21	5 42	14	7 5	5 24	5 36	6 52	5 38	5 10
8	T	Gen. John R. Lewis died, 1900		7 7	5 22	6 33	14	7 4	5 25	6 27	6 51	5 38	6 3
9	W	*Ash Wednesday*		7 6	5 23	sets	14	7 3	5 26	sets	6 50	5 39	sets
10	T	Czar declared War, 1904		7 5	5 25	6 12	14	7 2	5 28	6 15	6 49	5 40	6 31
11	F	Steamer Larchmont lost, 1907		7 4	5 26	7 28	14	7 1	5 29	7 30	6 48	5 41	7 39
12	S	Abraham Lincoln born, 1809		7 2	5 27	8 44	14	7 0	5 30	8 45	6 47	5 42	8 48
		7. 1st Sunday in Lent.		**Day's Length—10 h. 28m.—10h. 33m.—10h. 57m.**									
13	S	Hans von Bulow died, 1894		7 1	5 29	10 0	14	6 58	5 31	9 59	6 46	5 43	9 56
14	M	*St. Valentine's Day*		6 59	5 30	11 16	14	6 57	5 32	11 14	6 46	5 44	11 5
15	T	Gen. Lew Wallace died, 1905		6 58	5 31	morn	14	6 56	5 34	morn	6 45	5 45	morn
16	W	Jay Cooke died, 1905		6 57	5 32	0 32	14	6 54	5 35	0 28	6 44	5 46	0 14
17	T	Duke Sergius assassinated, 1905		6 56	5 34	1 46	14	6 53	5 36	1 41	6 43	5 47	1 21
18	F	Frances E. Willard died, 1898		6 54	5 35	2 57	14	6 52	5 37	2 51	6 42	5 47	2 28
19	S	Florida ceded, 1821		6 53	5 36	4 3	14	6 50	5 39	3 57	6 40	5 48	3 31
		8. 2d Sunday in Lent.		**Day's Length—10h. 46m.—10h. 51m.—11h. 10m.**									
20	S	Gen. Beauregard died, 1893		6 51	5 37	5 0	14	6 49	5 40	4 54	6 39	5 49	4 28
21	M	Steamer Berlin lost, 1907		6 50	5 39	5 48	14	6 48	5 41	5 42	6 38	5 50	5 19
22	T	George Washington born, 1732		6 48	5 40	6 25	14	6 46	5 42	6 20	6 37	5 51	6 0
23	W	Panama Canal Treaty, 1904		6 47	5 41	rises.	14	6 45	5 43	rises.	6 36	5 52	rises.
24	T	*St. Matthias*		6 45	5 43	6 17	13	6 43	5 45	6 19	6 35	5 52	6 31
25	F	David B. Henderson died, 1906		6 44	5 44	7 19	13	6 42	5 46	7 20	6 34	5 53	7 26
26	S	N. O. Docks burnt, 1905		6 42	5 45	8 20	13	6 40	5 47	8 20	6 33	5 54	8 21
		9. 3d Sunday in Lent.		**Day's Length—11h. 6m.—11h. 9m.—11h. 23m.**									
27	S	Gen. Cronje surrendered, 1900		6 41	5 46	9 21	13	6 39	5 48	9 20	6 32	5 55	9 16
28	M	Ladysmith relieved, 1900		6 39	5 47	10 22	13	6 38	5 49	10 20	6 31	5 56	10 11

WEATHER PREDICTIONS.—1-3, very cold; 4-7, moderating, 8-10, cloudy and snow; 11-14, mild and thawing; 15-18, threatening; 19-23, very cold; 24-26, gales; 27-28, cloudy.

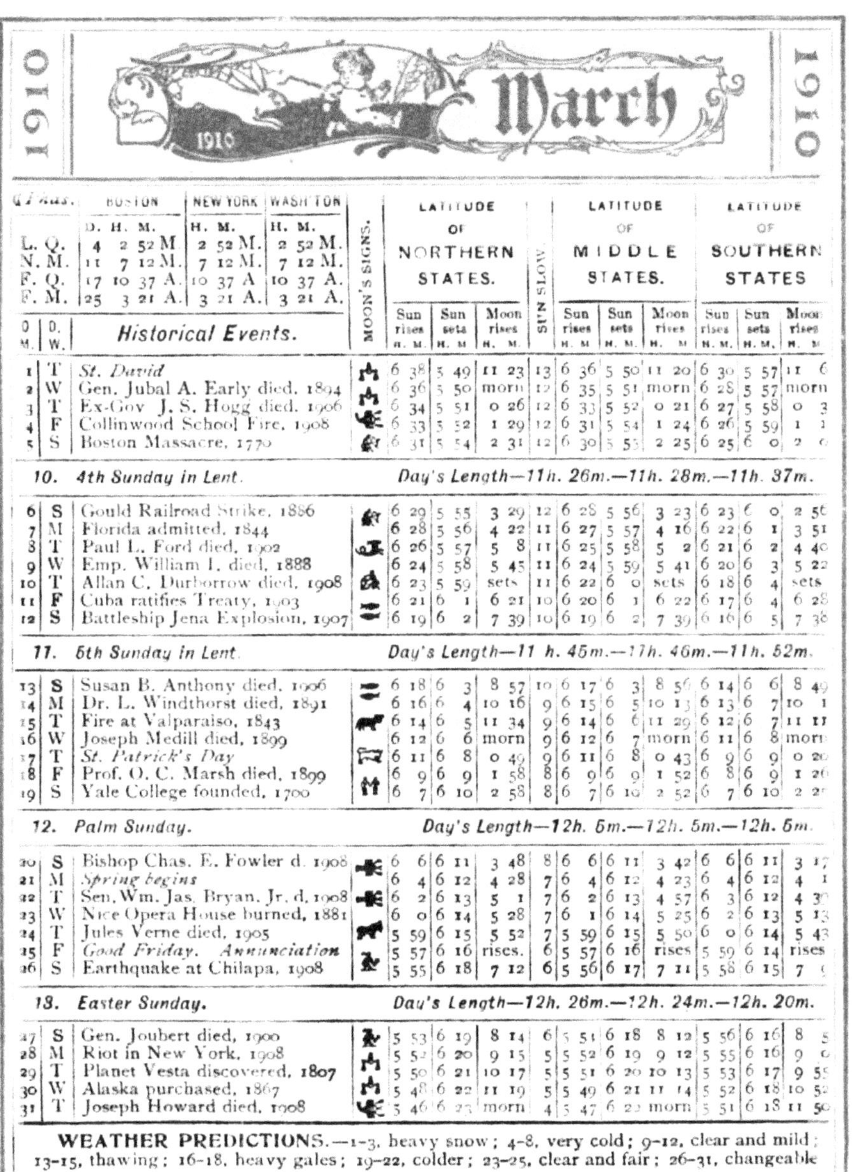

Q'rtrs.	Boston D. H. M.	New York H. M.	Wash'ton H. M.
L. Q.	4 2 52 M.	2 52 M.	2 52 M.
N. M.	11 7 12 M.	7 12 M.	7 12 M.
F. Q.	17 10 37 A.	10 37 A	10 37 A.
F. M.	25 3 21 A.	3 21 A.	3 21 A.

D. M.	D. W.	Historical Events.	Moon's Signs.	Latitude of Northern States. Sun rises H. M.	Sun sets H. M.	Moon rises H. M.	Sun Slow	Latitude of Middle States. Sun rises H. M.	Sun sets H. M.	Moon rises H. M.	Latitude of Southern States Sun rises H. M.	Sun sets H. M.	Moon rises H. M.
1	T	*St. David*		6 38	5 49	11 23	13	6 36	5 50	11 20	6 30	5 57	11 6
2	W	Gen. Jubal A. Early died, 1894		6 36	5 50	morn	12	6 35	5 51	morn	6 28	5 57	morn
3	T	Ex-Gov. J. S. Hogg died, 1906		6 34	5 51	0 26	12	6 33	5 52	0 21	6 27	5 58	0 3
4	F	Collinwood School Fire, 1908		6 33	5 52	1 29	12	6 31	5 54	1 24	6 26	5 59	1 1
5	S	Boston Massacre, 1770		6 31	5 54	2 31	12	6 30	5 53	2 25	6 25	6 0	2 [illegible]
10.		***4th Sunday in Lent.***		***Day's Length—11h. 26m.—11h. 28m.—11h. 37m.***									
6	S	Gould Railroad Strike, 1886		6 29	5 55	3 29	12	6 28	5 56	3 23	6 23	6 0	2 56
7	M	Florida admitted, 1844		6 28	5 56	4 22	11	6 27	5 57	4 16	6 22	6 1	3 51
8	T	Paul L. Ford died, 1902		6 26	5 57	5 8	11	6 25	5 58	5 2	6 21	6 2	4 40
9	W	Emp. William I. died, 1888		6 24	5 58	5 45	11	6 24	5 59	5 41	6 20	6 3	5 22
10	T	Allan C. Durborrow died, 1908		6 23	5 59	sets	11	6 22	6 0	sets	6 18	6 4	sets
11	F	Cuba ratifies Treaty, 1903		6 21	6 1	6 21	10	6 20	6 1	6 22	6 17	6 4	6 28
12	S	Battleship Jena Explosion, 1907		6 19	6 2	7 39	10	6 19	6 2	7 39	6 16	6 5	7 38
11.		***5th Sunday in Lent.***		***Day's Length—11 h. 45m.—11h. 46m.—11h. 52m.***									
13	S	Susan B. Anthony died, 1906		6 18	6 3	8 57	10	6 17	6 3	8 56	6 14	6 6	8 49
14	M	Dr. L. Windthorst died, 1891		6 16	6 4	10 16	9	6 15	6 5	10 13	6 13	6 7	10 1
15	T	Fire at Valparaiso, 1843		6 14	6 5	11 34	9	6 14	6 6	11 29	6 12	6 7	11 11
16	W	Joseph Medill died, 1899		6 12	6 6	morn	9	6 12	6 7	morn	6 11	6 8	morn
17	T	*St. Patrick's Day*		6 11	6 8	0 49	9	6 11	6 8	0 43	6 9	6 9	0 20
18	F	Prof. O. C. Marsh died, 1899		6 9	6 9	1 58	8	6 9	6 9	1 52	6 8	6 9	1 26
19	S	Yale College founded, 1700		6 7	6 10	2 58	8	6 7	6 10	2 52	6 7	6 10	2 2[illegible]
12.		***Palm Sunday.***		***Day's Length—12h. 5m.—12h. 5m.—12h. 5m.***									
20	S	Bishop Chas. E. Fowler d. 1908		6 6	6 11	3 48	8	6 6	6 11	3 42	6 6	6 11	3 17
21	M	*Spring begins*		6 4	6 12	4 28	7	6 4	6 12	4 23	6 4	6 12	4 1
22	T	Sen. Wm. Jas. Bryan, Jr. d. 1908		6 2	6 13	5 1	7	6 2	6 13	4 57	6 3	6 12	4 30
23	W	Nice Opera House burned, 1881		6 0	6 14	5 28	7	6 1	6 14	5 25	6 2	6 13	5 13
24	T	Jules Verne died, 1905		5 59	6 15	5 52	7	5 59	6 15	5 50	6 0	6 14	5 43
25	F	*Good Friday. Annunciation*		5 57	6 16	rises.	6	5 57	6 16	rises	5 59	6 14	rises
26	S	Earthquake at Chilapa, 1908		5 55	6 18	7 12	6	5 56	6 17	7 11	5 58	6 15	7 [illegible]
13.		***Easter Sunday.***		***Day's Length—12h. 26m.—12h. 24m.—12h. 20m.***									
27	S	Gen. Joubert died, 1900		5 53	6 19	8 14	6	5 51	6 18	8 12	5 56	6 16	8 5
28	M	Riot in New York, 1908		5 52	6 20	9 15	5	5 52	6 19	9 12	5 55	6 16	9 0
29	T	Planet Vesta discovered, 1807		5 50	6 21	10 17	5	5 51	6 20	10 13	5 53	6 17	9 55
30	W	Alaska purchased, 1867		5 48	6 22	11 19	5	5 49	6 21	11 14	5 52	6 18	10 52
31	T	Joseph Howard died, 1908		5 46	6 23	morn	4	5 47	6 22	morn	5 51	6 18	11 50

WEATHER PREDICTIONS.—1–3, heavy snow; 4–8, very cold; 9–12, clear and mild; 13–15, thawing; 16–18, heavy gales; 19–22, colder; 23–25, clear and fair; 26–31, changeable

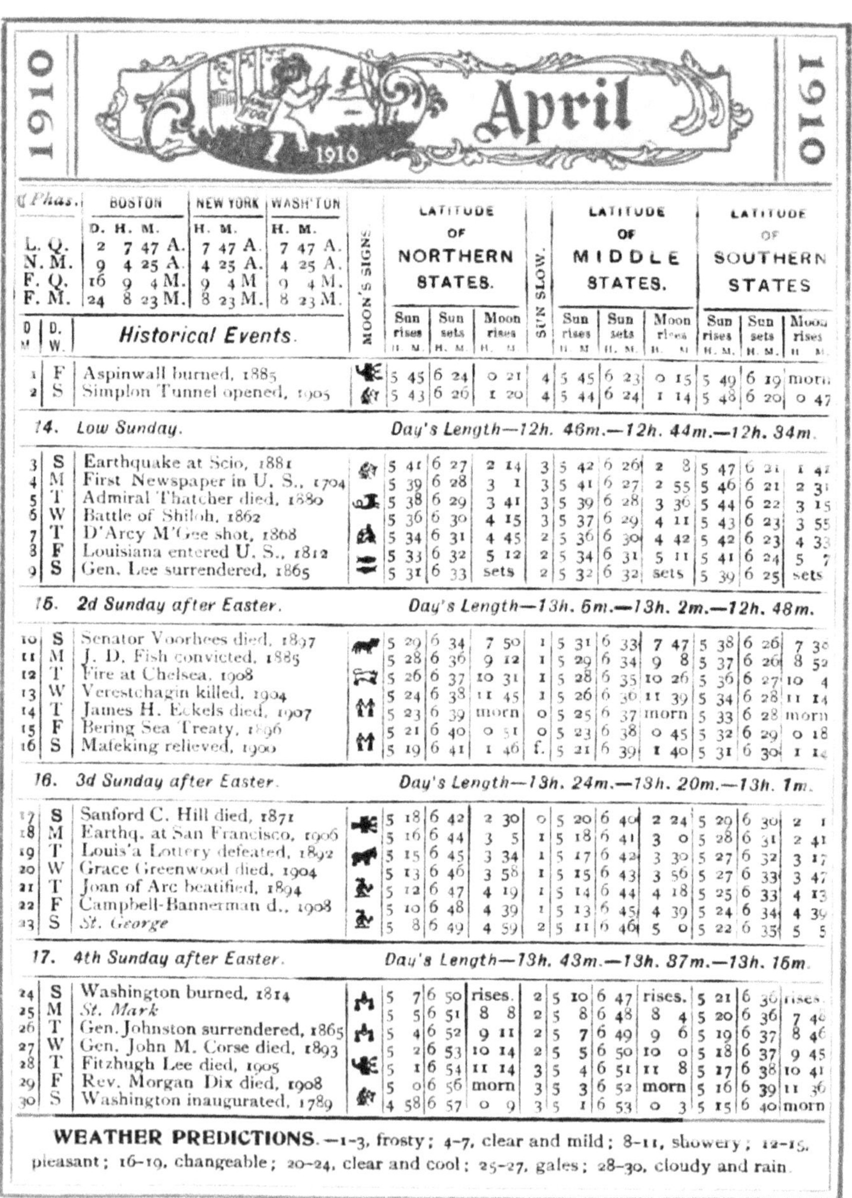

☾ Phas.	BOSTON D. H. M.	NEW YORK H. M.	WASH'TON H. M.
L. Q.	2 7 47 A.	7 47 A.	7 47 A.
N. M.	9 4 25 A.	4 25 A.	4 25 A.
F. Q.	16 9 4 M.	9 4 M	9 4 M.
F. M.	24 8 23 M.	8 23 M.	8 23 M.

D. M.	D. W.	Historical Events.	Moon's Signs	Latitude of Northern States. Sun rises H. M.	Sun sets H. M.	Moon rises H. M.	Sun Slow.	Latitude of Middle States. Sun rises H. M.	Sun sets H. M.	Moon rises H. M.	Latitude of Southern States. Sun rises H. M.	Sun sets H. M.	Moon rises H. M.
1	F	Aspinwall burned, 1885		5 45	6 24	0 21	4	5 45	6 23	0 15	5 49	6 19	morn
2	S	Simplon Tunnel opened, 1905		5 43	6 26	1 20	4	5 44	6 24	1 14	5 48	6 20	0 47
14.		Low Sunday.		Day's Length—12h. 46m.				—12h. 44m.			—12h. 34m.		
3	S	Earthquake at Scio, 1881		5 41	6 27	2 14	3	5 42	6 26	2 8	5 47	6 21	1 47
4	M	First Newspaper in U. S., 1704		5 39	6 28	3 1	3	5 41	6 27	2 55	5 46	6 21	2 31
5	T	Admiral Thatcher died, 1880		5 38	6 29	3 41	3	5 39	6 28	3 36	5 44	6 22	3 15
6	W	Battle of Shiloh, 1862		5 36	6 30	4 15	3	5 37	6 29	4 11	5 43	6 23	3 55
7	T	D'Arcy M'Gee shot, 1868		5 34	6 31	4 45	2	5 36	6 30	4 42	5 42	6 23	4 33
8	F	Louisiana entered U. S., 1812		5 33	6 32	5 12	2	5 34	6 31	5 11	5 41	6 24	5 7
9	S	Gen. Lee surrendered, 1865		5 31	6 33	sets	2	5 32	6 32	sets	5 39	6 25	sets
15.		2d Sunday after Easter.		Day's Length—13h. 6m.				—13h. 2m.			—12h. 48m.		
10	S	Senator Voorhees died, 1897		5 29	6 34	7 50	1	5 31	6 33	7 47	5 38	6 26	7 30
11	M	J. D. Fish convicted, 1885		5 28	6 36	9 12	1	5 29	6 34	9 8	5 37	6 26	8 52
12	T	Fire at Chelsea, 1908		5 26	6 37	10 31	1	5 28	6 35	10 26	5 36	6 27	10 4
13	W	Verestchagin killed, 1904		5 24	6 38	11 45	1	5 26	6 36	11 39	5 34	6 28	11 14
14	T	James H. Eckels died, 1907		5 23	6 39	morn	0	5 25	6 37	morn	5 33	6 28	morn
15	F	Bering Sea Treaty, 1896		5 21	6 40	0 51	0	5 23	6 38	0 45	5 32	6 29	0 18
16	S	Mafeking relieved, 1900		5 19	6 41	1 46	f.	5 21	6 39	1 40	5 31	6 30	1 14
16.		3d Sunday after Easter.		Day's Length—13h. 24m.				—13h. 20m.			—13h. 1m.		
17	S	Sanford C. Hill died, 1871		5 18	6 42	2 30	0	5 20	6 40	2 24	5 29	6 30	2 1
18	M	Earthq. at San Francisco, 1906		5 16	6 44	3 5	1	5 18	6 41	3 0	5 28	6 31	2 41
19	T	Louis'a Lottery defeated, 1892		5 15	6 45	3 34	1	5 17	6 42	3 30	5 27	6 32	3 17
20	W	Grace Greenwood died, 1904		5 13	6 46	3 58	1	5 15	6 43	3 56	5 27	6 33	3 47
21	T	Joan of Arc beatified, 1894		5 12	6 47	4 19	1	5 14	6 44	4 18	5 25	6 33	4 13
22	F	Campbell-Bannerman d., 1908		5 10	6 48	4 39	1	5 13	6 45	4 39	5 24	6 34	4 39
23	S	*St. George*		5 8	6 49	4 59	2	5 11	6 46	5 0	5 22	6 35	5 5
17.		4th Sunday after Easter.		Day's Length—13h. 43m.				—13h. 37m.			—13h. 16m.		
24	S	Washington burned, 1814		5 7	6 50	rises.	2	5 10	6 47	rises.	5 21	6 36	rises.
25	M	*St. Mark*		5 5	6 51	8 8	2	5 8	6 48	8 4	5 20	6 36	7 4[illegible]
26	T	Gen. Johnston surrendered, 1865		5 4	6 52	9 11	2	5 7	6 49	9 6	5 19	6 37	8 46
27	W	Gen. John M. Corse died, 1893		5 2	6 53	10 14	2	5 5	6 50	10 0	5 18	6 37	9 45
28	T	Fitzhugh Lee died, 1905		5 1	6 54	11 14	3	5 4	6 51	11 8	5 17	6 38	10 41
29	F	Rev. Morgan Dix died, 1908		5 0	6 56	morn	3	5 3	6 52	morn	5 16	6 39	11 36
30	S	Washington inaugurated, 1789		4 58	6 57	0 9	3	5 1	6 53	0 3	5 15	6 40	morn

WEATHER PREDICTIONS.—1-3, frosty; 4-7, clear and mild; 8-11, showery; 12-15, pleasant; 16-19, changeable; 20-24, clear and cool; 25-27, gales; 28-30, cloudy and rain.

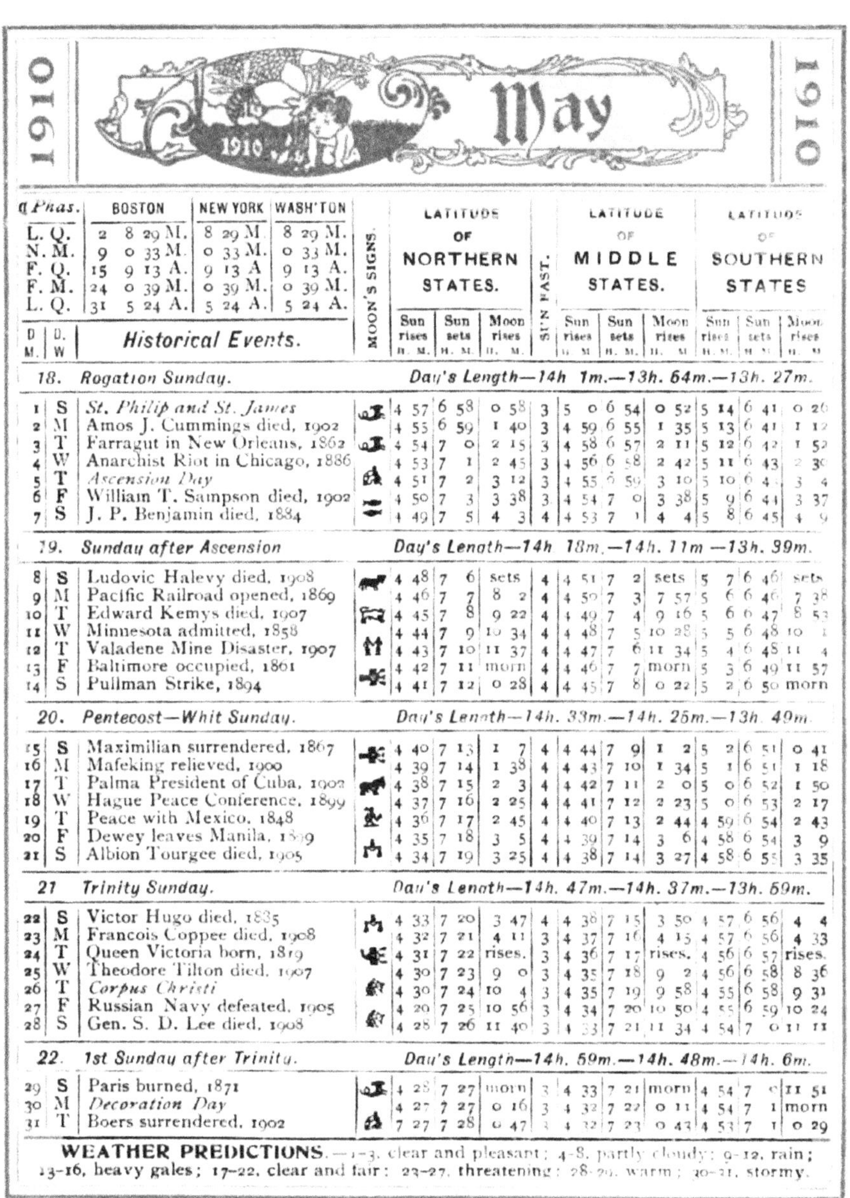

☾ Phas.	BOSTON	NEW YORK	WASH'TON
L. Q.	2 8 29 M.	8 29 M.	8 29 M.
N. M.	9 0 33 M.	0 33 M.	0 33 M.
F. Q.	15 9 13 A.	9 13 A.	9 13 A.
F. M.	24 0 39 M.	0 39 M.	0 39 M.
L. Q.	31 5 24 A.	5 24 A.	5 24 A.

D. M.	D. W.	Historical Events.	MOON'S SIGNS.	LATITUDE OF NORTHERN STATES. Sun rises H. M.	Sun sets H. M.	Moon rises H. M.	SUN FAST.	LATITUDE OF MIDDLE STATES. Sun rises H. M.	Sun sets H. M.	Moon rises H. M.	LATITUDE OF SOUTHERN STATES Sun rises H. M.	Sun sets H. M.	Moon rises H. M.
18.		*Rogation Sunday.*		*Day's Length—14h 1m.—13h. 64m.—13h. 27m.*									
1	S	*St. Philip and St. James*		4 57	6 58	0 58	3	5 0	6 54	0 52	5 14	6 41	0 26
2	M	Amos J. Cummings died, 1902		4 55	6 59	1 40	3	4 59	6 55	1 35	5 13	6 41	1 12
3	T	Farragut in New Orleans, 1862		4 54	7 0	2 15	3	4 58	6 57	2 11	5 12	6 42	1 52
4	W	Anarchist Riot in Chicago, 1886		4 53	7 1	2 45	3	4 56	6 58	2 42	5 11	6 43	2 30
5	T	*Ascension Day*		4 51	7 2	3 12	3	4 55	6 59	3 10	5 10	6 4[illegible]	3 4
6	F	William T. Sampson died, 1902		4 50	7 3	3 38	3	4 54	7 0	3 38	5 9	6 44	3 37
7	S	J. P. Benjamin died, 1884		4 49	7 5	4 3	4	4 53	7 1	4 4	5 8	6 45	4 9
19.		*Sunday after Ascension*		*Day's Length—14h 18m.—14h. 11m —13h. 39m.*									
8	S	Ludovic Halevy died, 1908		4 48	7 6	sets	4	4 51	7 2	sets	5 7	6 46	sets
9	M	Pacific Railroad opened, 1869		4 46	7 7	8 2	4	4 50	7 3	7 57	5 6	6 46	7 38
10	T	Edward Kemys died, 1907		4 45	7 8	9 22	4	4 49	7 4	9 16	5 6	6 47	8 53
11	W	Minnesota admitted, 1858		4 44	7 9	10 34	4	4 48	7 5	10 28	5 5	6 48	10 1
12	T	Valadene Mine Disaster, 1907		4 43	7 10	11 37	4	4 47	7 6	11 34	5 4	6 48	11 4
13	F	Baltimore occupied, 1861		4 42	7 11	morn	4	4 46	7 7	morn	5 3	6 49	11 57
14	S	Pullman Strike, 1894		4 41	7 12	0 28	4	4 45	7 8	0 22	5 2	6 50	morn
20.		*Pentecost—Whit Sunday.*		*Day's Length—14h. 33m.—14h. 25m.—13h. 49m.*									
15	S	Maximilian surrendered, 1867		4 40	7 13	1 7	4	4 44	7 9	1 2	5 2	6 51	0 41
16	M	Mafeking relieved, 1900		4 39	7 14	1 38	4	4 43	7 10	1 34	5 1	6 51	1 18
17	T	Palma President of Cuba, 1902		4 38	7 15	2 3	4	4 42	7 11	2 0	5 0	6 52	1 50
18	W	Hague Peace Conference, 1899		4 37	7 16	2 25	4	4 41	7 12	2 23	5 0	6 53	2 17
19	T	Peace with Mexico, 1848		4 36	7 17	2 45	4	4 40	7 13	2 44	4 59	6 54	2 43
20	F	Dewey leaves Manila, 1899		4 35	7 18	3 5	4	4 39	7 14	3 6	4 58	6 54	3 9
21	S	Albion Tourgee died, 1905		4 34	7 19	3 25	4	4 38	7 14	3 27	4 58	6 55	3 35
21		*Trinity Sunday.*		*Day's Length—14h. 47m.—14h. 37m.—13h. 59m.*									
22	S	Victor Hugo died, 1885		4 33	7 20	3 47	4	4 38	7 15	3 50	4 57	6 56	4 4
23	M	Francois Coppee died, 1908		4 32	7 21	4 11	3	4 37	7 16	4 15	4 57	6 56	4 33
24	T	Queen Victoria born, 1819		4 31	7 22	rises.	3	4 36	7 17	rises.	4 56	6 57	rises.
25	W	Theodore Tilton died, 1907		4 30	7 23	9 0	3	4 35	7 18	9 2	4 56	6 58	8 36
26	T	*Corpus Christi*		4 30	7 24	10 4	3	4 35	7 19	9 58	4 55	6 58	9 31
27	F	Russian Navy defeated, 1905		4 20	7 25	10 56	3	4 34	7 20	10 50	4 55	6 59	10 24
28	S	Gen. S. D. Lee died, 1908		4 28	7 26	11 40	3	4 33	7 21	11 34	4 54	7 0	11 11
22.		*1st Sunday after Trinity.*		*Day's Length—14h. 59m.—14h. 48m.—14h. 6m.*									
29	S	Paris burned, 1871		4 28	7 27	morn	3	4 33	7 21	morn	4 54	7 0	11 51
30	M	*Decoration Day*		4 27	7 27	0 16	3	4 32	7 22	0 11	4 54	7 1	morn
31	T	Boers surrendered, 1902		7 27	7 28	0 47	3	4 32	7 23	0 43	4 53	7 1	0 29

WEATHER PREDICTIONS.—1–3, clear and pleasant; 4–8, partly cloudy; 9–12, rain; 13–16, heavy gales; 17–22, clear and fair; 23–27, threatening; 28–29, warm; 30–31, stormy.

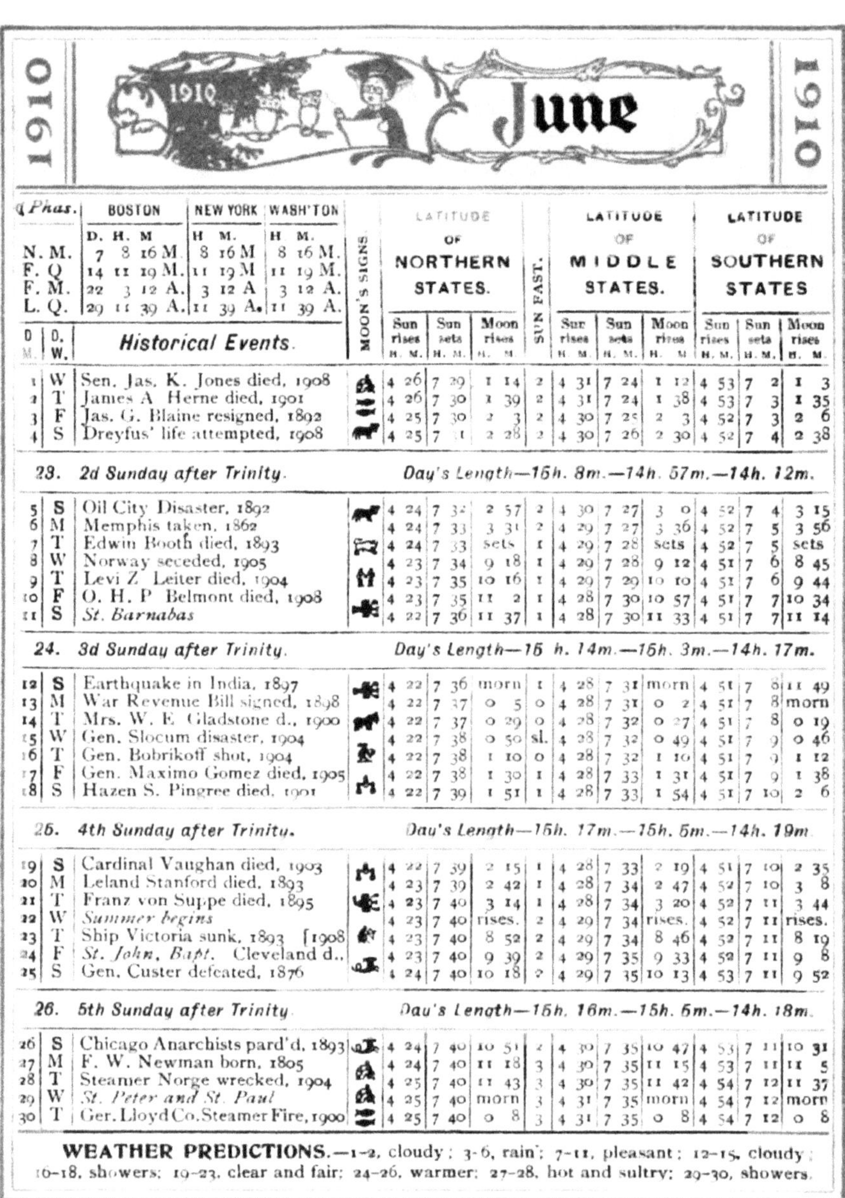

1910 June 1910

☾ Phas.	BOSTON D. H. M	NEW YORK H. M.	WASH'TON H. M.
N. M.	7 8 16 M.	8 16 M	8 16 M.
F. Q	14 11 19 M.	11 19 M	11 19 M.
F. M.	22 3 12 A.	3 12 A	3 12 A.
L. Q.	29 11 39 A.	11 39 A.	11 39 A.

D. M.	D. W.	Historical Events.	Moon's Signs	Latitude of Northern States. Sun rises H. M.	Sun sets H. M.	Moon rises H. M.	Sun Fast.	Latitude of Middle States. Sun rises H. M.	Sun sets H. M.	Moon rises H. M.	Latitude of Southern States Sun rises H. M.	Sun sets H. M.	Moon rises H. M.
1	W	Sen. Jas. K. Jones died, 1908		4 26	7 29	1 14	2	4 31	7 24	1 12	4 53	7 2	1 3
2	T	James A Herne died, 1901		4 26	7 30	1 39	2	4 31	7 24	1 38	4 53	7 3	1 35
3	F	Jas. G. Blaine resigned, 1892		4 25	7 30	2 3	2	4 30	7 25	2 3	4 52	7 3	2 6
4	S	Dreyfus' life attempted, 1908		4 25	7 31	2 28	2	4 30	7 26	2 30	4 52	7 4	2 38
23.		2d Sunday after Trinity.		Day's Length—15h. 8m.—14h. 57m.—14h. 12m.									
5	S	Oil City Disaster, 1892		4 24	7 32	2 57	2	4 30	7 27	3 0	4 52	7 4	3 15
6	M	Memphis taken, 1862		4 24	7 33	3 31	2	4 29	7 27	3 36	4 52	7 5	3 56
7	T	Edwin Booth died, 1893		4 24	7 33	sets	1	4 29	7 28	sets	4 52	7 5	sets
8	W	Norway seceded, 1905		4 23	7 34	9 18	1	4 29	7 28	9 12	4 51	7 6	8 45
9	T	Levi Z. Leiter died, 1904		4 23	7 35	10 16	1	4 29	7 29	10 10	4 51	7 6	9 44
10	F	O. H. P. Belmont died, 1908		4 23	7 35	11 2	1	4 28	7 30	10 57	4 51	7 7	10 34
11	S	*St. Barnabas*		4 22	7 36	11 37	1	4 28	7 30	11 33	4 51	7 7	11 14
24.		3d Sunday after Trinity.		Day's Length—15 h. 14m.—15h. 3m.—14h. 17m.									
12	S	Earthquake in India, 1897		4 22	7 36	morn	1	4 28	7 31	morn	4 51	7 8	11 49
13	M	War Revenue Bill signed, 1898		4 22	7 37	0 5	0	4 28	7 31	0 2	4 51	7 8	morn
14	T	Mrs. W. E. Gladstone d., 1900		4 22	7 37	0 29	0	4 28	7 32	0 27	4 51	7 8	0 19
15	W	Gen. Slocum disaster, 1904		4 22	7 38	0 50	sl.	4 28	7 32	0 49	4 51	7 9	0 46
16	T	Gen. Bobrikoff shot, 1904		4 22	7 38	1 10	0	4 28	7 32	1 10	4 51	7 9	1 12
17	F	Gen. Maximo Gomez died, 1905		4 22	7 38	1 30	1	4 28	7 33	1 31	4 51	7 9	1 38
18	S	Hazen S. Pingree died, 1901		4 22	7 39	1 51	1	4 28	7 33	1 54	4 51	7 10	2 6
25.		4th Sunday after Trinity.		Day's Length—15h. 17m.—15h. 5m.—14h. 19m									
19	S	Cardinal Vaughan died, 1903		4 22	7 39	2 15	1	4 28	7 33	2 19	4 51	7 10	2 35
20	M	Leland Stanford died, 1893		4 23	7 39	2 42	1	4 28	7 34	2 47	4 52	7 10	3 8
21	T	Franz von Suppe died, 1895		4 23	7 40	3 14	1	4 28	7 34	3 20	4 52	7 11	3 44
22	W	*Summer begins*		4 23	7 40	rises.	2	4 29	7 34	rises.	4 52	7 11	rises.
23	T	Ship Victoria sunk, 1893 [1908		4 23	7 40	8 52	2	4 29	7 34	8 46	4 52	7 11	8 19
24	F	*St. John, Bapt.* Cleveland d.,		4 23	7 40	9 39	2	4 29	7 35	9 33	4 52	7 11	9 8
25	S	Gen. Custer defeated, 1876		4 24	7 40	10 18	2	4 29	7 35	10 13	4 53	7 11	9 52
26.		5th Sunday after Trinity.		Day's Length—15h. 16m.—15h. 5m.—14h. 18m.									
26	S	Chicago Anarchists pard'd, 1893		4 24	7 40	10 51	2	4 30	7 35	10 47	4 53	7 11	10 31
27	M	F. W. Newman born, 1805		4 24	7 40	11 18	3	4 30	7 35	11 15	4 53	7 11	11 5
28	T	Steamer Norge wrecked, 1904		4 25	7 40	11 43	3	4 30	7 35	11 42	4 54	7 12	11 37
29	W	*St. Peter and St. Paul*		4 25	7 40	morn	3	4 31	7 35	morn	4 54	7 12	morn
30	T	Ger. Lloyd Co. Steamer Fire, 1900		4 25	7 40	0 8	3	4 31	7 35	0 8	4 54	7 12	0 8

WEATHER PREDICTIONS.—1-2, cloudy; 3-6, rain; 7-11, pleasant; 12-15, cloudy; 16-18, showers; 19-23, clear and fair; 24-26, warmer; 27-28, hot and sultry; 29-30, showers.

1910 **July** 1910

☾ Phas.	Boston D	Boston H	Boston M.		New York H	New York M.		Wash'ton H	Wash'ton M.	
N. M.	6	4	20	A.	4	20	A	4	20	A.
F. Q.	14	3	24	M.	3	24	M	3	24	M
F. M.	22	3	37	M	3	37	M	3	37	M
L. Q.	29	4	34	M	4	34	M.	4	34	M.

D. M.	D. W.	Historical Events.	Moon's Signs	Latitude of Northern States. Sun rises H. M.	Sun sets H. M.	Moon rises H. M.	Sun Slow.	Latitude of Middle States. Sun rises H. M.	Sun sets H. M.	Moon rises H. M.	Latitude of Southern States. Sun rises H. M.	Sun sets H. M.	Moon rises H. M.
1	F	Battle of Santiago, 1898		4 26	7 40	0 32	3	4 32	7 35	0 33	4 54	7 12	0 39
2	S	Murat Halstead died, 1908		4 26	7 40	0 58	4	4 32	7 35	1 1	4 55	7 12	1 13
27.		*6th Sunday after Trinity*		*Day's Length—15h. 13m.—15h. 1m.—14h. 17m.*									
3	S	Cervera's Fleet destroyed, 1898		4 27	7 40	1 28	4	4 33	7 34	1 32	4 55	7 12	1 50
4	M	*Independence Day*		4 27	7 40	2 4	4	4 33	7 34	2 9	4 56	7 12	2 32
5	T	Battle of Chippewa, 1814		4 28	7 40	2 50	4	4 34	7 34	2 56	4 56	7 12	3 23
6	W	Aguinaldo released, 1902		4 29	7 39	sets	4	4 34	7 34	sets	4 57	7 11	sets
7	T	Merrimac Heroes released, 1898		4 29	7 39	8 52	5	4 35	7 34	8 46	4 57	7 11	8 22
8	F	Port Hudson surrendered, 1863		4 30	7 39	9 32	5	4 36	7 33	9 27	4 58	7 11	9 7
9	S	Braddock defeated, 1755		4 31	7 38	10 4	5	4 37	7 33	10 0	4 58	7 11	9 46
28.		*7th Sunday after Trinity.*		*Day's Length—15h. 7m.—14h. 56m.—14h. 12m.*									
10	S	Wyoming admitted, 1890		4 31	7 38	10 30	5	4 37	7 33	10 27	4 59	7 11	10 18
11	M	Gen. Prescott taken, 1777		4 32	7 38	10 53	5	4 38	7 32	10 52	4 59	7 10	10 47
12	T	Mayor Sam. M. Jones d., 1904		4 33	7 37	11 14	5	4 38	7 32	11 14	5 0	7 10	11 14
13	W	Gen. Fremont died, 1890		4 33	7 37	11 34	5	4 39	7 31	11 35	5 0	7 10	11 40
14	T	Paul Kruger died, 1904		4 34	7 36	11 54	6	4 40	7 31	11 56	5 1	7 9	morn
15	F	Cawnpore Massacre, 1857		4 35	7 35	morn	6	4 40	7 30	morn	5 1	7 9	0 7
16	S	Mrs. Lincoln died, 1882		4 36	7 35	0 16	6	4 41	7 30	0 19	5 2	7 9	0 34
29.		*8th Sunday after Trinity.*		*Day's Length—14h. 57m.—14h. 47m.—14h. 6m.*									
17	S	Angelo Heilprin died, 1907		4 37	7 34	0 41	6	4 42	7 29	0 45	5 3	7 8	1 5
18	M	Maximilian shot, 1867		4 38	7 34	1 12	6	4 43	7 29	1 17	5 3	7 8	1 41
19	T	Battle of Winchester, 1864		4 38	7 33	1 49	6	4 43	7 28	1 55	5 4	7 7	2 22
20	W	Pope Leo XIII. died, 1903		4 39	7 32	2 35	6	4 44	7 27	2 41	5 5	7 7	3 10
21	T	Steamer Columbia lost, 1907		4 40	7 31	3 29	6	4 45	7 27	3 35	5 5	7 6	4 4
22	F	Russell Sage died, 1906		4 41	7 30	rises.	6	4 46	7 26	rises.	5 6	7 6	rises.
23	S	Daniel Lamont died, 1905		4 42	7 29	8 52	6	4 47	7 25	8 48	5 7	7 5	8 30
30.		*9th Sunday after Trinity.*		*Day's Length—14h. 46m.—14h. 36m.—13h. 58m.*									
24	S	Jones' Remains arrived, 1905		4 43	7 29	9 21	6	4 48	7 24	9 18	5 7	7 5	9 6
25	M	*St. James*		4 44	7 28	9 47	6	4 49	7 23	9 45	5 8	7 4	9 39
26	T	First P. O. in America, 1775		4 45	7 27	10 11	6	4 49	7 22	10 10	5 8	7 4	10 9
27	W	Sen. Edm. W. Pettus died, 1907		4 46	7 26	10 35	6	4 50	7 21	10 36	5 9	7 3	10 40
28	T	Moses Montefiore died, 1885		4 47	7 25	11 0	6	4 51	7 21	11 2	5 10	7 2	11 13
29	F	Gen. Prinsloo surrendered, 1900		4 48	7 24	11 28	6	4 52	7 20	11 32	5 10	7 1	11 48
30	S	Prince Bismarck died, 1898		4 49	7 23	morn	6	4 53	7 19	morn	5 11	7 1	morn
31.		*10th Sunday after Trinity.*		*Day's Length—14h. 32m.—14h. 24m.—13h. 48m.*									
31	S	Joseph Hatton died, 1907		4 50	7 22	0 2	6	4 54	7 18	0 7	5 12	7 0	0 29

WEATHER PREDICTIONS.—1-3, clear and fair; 4-7, very warm; 8-12, partly cloudy; 13-16, hot and sultry; 17-19, showers; 20-24, pleasant; 25-28, warmer; 29-31, cloudy.

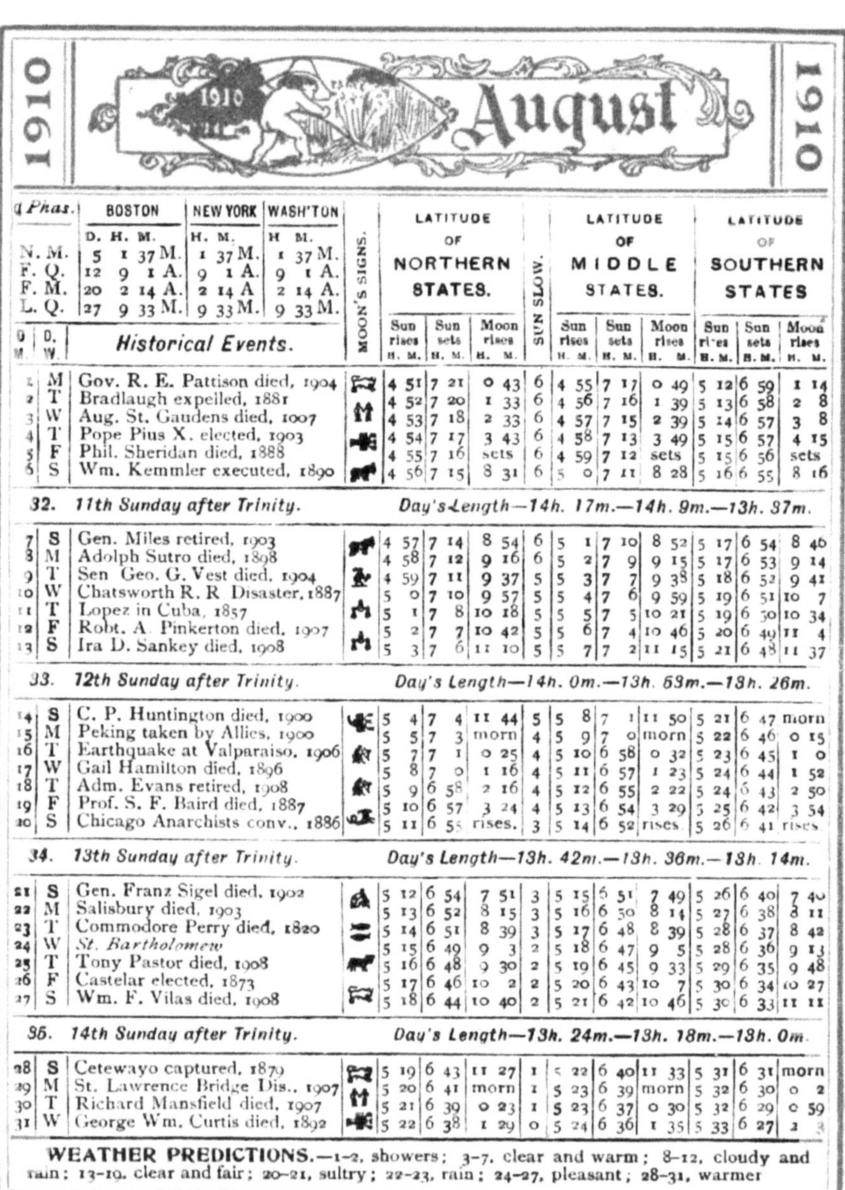

1910 August 1910

☾ Phas.	BOSTON D. H. M.	NEW YORK H. M.	WASH'TON H. M.
N. M.	5 1 37 M.	1 37 M.	1 37 M.
F. Q.	12 9 1 A.	9 1 A.	9 1 A.
F. M.	20 2 14 A.	2 14 A	2 14 A.
L. Q.	27 9 33 M.	9 33 M.	9 33 M.

D. M.	D. W.	Historical Events.	Moon's Signs.	Latitude of Northern States. Sun rises H. M.	Sun sets H. M.	Moon rises H. M.	Sun Slow.	Latitude of Middle States. Sun rises H. M.	Sun sets H. M.	Moon rises H. M.	Latitude of Southern States Sun rises H. M.	Sun sets H. M.	Moon rises H. M.
1	M	Gov. R. E. Pattison died, 1904		4 51	7 21	0 43	6	4 55	7 17	0 49	5 12	6 59	1 14
2	T	Bradlaugh expelled, 1881		4 52	7 20	1 33	6	4 56	7 16	1 39	5 13	6 58	2 8
3	W	Aug. St. Gaudens died, 1007		4 53	7 18	2 33	6	4 57	7 15	2 39	5 14	6 57	3 8
4	T	Pope Pius X. elected, 1903		4 54	7 17	3 43	6	4 58	7 13	3 49	5 15	6 57	4 15
5	F	Phil. Sheridan died, 1888		4 55	7 16	sets	6	4 59	7 12	sets	5 15	6 56	sets
6	S	Wm. Kemmler executed, 1890		4 56	7 15	8 31	6	5 0	7 11	8 28	5 16	6 55	8 16
32.		11th Sunday after Trinity.		Day's Length—14h. 17m.—14h. 9m.—13h. 37m.									
7	S	Gen. Miles retired, 1903		4 57	7 14	8 54	6	5 1	7 10	8 52	5 17	6 54	8 46
8	M	Adolph Sutro died, 1898		4 58	7 12	9 16	6	5 2	7 9	9 15	5 17	6 53	9 14
9	T	Sen Geo. G. Vest died, 1904		4 59	7 11	9 37	5	5 3	7 7	9 38	5 18	6 52	9 41
10	W	Chatsworth R. R Disaster, 1887		5 0	7 10	9 57	5	5 4	7 6	9 59	5 19	6 51	10 7
11	T	Lopez in Cuba, 1857		5 1	7 8	10 18	5	5 5	7 5	10 21	5 19	6 50	10 34
12	F	Robt. A. Pinkerton died, 1907		5 2	7 7	10 42	5	5 6	7 4	10 46	5 20	6 49	11 4
13	S	Ira D. Sankey died, 1908		5 3	7 6	11 10	5	5 7	7 2	11 15	5 21	6 48	11 37
33.		12th Sunday after Trinity.		Day's Length—14h. 0m.—13h. 53m.—13h. 26m.									
14	S	C. P. Huntington died, 1900		5 4	7 4	11 44	5	5 8	7 1	11 50	5 21	6 47	morn
15	M	Peking taken by Allies, 1900		5 5	7 3	morn	4	5 9	7 0	morn	5 22	6 46	0 15
16	T	Earthquake at Valparaiso, 1906		5 7	7 1	0 25	4	5 10	6 58	0 32	5 23	6 45	1 0
17	W	Gail Hamilton died, 1896		5 8	7 0	1 16	4	5 11	6 57	1 23	5 24	6 44	1 52
18	T	Adm. Evans retired, 1908		5 9	6 58	2 16	4	5 12	6 55	2 22	5 24	6 43	2 50
19	F	Prof. S. F. Baird died, 1887		5 10	6 57	3 24	4	5 13	6 54	3 29	5 25	6 42	3 54
20	S	Chicago Anarchists conv., 1886		5 11	6 55	rises.	3	5 14	6 52	rises	5 26	6 41	rises
34.		13th Sunday after Trinity.		Day's Length—13h. 42m.—13h. 36m.—13h. 14m.									
21	S	Gen. Franz Sigel died, 1902		5 12	6 54	7 51	3	5 15	6 51	7 49	5 26	6 40	7 40
22	M	Salisbury died, 1903		5 13	6 52	8 15	3	5 16	6 50	8 14	5 27	6 38	8 11
23	T	Commodore Perry died, 1820		5 14	6 51	8 39	3	5 17	6 48	8 39	5 28	6 37	8 42
24	W	*St. Bartholomew*		5 15	6 49	9 3	2	5 18	6 47	9 5	5 28	6 36	9 13
25	T	Tony Pastor died, 1908		5 16	6 48	9 30	2	5 19	6 45	9 33	5 29	6 35	9 48
26	F	Castelar elected, 1873		5 17	6 46	10 2	2	5 20	6 43	10 7	5 30	6 34	10 27
27	S	Wm. F. Vilas died, 1908		5 18	6 44	10 40	2	5 21	6 42	10 46	5 30	6 33	11 11
35.		14th Sunday after Trinity.		Day's Length—13h. 24m.—13h. 18m.—13h. 0m.									
28	S	Cetewayo captured, 1879		5 19	6 43	11 27	1	5 22	6 40	11 33	5 31	6 31	morn
29	M	St. Lawrence Bridge Dis., 1907		5 20	6 41	morn	1	5 23	6 39	morn	5 32	6 30	0 2
30	T	Richard Mansfield died, 1907		5 21	6 39	0 23	1	5 23	6 37	0 30	5 32	6 29	0 59
31	W	George Wm. Curtis died, 1892		5 22	6 38	1 29	0	5 24	6 36	1 35	5 33	6 27	2 3

WEATHER PREDICTIONS.—1–2, showers; 3–7, clear and warm; 8–12, cloudy and rain; 13–19, clear and fair; 20–21, sultry; 22–23, rain; 24–27, pleasant; 28–31, warmer

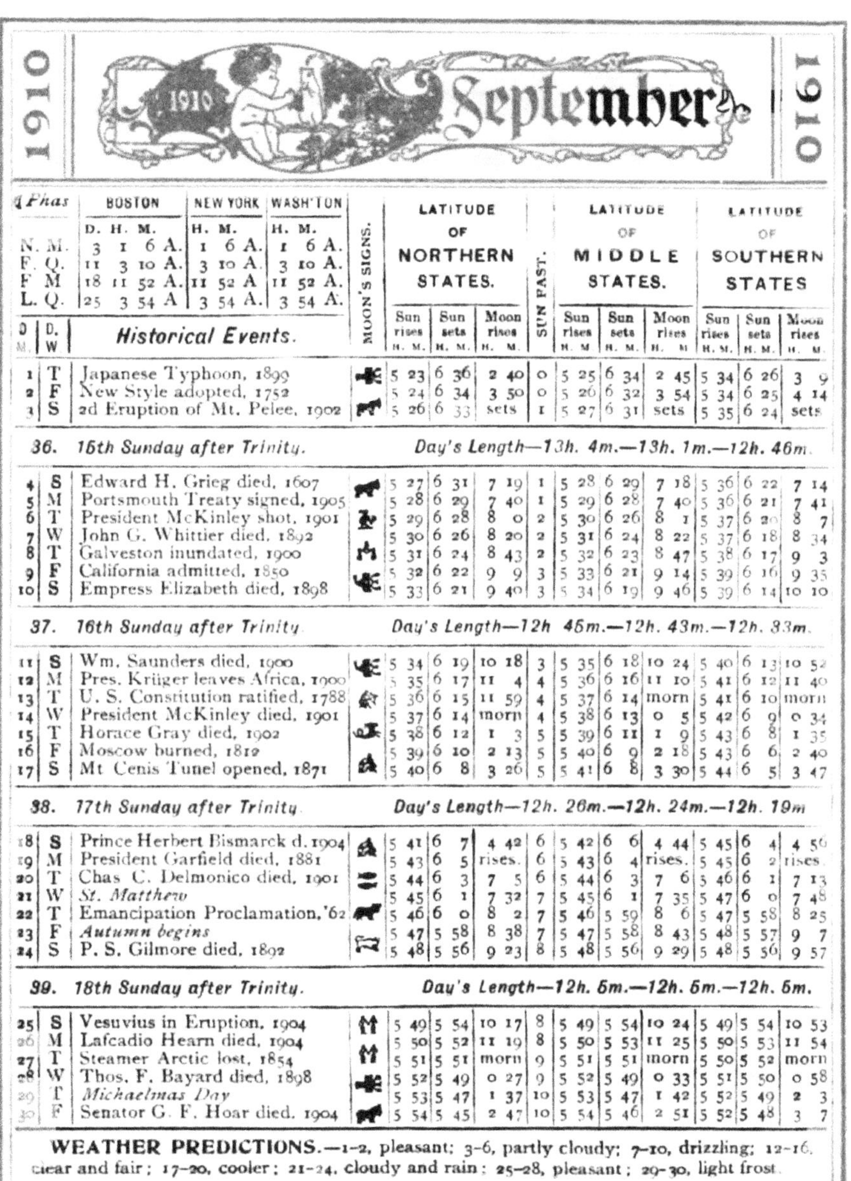

1910 September 1910

Moon's Phases	Boston D. H. M.	New York H. M.	Wash'ton H. M.
N. M.	3 1 6 A.	1 6 A.	1 6 A.
F. Q.	11 3 10 A.	3 10 A.	3 10 A.
F. M.	18 11 52 A.	11 52 A	11 52 A.
L. Q.	25 3 54 A	3 54 A.	3 54 A.

D. M.	D. W.	Historical Events.	Moon's Signs.	Latitude of Northern States. Sun rises H. M.	Sun sets H. M.	Moon rises H. M.	Sun Fast.	Latitude of Middle States. Sun rises H. M.	Sun sets H. M.	Moon rises H. M.	Latitude of Southern States. Sun rises H. M.	Sun sets H. M.	Moon rises H. M.
1	T	Japanese Typhoon, 1899		5 23	6 36	2 40	0	5 25	6 34	2 45	5 34	6 26	3 9
2	F	New Style adopted, 1752		5 24	6 34	3 50	0	5 26	6 32	3 54	5 34	6 25	4 14
3	S	2d Eruption of Mt. Pelee, 1902		5 26	6 33	sets	1	5 27	6 31	sets	5 35	6 24	sets
36.		15th Sunday after Trinity.		Day's Length—13h. 4m.—13h. 1m.—12h. 46m.									
4	S	Edward H. Grieg died, 1607		5 27	6 31	7 19	1	5 28	6 29	7 18	5 36	6 22	7 14
5	M	Portsmouth Treaty signed, 1905		5 28	6 29	7 40	1	5 29	6 28	7 40	5 36	6 21	7 41
6	T	President McKinley shot, 1901		5 29	6 28	8 0	2	5 30	6 26	8 1	5 37	6 20	8 7
7	W	John G. Whittier died, 1892		5 30	6 26	8 20	2	5 31	6 24	8 22	5 37	6 18	8 34
8	T	Galveston inundated, 1900		5 31	6 24	8 43	2	5 32	6 23	8 47	5 38	6 17	9 3
9	F	California admitted, 1850		5 32	6 22	9 9	3	5 33	6 21	9 14	5 39	6 16	9 35
10	S	Empress Elizabeth died, 1898		5 33	6 21	9 40	3	5 34	6 19	9 46	5 39	6 14	10 10
37.		16th Sunday after Trinity		Day's Length—12h 45m.—12h. 43m.—12h. 33m.									
11	S	Wm. Saunders died, 1900		5 34	6 19	10 18	3	5 35	6 18	10 24	5 40	6 13	10 52
12	M	Pres. Krüger leaves Africa, 1900		5 35	6 17	11 4	4	5 36	6 16	11 10	5 41	6 12	11 40
13	T	U. S. Constitution ratified, 1788		5 36	6 15	11 59	4	5 37	6 14	morn	5 41	6 10	morn
14	W	President McKinley died, 1901		5 37	6 14	morn	4	5 38	6 13	0 5	5 42	6 9	0 34
15	T	Horace Gray died, 1902		5 38	6 12	1 3	5	5 39	6 11	1 9	5 43	6 8	1 35
16	F	Moscow burned, 1812		5 39	6 10	2 13	5	5 40	6 9	2 18	5 43	6 6	2 40
17	S	Mt Cenis Tunel opened, 1871		5 40	6 8	3 26	5	5 41	6 8	3 30	5 44	6 5	3 47
38.		17th Sunday after Trinity		Day's Length—12h. 26m.—12h. 24m.—12h. 19m									
18	S	Prince Herbert Bismarck d. 1904		5 41	6 7	4 42	6	5 42	6 6	4 44	5 45	6 4	4 56
19	M	President Garfield died, 1881		5 43	6 5	rises.	6	5 43	6 4	rises.	5 45	6 2	rises.
20	T	Chas C. Delmonico died, 1901		5 44	6 3	7 5	6	5 44	6 3	7 6	5 46	6 1	7 13
21	W	*St. Matthew*		5 45	6 1	7 32	7	5 45	6 1	7 35	5 47	6 0	7 48
22	T	Emancipation Proclamation, '62		5 46	6 0	8 2	7	5 46	5 59	8 6	5 47	5 58	8 25
23	F	*Autumn begins*		5 47	5 58	8 38	7	5 47	5 58	8 43	5 48	5 57	9 7
24	S	P. S. Gilmore died, 1892		5 48	5 56	9 23	8	5 48	5 56	9 29	5 48	5 56	9 57
39.		18th Sunday after Trinity.		Day's Length—12h. 5m.—12h. 5m.—12h. 5m.									
25	S	Vesuvius in Eruption, 1904		5 49	5 54	10 17	8	5 49	5 54	10 24	5 49	5 54	10 53
26	M	Lafcadio Hearn died, 1904		5 50	5 52	11 19	8	5 50	5 53	11 25	5 50	5 53	11 54
27	T	Steamer Arctic lost, 1854		5 51	5 51	morn	9	5 51	5 51	morn	5 50	5 52	morn
28	W	Thos. F. Bayard died, 1898		5 52	5 49	0 27	9	5 52	5 49	0 33	5 51	5 50	0 58
29	T	*Michaelmas Day*		5 53	5 47	1 37	10	5 53	5 47	1 42	5 52	5 49	2 3
30	F	Senator G. F. Hoar died, 1904		5 54	5 45	2 47	10	5 54	5 46	2 51	5 52	5 48	3 7

WEATHER PREDICTIONS.—1-2, pleasant; 3-6, partly cloudy; 7-10, drizzling; 12-16, clear and fair; 17-20, cooler; 21-24, cloudy and rain; 25-28, pleasant; 29-30, light frost.

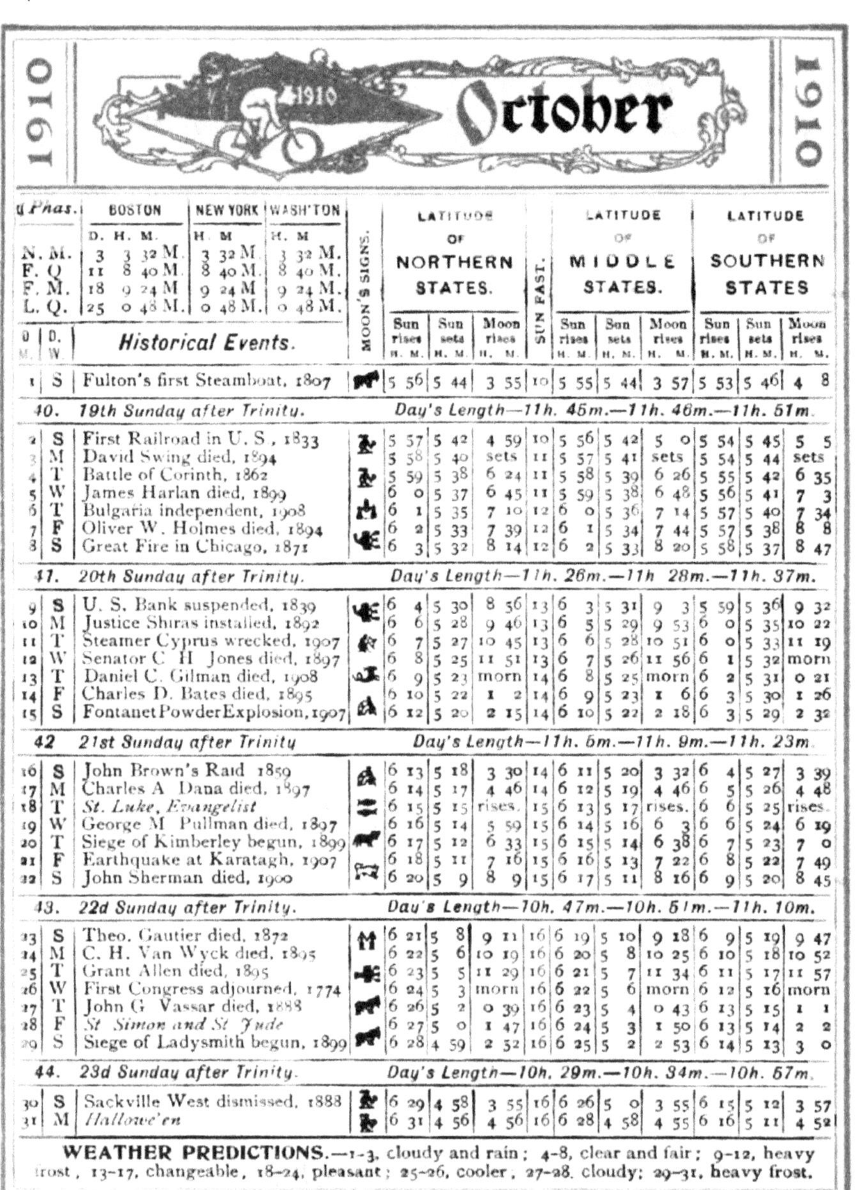

☾ Phas.	BOSTON D. H. M.	NEW YORK H. M.	WASH'TON H. M.
N. M.	3 3 32 M.	3 32 M.	3 32 M.
F. Q.	11 8 40 M.	8 40 M.	8 40 M.
F. M.	18 9 24 M.	9 24 M.	9 24 M.
L. Q.	25 0 48 M.	0 48 M.	0 48 M.

D. M.	D. W.	Historical Events.	Moon's Signs.	Latitude of Northern States. Sun rises H. M.	Sun sets H. M.	Moon rises H. M.	Sun Fast.	Latitude of Middle States. Sun rises H. M.	Sun sets H. M.	Moon rises H. M.	Latitude of Southern States. Sun rises H. M.	Sun sets H. M.	Moon rises H. M.
1	S	Fulton's first Steamboat, 1807		5 56	5 44	3 55	10	5 55	5 44	3 57	5 53	5 46	4 8
40.		*19th Sunday after Trinity.*		*Day's Length—11h. 45m.—11h. 46m.—11h. 51m.*									
2	S	First Railroad in U. S., 1833		5 57	5 42	4 59	10	5 56	5 42	5 0	5 54	5 45	5 5
3	M	David Swing died, 1894		5 58	5 40	sets	11	5 57	5 41	sets	5 54	5 44	sets
4	T	Battle of Corinth, 1862		5 59	5 38	6 24	11	5 58	5 39	6 26	5 55	5 42	6 35
5	W	James Harlan died, 1899		6 0	5 37	6 45	11	5 59	5 38	6 48	5 56	5 41	7 3
6	T	Bulgaria independent, 1908		6 1	5 35	7 10	12	6 0	5 36	7 14	5 57	5 40	7 34
7	F	Oliver W. Holmes died, 1894		6 2	5 33	7 39	12	6 1	5 34	7 44	5 57	5 38	8 8
8	S	Great Fire in Chicago, 1871		6 3	5 32	8 14	12	6 2	5 33	8 20	5 58	5 37	8 47
41.		*20th Sunday after Trinity.*		*Day's Length—11h. 26m.—11h 28m.—11h. 37m.*									
9	S	U. S. Bank suspended, 1839		6 4	5 30	8 56	13	6 3	5 31	9 3	5 59	5 36	9 32
10	M	Justice Shiras installed, 1892		6 6	5 28	9 46	13	6 5	5 29	9 53	6 0	5 35	10 22
11	T	Steamer Cyprus wrecked, 1907		6 7	5 27	10 45	13	6 6	5 28	10 51	6 0	5 33	11 19
12	W	Senator C H Jones died, 1897		6 8	5 25	11 51	13	6 7	5 26	11 56	6 1	5 32	morn
13	T	Daniel C. Gilman died, 1908		6 9	5 23	morn	14	6 8	5 25	morn	6 2	5 31	0 21
14	F	Charles D. Bates died, 1895		6 10	5 22	1 2	14	6 9	5 23	1 6	6 3	5 30	1 26
15	S	Fontanet Powder Explosion, 1907		6 12	5 20	2 15	14	6 10	5 22	2 18	6 3	5 29	2 32
42		*21st Sunday after Trinity*		*Day's Length—11h. 6m.—11h. 9m.—11h. 23m.*									
16	S	John Brown's Raid 1859		6 13	5 18	3 30	14	6 11	5 20	3 32	6 4	5 27	3 39
17	M	Charles A Dana died, 1897		6 14	5 17	4 46	14	6 12	5 19	4 46	6 5	5 26	4 48
18	T	*St. Luke, Evangelist*		6 15	5 15	rises.	15	6 13	5 17	rises.	6 6	5 25	rises.
19	W	George M Pullman died, 1897		6 16	5 14	5 59	15	6 14	5 16	6 3	6 6	5 24	6 19
20	T	Siege of Kimberley begun, 1899		6 17	5 12	6 33	15	6 15	5 14	6 38	6 7	5 23	7 0
21	F	Earthquake at Karatagh, 1907		6 18	5 11	7 16	15	6 16	5 13	7 22	6 8	5 22	7 49
22	S	John Sherman died, 1900		6 20	5 9	8 9	15	6 17	5 11	8 16	6 9	5 20	8 45
43.		*22d Sunday after Trinity.*		*Day's Length—10h. 47m.—10h. 51m.—11h. 10m.*									
23	S	Theo. Gautier died, 1872		6 21	5 8	9 11	16	6 19	5 10	9 18	6 9	5 19	9 47
24	M	C. H. Van Wyck died, 1895		6 22	5 6	10 19	16	6 20	5 8	10 25	6 10	5 18	10 52
25	T	Grant Allen died, 1895		6 23	5 5	11 29	16	6 21	5 7	11 34	6 11	5 17	11 57
26	W	First Congress adjourned, 1774		6 24	5 3	morn	16	6 22	5 6	morn	6 12	5 16	morn
27	T	John G Vassar died, 1888		6 26	5 2	0 39	16	6 23	5 4	0 43	6 13	5 15	1 1
28	F	*St Simon and St Jude*		6 27	5 0	1 47	16	6 24	5 3	1 50	6 13	5 14	2 2
29	S	Siege of Ladysmith begun, 1899		6 28	4 59	2 52	16	6 25	5 2	2 53	6 14	5 13	3 0
44.		*23d Sunday after Trinity.*		*Day's Length—10h. 29m.—10h. 34m.—10h. 57m.*									
30	S	Sackville West dismissed, 1888		6 29	4 58	3 55	16	6 26	5 0	3 55	6 15	5 12	3 57
31	M	*Hallowe'en*		6 31	4 56	4 56	16	6 28	4 58	4 55	6 16	5 11	4 52

WEATHER PREDICTIONS.—1-3, cloudy and rain; 4-8, clear and fair; 9-12, heavy frost, 13-17, changeable, 18-24, pleasant; 25-26, cooler, 27-28, cloudy; 29-31, heavy frost.

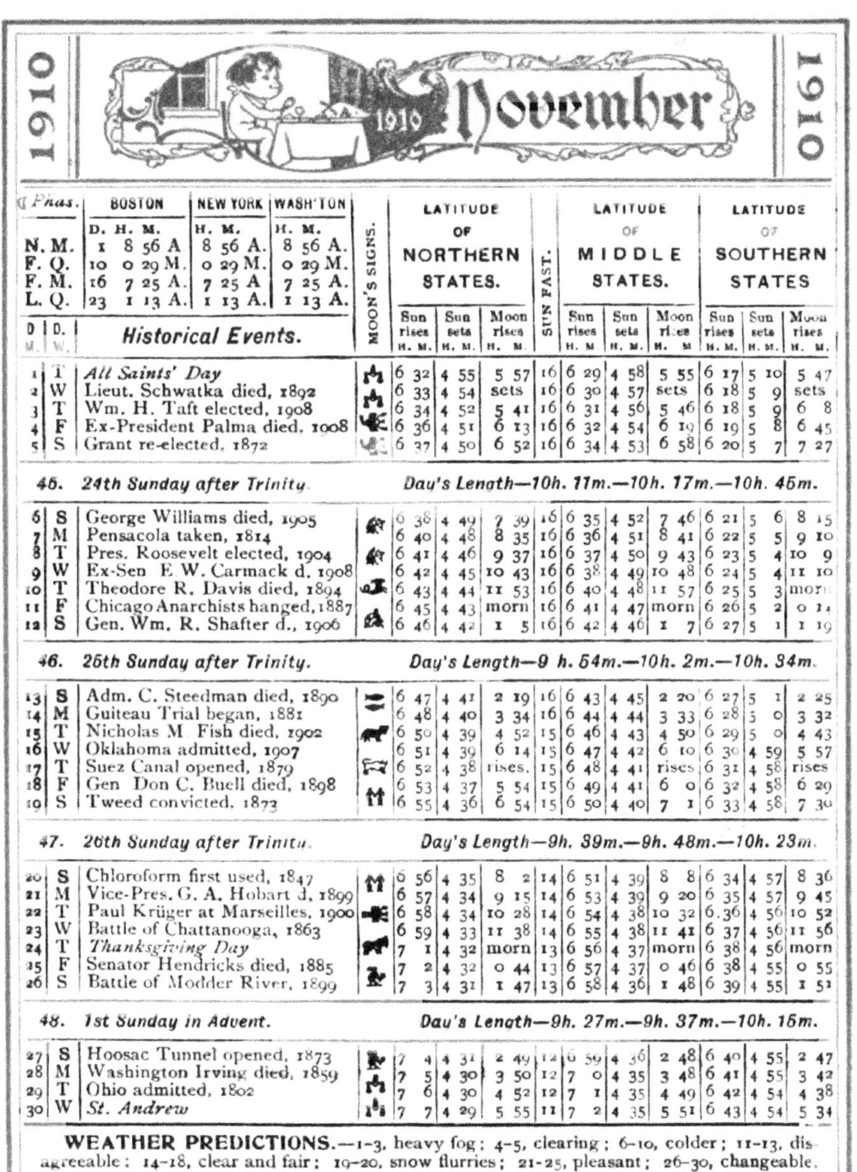

1910 November 1910

☾ Phas.	BOSTON D. H. M.	NEW YORK H. M.	WASH'TON H. M.
N. M.	1 8 56 A	8 56 A.	8 56 A.
F. Q.	10 0 29 M.	0 29 M.	0 29 M.
F. M.	16 7 25 A.	7 25 A	7 25 A.
L. Q.	23 1 13 A.	1 13 A.	1 13 A.

D. M.	D. W.	Historical Events.	Moon's Signs.	Latitude of Northern States. Sun rises H. M.	Sun sets H. M.	Moon rises H. M.	Sun Fast.	Latitude of Middle States. Sun rises H. M.	Sun sets H. M.	Moon rises H. M.	Latitude of Southern States Sun rises H. M.	Sun sets H. M.	Moon rises H. M.
1	T	*All Saints' Day*		6 32	4 55	5 57	16	6 29	4 58	5 55	6 17	5 10	5 47
2	W	Lieut. Schwatka died, 1892		6 33	4 54	sets	16	6 30	4 57	sets	6 18	5 9	sets
3	T	Wm. H. Taft elected, 1908		6 34	4 52	5 41	16	6 31	4 56	5 46	6 18	5 9	6 8
4	F	Ex-President Palma died, 1908		6 36	4 51	6 13	16	6 32	4 54	6 19	6 19	5 8	6 45
5	S	Grant re-elected, 1872		6 37	4 50	6 52	16	6 34	4 53	6 58	6 20	5 7	7 27
45.		24th Sunday after Trinity.		Day's Length—10h. 11m.—10h. 17m.—10h. 45m.									
6	S	George Williams died, 1905		6 38	4 49	7 39	16	6 35	4 52	7 46	6 21	5 6	8 15
7	M	Pensacola taken, 1814		6 40	4 48	8 35	16	6 36	4 51	8 41	6 22	5 5	9 10
8	T	Pres. Roosevelt elected, 1904		6 41	4 46	9 37	16	6 37	4 50	9 43	6 23	5 4	10 9
9	W	Ex-Sen E. W. Carmack d. 1908		6 42	4 45	10 43	16	6 38	4 49	10 48	6 24	5 4	11 10
10	T	Theodore R. Davis died, 1894		6 43	4 44	11 53	16	6 40	4 48	11 57	6 25	5 3	morn
11	F	Chicago Anarchists hanged, 1887		6 45	4 43	morn	16	6 41	4 47	morn	6 26	5 2	0 14
12	S	Gen. Wm. R. Shafter d., 1906		6 46	4 42	1 5	16	6 42	4 46	1 7	6 27	5 1	1 19
46.		25th Sunday after Trinity.		Day's Length—9 h. 54m.—10h. 2m.—10h. 34m.									
13	S	Adm. C. Steedman died, 1890		6 47	4 41	2 19	16	6 43	4 45	2 20	6 27	5 1	2 25
14	M	Guiteau Trial began, 1881		6 48	4 40	3 34	16	6 44	4 44	3 33	6 28	5 0	3 32
15	T	Nicholas M. Fish died, 1902		6 50	4 39	4 52	15	6 46	4 43	4 50	6 29	5 0	4 43
16	W	Oklahoma admitted, 1907		6 51	4 39	6 14	15	6 47	4 42	6 10	6 30	4 59	5 57
17	T	Suez Canal opened, 1879		6 52	4 38	rises.	15	6 48	4 41	rises	6 31	4 58	rises
18	F	Gen. Don C. Buell died, 1898		6 53	4 37	5 54	15	6 49	4 41	6 0	6 32	4 58	6 29
19	S	Tweed convicted, 1873		6 55	4 36	6 54	15	6 50	4 40	7 1	6 33	4 58	7 30
47.		26th Sunday after Trinity.		Day's Length—9h. 39m.—9h. 48m.—10h. 23m.									
20	S	Chloroform first used, 1847		6 56	4 35	8 2	14	6 51	4 39	8 8	6 34	4 57	8 36
21	M	Vice-Pres. G. A. Hobart d. 1899		6 57	4 34	9 15	14	6 53	4 39	9 20	6 35	4 57	9 45
22	T	Paul Krüger at Marseilles, 1900		6 58	4 34	10 28	14	6 54	4 38	10 32	6 36	4 56	10 52
23	W	Battle of Chattanooga, 1863		6 59	4 33	11 38	14	6 55	4 38	11 41	6 37	4 56	11 56
24	T	*Thanksgiving Day*		7 1	4 32	morn	13	6 56	4 37	morn	6 38	4 56	morn
25	F	Senator Hendricks died, 1885		7 2	4 32	0 44	13	6 57	4 37	0 46	6 38	4 55	0 55
26	S	Battle of Modder River, 1899		7 3	4 31	1 47	13	6 58	4 36	1 48	6 39	4 55	1 51
48.		1st Sunday in Advent.		Day's Length—9h. 27m.—9h. 37m.—10h. 15m.									
27	S	Hoosac Tunnel opened, 1873		7 4	4 31	2 49	12	6 59	4 36	2 48	6 40	4 55	2 47
28	M	Washington Irving died, 1859		7 5	4 30	3 50	12	7 0	4 35	3 48	6 41	4 55	3 42
29	T	Ohio admitted, 1802		7 6	4 30	4 52	12	7 1	4 35	4 49	6 42	4 54	4 38
30	W	*St. Andrew*		7 7	4 29	5 55	11	7 2	4 35	5 51	6 43	4 54	5 34

WEATHER PREDICTIONS.—1-3, heavy fog; 4-5, clearing; 6-10, colder; 11-13, disagreeable; 14-18, clear and fair; 19-20, snow flurries; 21-25, pleasant; 26-30, changeable.

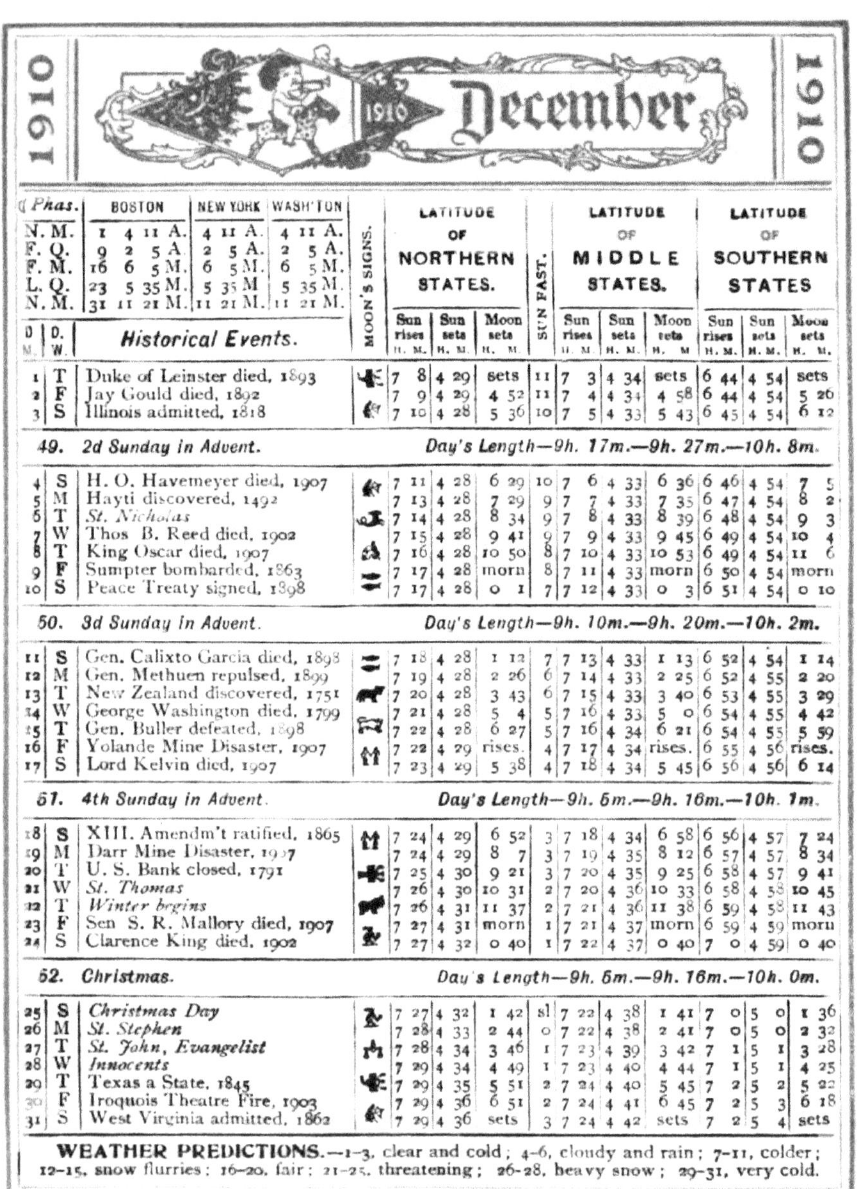

1910 December 1910

☾ Phas.	BOSTON	NEW YORK	WASH'TON
N. M.	1 4 11 A.	4 11 A.	4 11 A.
F. Q.	9 2 5 A.	2 5 A.	2 5 A.
F. M.	16 6 5 M.	6 5 M.	6 5 M.
L. Q.	23 5 35 M.	5 35 M.	5 35 M.
N. M.	31 11 21 M.	11 21 M.	11 21 M.

D. M.	D. W.	Historical Events.	Moon's Signs.	Latitude of Northern States: Sun rises H. M.	Sun sets H. M.	Moon sets H. M.	Sun Fast.	Latitude of Middle States: Sun rises H. M.	Sun sets H. M.	Moon sets H. M.	Latitude of Southern States: Sun rises H. M.	Sun sets H. M.	Moon sets H. M.
1	T	Duke of Leinster died, 1893		7 8	4 29	sets	11	7 3	4 34	sets	6 44	4 54	sets
2	F	Jay Gould died, 1892		7 9	4 29	4 52	11	7 4	4 34	4 58	6 44	4 54	5 26
3	S	Illinois admitted, 1818		7 10	4 28	5 36	10	7 5	4 33	5 43	6 45	4 54	6 12
49.		***2d Sunday in Advent.***		***Day's Length—9h. 17m.—9h. 27m.—10h. 8m.***									
4	S	H. O. Havemeyer died, 1907		7 11	4 28	6 29	10	7 6	4 33	6 36	6 46	4 54	7 5
5	M	Hayti discovered, 1492		7 13	4 28	7 29	9	7 7	4 33	7 35	6 47	4 54	8 2
6	T	*St. Nicholas*		7 14	4 28	8 34	9	7 8	4 33	8 39	6 48	4 54	9 3
7	W	Thos B. Reed died, 1902		7 15	4 28	9 41	9	7 9	4 33	9 45	6 49	4 54	10 4
8	T	King Oscar died, 1907		7 16	4 28	10 50	8	7 10	4 33	10 53	6 49	4 54	11 6
9	F	Sumpter bombarded, 1863		7 17	4 28	morn	8	7 11	4 33	morn	6 50	4 54	morn
10	S	Peace Treaty signed, 1898		7 17	4 28	0 1	7	7 12	4 33	0 3	6 51	4 54	0 10
50.		***3d Sunday in Advent.***		***Day's Length—9h. 10m.—9h. 20m.—10h. 2m.***									
11	S	Gen. Calixto Garcia died, 1898		7 18	4 28	1 12	7	7 13	4 33	1 13	6 52	4 54	1 14
12	M	Gen. Methuen repulsed, 1899		7 19	4 28	2 26	6	7 14	4 33	2 25	6 52	4 55	2 20
13	T	New Zealand discovered, 1751		7 20	4 28	3 43	6	7 15	4 33	3 40	6 53	4 55	3 29
14	W	George Washington died, 1799		7 21	4 28	5 4	5	7 16	4 33	5 0	6 54	4 55	4 42
15	T	Gen. Buller defeated, 1898		7 22	4 28	6 27	5	7 16	4 34	6 21	6 54	4 55	5 59
16	F	Yolande Mine Disaster, 1907		7 22	4 29	rises.	4	7 17	4 34	rises.	6 55	4 56	rises.
17	S	Lord Kelvin died, 1907		7 23	4 29	5 38	4	7 18	4 34	5 45	6 56	4 56	6 14
51.		***4th Sunday in Advent.***		***Day's Length—9h. 6m.—9h. 16m.—10h. 1m.***									
18	S	XIII. Amendm't ratified, 1865		7 24	4 29	6 52	3	7 18	4 34	6 58	6 56	4 57	7 24
19	M	Darr Mine Disaster, 1907		7 24	4 29	8 7	3	7 19	4 35	8 12	6 57	4 57	8 34
20	T	U. S. Bank closed, 1791		7 25	4 30	9 21	3	7 20	4 35	9 25	6 58	4 57	9 41
21	W	*St. Thomas*		7 26	4 30	10 31	2	7 20	4 36	10 33	6 58	4 58	10 45
22	T	*Winter begins*		7 26	4 31	11 37	2	7 21	4 36	11 38	6 59	4 58	11 43
23	F	Sen S. R. Mallory died, 1907		7 27	4 31	morn	1	7 21	4 37	morn	6 59	4 59	morn
24	S	Clarence King died, 1902		7 27	4 32	0 40	1	7 22	4 37	0 40	7 0	4 59	0 40
52.		***Christmas.***		***Day's Length—9h. 6m.—9h. 16m.—10h. 0m.***									
25	S	***Christmas Day***		7 27	4 32	1 42	sl	7 22	4 38	1 41	7 0	5 0	1 36
26	M	***St. Stephen***		7 28	4 33	2 44	0	7 22	4 38	2 41	7 0	5 0	2 32
27	T	***St. John, Evangelist***		7 28	4 34	3 46	1	7 23	4 39	3 42	7 1	5 1	3 28
28	W	***Innocents***		7 29	4 34	4 49	1	7 23	4 40	4 44	7 1	5 1	4 25
29	T	Texas a State, 1845		7 29	4 35	5 51	2	7 24	4 40	5 45	7 2	5 2	5 22
30	F	Iroquois Theatre Fire, 1903		7 29	4 36	6 51	2	7 24	4 41	6 45	7 2	5 3	6 18
31	S	West Virginia admitted, 1862		7 29	4 36	sets	3	7 24	4 42	sets	7 2	5 4	sets

WEATHER PREDICTIONS.—1–3, clear and cold; 4–6, cloudy and rain; 7–11, colder; 12–15, snow flurries; 16–20, fair; 21–25, threatening; 26–28, heavy snow; 29–31, very cold.

New Things in Agriculture

Latest Discoveries and Inventions of the State Experiment Stations. Progress in Many Important Lines of Farming in 1909. A Year of Great Practical Results

ARDLY a month passes that we do not hear of some important discovery or invention. Men of science, wise, earnest and diligent, are pressing ever into the borderland of the unknown. Men of thought and action today are not content with what they know and have, but ever seek better things and more effective methods of accomplishment. In no field is greater progress being made than in agriculture and the sciences allied thereto. On the frontier of agricultural progress are the experiment stations. Able, aggressive directors are at the head of most of the stations, and results of the greatest importance to the farmers of our country are being achieved.

We have gathered from many of these stations brief reports of the work done in the year 1909, the purpose being to show definite results in the new lines of successful experiment. All of the stations are doing valuable work along familiar lines that occupy a large part of the time, but we make no attempt here to record anything except what the title of this department indicates. Of necessity, there are omissions in the line of new things, but most of the station directors have so graciously and well co-operated with us in preparing the department that the final result is very gratifying, and cannot fail to be instructive.

Cotton

TUSKEGEE, ALABAMA

With the view to serving the negro farmers of the south, among whom cotton growing is the chief support, the Tuskegee station has given prominence to cotton experiments. Under the direction of Prof George W. Carver, four new varieties have been developed. There are two types of long staple upland, one wilt-resistant type which is especially adapted to the light, sandy soil of that locality, an especially prolific type and a strong, vigorous grower with medium staple. These new varieties promise more cotton per acre and the longer stapled varieties higher prices per pound.

After nearly 10 years of experimenting a long staple Upland type has been produced by hybridizing the Sea Island cotton with certain types of Upland. The new variety pulls staples of as long as 1 5-16 inches. The ordinary cottons pull about ¾ of an inch. The other varieties produced are crosses, not hybrids, the object being to produce as hardy a crop as possible and one adapted to the light sandy soils and at the same time have as high a degree of productiveness as possible.

Strawberries

SITKA, ALASKA

One of the most interesting experiments at the Sitka station has been the development of a number of varieties of hybrid strawberries, a cross between the wild native Alaskan strawberry and cultivated varieties. Some of these hybrids promise to be of great value.

Cheese

STORRS, CONNECTICUT

In co-operation with the United States department of agriculture, experiments have been conducted in soft cheese making. Investigation of camembert cheese has been completed and an excellent quality of roquefort cheese has been made.

In the poultry department, experiments have led to the discovery of the organism which causes white diarrhea of young chicks, and, with the cause of infection established, the station expects to be able to point out prevention and cure.

Fungi Spray

GAINESVILLE, FLORIDA

Successful experiments have been made in 1909 in controlling the white fly of the orange, grapefruit and other citrus trees by spraying with the spores of the fungi which infect this insect. This treatment is now being applied on a large scale. It is most successful in damp weather. Supplemented by the usual contact with insecticides (used in the dry weather only) this method promises to control one of the worst pests that have ever appeared on the orange trees in Florida. Seven fungi are now known to attack the larvæ of the white fly. Several of them have been grown on a large scale on sterilized sweet potatoes and other substances and the spores thus obtained have been used for spraying. This novel method of insect control promises to be almost as important as the use of kerosene emulsion, especially in sub-tropical and tropical climates.

Important fertilizing experiments have been conducted for four years with pineapple, results of which will soon be announced. Similar experiments have been started with orange trees. The scaly pulp of orange trees, an infectious disease which has caused much trouble, has been found to be due to a fungus and perfected remedies have been devised. The scab of the lemon, sour orange, satsuma and grapefruit and the mildew of cowpeas in Florida have been proved to be caused by fungi.

Very satisfactory results in fattening steers have been obtained by a ration of Florida-grown feeds—corn 12½ pounds, velvet peas in the pod 18¾ pounds, sweet potatoes 21 pounds, Japanese sugar cane 12½ pounds per 1,000 pounds live weight. The test with dairy cows showed that velvet beans in the pod produced milk more cheaply as a stimulant of a balanced ration than did cottonseed meal. Japanese sugar cane was tried and cured like hay and found to be a valuable fodder. The yields of natal grass, guinea grass, Japanese cane and lyon bean were shown to be very promising. Hulls of velvet beans and lyon beans were used as stock feed, with good results. A good showing was obtained with a crop of audzu vine, a promising legume.

Reinforced Tile Silo

AMES, IOWA

One of the most notable achievements of this station during the year 1909 has been the invention of the Iowa silo by M. L. King of the agricultural engineering section. It is constructed of hollow vitrified building tile reinforced with steel rods. This silo, which has been tested for a year on the station farm, has proved very satisfactory. It is almost as cheap as a stave silo and will last as long as one made of concrete. The dead air space also prevents freezing to any considerable extent.

The animal husbandry section has demonstrated that grinding food for hogs does not pay and that in many cases soaking is unprofitable.

Professor Bower of the dairy section has devised a simple method of determining the percentage of moisture in butter. This test consists of heating a weighed sample of butter in a double aluminum beaker surrounded by boiling paraffin. At the temperature of boiling paraffin, the moisture will be driven from the butter without taking any of the fat.

It was demonstrated that glucose starters, if properly made, could be used to replace milk starters with good results. Diluted condensed milk was also used successfully for starters.

A large amount of work on tuberculosis has been done in the veterinary section. The results prove conclusively that the tuberculin tests when properly administered can be relied upon for the detection of the disease. Experiments with the Bang system of isolating affected animals and using them for breeding purposes showed that this could be done at little risk of the offspring contracting the disease.

Fruit Farm

ORONO, MAINE

Under the direction of the station staff, a very important work has been undertaken on a fruit farm lately acquired by the state for the purpose. This is the Highmoor farm in Monmouth near Poland Springs. There are a large number of apple trees on the farm and a course of three years' experiments has been undertaken, including fertilizing, grafting and spraying for pests and diseases.

The station has been responsible for a remarkable work in Aroostook county which had its beginning quite a number of years ago when the farmers were taught to spray their potatoes. Nearly all of the potato growers practice spraying now and the result is a saving of thousands of dollars every year in the potato crop.

Another important service performed by the station has been the continuance of the poultry work developed by the late Professor Gowell. The result has been the development of strains of hens of remarkable productiveness in eggs.

This has been accomplished through selection of individuals and careful methods in breeding. The record in production per year for a hen has been raised to 251. Selection of the best layers was accomplished by the late Professor Gowell by the use of trap nests.

Onion Protection

AMHERST, MASSACHUSETTS

Among the important results of the past year were the following:

The invention of an attachment to a seed sower for the application of formalin when sowing the seed of onions. This method is perfectly effective in preventing smut, a disease which has proved very destructive.

The invention of a machine for the application of kerosene emulsion to onions for the prevention of the trouble commonly referred to as blight, which is due to the attack of a minute insect known as a thrip. This method appears to be effective, if the first applications are early and are reported at intervals of a few days, providing the weather is hot and dry. As many as five or six applications are sometimes required.

The discovery of a simple method of protecting seed corn from wire worms. Corn to which an application of tar has been made for protection from crows is dried by rolling in a mixture of land plaster or air-slaked lime and paris green. The best proportion of paris green will be a matter of further study; but about one part to 40 or 50 parts of the plaster or lime will probably serve the purpose.

Twelve experiments comparing dry with moist mash for laying hens have given results in almost every instance decidedly in favor of the moist mash.

Experiments in manuring orchards, led to the conclusion that low-grade sulphate of potash supplies the element potash, in a form much more favorable, both to the growth and health of the trees and yield of fruit, than the muriate.

Experiments in feeding molasses to farm stock prove that its place in the farm economy consists as an appetizer to be given to animals out of condition, and for facilitating the disposal of unpalatable and inferior roughage and grain, in which case 2 to 4 pounds daily would undoubtedly prove helpful and economical.

A man does not look behind a door unless he has stood there himself.

Co-operative Stock Breeding

EAST LANSING, MICHIGAN

During the year 1909, a field agent of the agricultural college organized 21 co-operative live stock breeders' associations in Michigan. They were incorporated to bind the individuals of each together. The object is to discourage the admixture of breeds and the use of scrub stock and to stimulate improvement through the use of registered sires only. In each case the owners of a given number of animals agree to use registered sires of one breed only in up-grading. Many breeders in the associations have procured pure-bred cows, the foundation stocks for future herds. It is the purpose to make each community notable for the production of some one kind of live stock of occasional merit.

Swine diseases, chiefly hog cholera, have been the subject of experiments on an extensive scale and serum and virus have been used upon 3,000 hogs with gratifying results. For several years the experiment station has been producing new or improved varieties of staple crops. During the year 1909 stocks resulting from selection were large enough to distribute among the farmers of the state. Two varieties of oats, one of barley and several of wheat were placed in the hands of co-operators for trial. Good results were reported.

A field agent of the agricultural college has visited numerous localities, demonstrating methods and benefits of proper cultivation, fertilizing, pruning and spraying orchards and vineyards. This work has also included methods of picking, packing, shipping and storing fruit.

The bacteriological department has begun the manufacture of nodule-forming bacteria for the various legumes and has sent out 1,000 packages to farmers.

Cattle Nutrition

COLUMBIA, MISSOURI

The station has been carrying on the largest nutrition experiment ever undertaken in the world. Over 100 head of cattle have been used. More than 40 measurements are taken monthly on each animal, showing the rate of growth, gain and other facts. The cattle are started in the experiment at birth. At the end of the feeding period planned for, the animals are slaughtered and a carefully made chemical analysis is taken of all the wholesale cuts of meat. The whole carcass is analyzed for protein, fat, ash and phosphorus. Animals in all stages of nutrition and fatness are put to this test.

The work is somewhat on the basis of the much quoted Laws and Gilbert experiments at Rothamstead, England, only it is conducted on a more extensive scale and the animals have a definitely known history. Experts in nutrition have come from across two continents to see the experiments and study its plan. When this work is done, the whole system of teaching animal husbandry will be placed upon a sound basis, the fundamentals of which this experiment works out.

The college dairy herd includes the second, third, fourth and sixth highest butter producing Jerseys in the world. Seven Jerseys there average over 700 pounds of butter a year. Pedro's Estella produced 757 pounds of butter in one year, thus breaking the world's record as a three-year-old. Bessie Bates, an aged cow, produced 850 pounds of butter. The Holstein Carlotta produced 9150 quarts of milk in a year, which, if sold in the nearest city would have brought $686.25. Josephine, another Holstein, produced in a day, 47 quarts of milk. In one week she produced 20 pounds of butter.

The station has done effective work in preventing and eradicating hog cholera in the state. Within the year ending June 1, 1909, 11,209 hogs were inoculated with serum and there was a saving of 90% of all the well hogs inoculated at the time of the outbreak of cholera. The serum was injected in the hogs when cholera appeared in the herd. During the year over $200,000 was directly saved to the farmers of Missouri by this one piece of extension work. The annual loss from hog cholera in Missouri is estimated at $2,500,000, which indicates the importance of stamping out the disease. The station is now inoculating from 2,000 to 3,000 hogs monthly in all parts of the state.

Peach trees pruned by the method that has been adopted at the college have been made to produce two more additional crops in eight years than orchards similarly situated and treated in the same way, with the exception of method of pruning. It is figured that by adopting the college method of pruning the wealth of the state would be increased $12,500,000 in eight years.

Blue Ribbon Hereford Bulls of Kentucky

Alternate Season Cropping

Bozeman, Montana

For about four years, studies have been carried on with reference to dry bench lands in various parts of the state to find out whether this immense area which is permanently above the irrigation ditch can be successfully farmed, and what kind of crop and what method of soil management is likely to give the most successful returns. One district is typical of the character of the work done. At the station on the Yellowstone river some 250 miles east of Bozeman this bench land has been cropped four years. One remarkable result has been obtaining more bushels of grain from two crops grown in four years (the alternate season the land being summer fallowed) than have been obtained from four crops grown continuously on the same land.

The land continuously cropped accumulated no store of moisture in the soil. The average rainfall in that district is about 13 inches a year. About half comes in the crop season. As a result when the crop is open, the soil is kept dry and there is no surplus moisture stored. On the land alternately cropped, there is quite an accumulation of moisture when summer tilled. On the native prairie sod, the experimenters never found the ground wet more than two feet down in any season. On the land alternately cropped and summer tilled, the soil has been wet down from 8 to 10 feet. This means a large accumulation; probably two-thirds of the season's rainfall carried over from one year to the next The dissolving of plant food in the soil is also facilitated the alternate years. Experiments will be continued to determine whether humus and nitrogen are lost the seasons when the soil is not cropped.

Hardy ripening crops are preferred for the dry land methods employed. Fall wheat and fall rye are particularly desirable crops. Crops that have done well are the bald or hulless barley, the 60-day oats, the kherson and the vigorous growing macaroni wheat.

Failure in concrete structures in various parts of the state have led to experiments which indicate that the alkali salts of the soil will destroy and break down cement structures. The chemical conditions involved have been determined and work is now going on to devise methods of protection. There is in the west a large area affected by this alkali of the soil and these experiments are specially important in view of the value of cement as structural material.

Spraying

DURHAM, NEW HAMPSHIRE

Investigations of the fruit spot of apples so injurious to Baldwins just as they ripen have shown that this is due to a fungous disease, which may be controlled by spraying late in June and early in July with bordeaux mixture. Investigations of the codling moth for four years has given the complete life history of the pest in New Hampshire, and show that the trees should be sprayed immediately after the blossoms drop and again three to four weeks later instead of giving the second spraying a week or two after the apples drop as has usually been recommended. Two or three pounds of arsenate of lead to a barrel of water should be used. With such spraying 95 to 99% of perfect picked fruit may be secured, the net profit of $1 and frequently $3 to $4 per tree.

The horticultural department has originated a new cucumber, pronounced to be one of the best upon the market. It has been named the Granite State and the seed was distributed in the fall of 1909. The chemical department investigating the so-called acid soils has been unable to find any true acid, but finds conditions unfavorable to plant growth. A study of the effect of lime on such soils has shown that it stimulates root growth, particularly of clover, and that lime probably neutralizes certain chemical substances which are set free in the soil and which insure root. development.

The dairy department has conducted tests of herds of dairy cattle in different parts of the state and finds that a large proportion of New Hampshire cows are not paying for their feed. Illuminating data on these experiments has been compiled.

Apple Diseases

WEST RALEIGH, NORTH CAROLINA

The study of fungi or bacteria causing little-known apple diseases in North Carolina have resulted in the discovery of two new diseases, and several new ones have been described and much information obtained concerning their characteristics and the best methods of treatment.

It has been demonstrated that the resistance of seed of different varieties of oats to formalin treatment varies and that a larger percentage of poor than of good seed is killed by the treatment. Experiments have shown that phosphoric acid is the chief deficiency in the soils of the state and that potash is the one less needed for maximum yields. The fertilizer formulas used largely by the farmers in the Piedmont section of the state for cotton do not afford the greatest profit. The percentage of phosphoric acid should as a rule be increased, while the potash might be decreased.

Experiments are being conducted with the view to determining the reason why cottonseed meal fed to swine usually kills them in from six to seven weeks. There is a prospect that the mystery which has surrounded this matter will be solved.

Experiments with cooling milk have brought out the fact that by cooling to 45 degrees Fahrenheit, and keeping at that temperature, delivery may be delayed 24 hours under the most trying weather conditions, thereby obviating the necessity for milking earlier than a convenient hour by those engaged in the milk supply business. Feeding experiments have shown that rolled oats may be particularly substituted for skim milk in calf rearing and that it may be done at a reduction of more than one-half in the cost during the first 13 weeks.

In co-operation with the United States department of agriculture, a plant disease survey of the state is being made and determined efforts are being aimed at securing watermelons of high eating and shipping qualities that may be grown upon land affected with melon wilt disease. This latter work is being carried on at Auburn in a badly infested field. Unless melons of wilt resistant varieties are found or bred, the industry will be wiped out in certain important areas of rapidly increasing size.

Demonstration Farms

AGRICULTURAL COLLEGE, NORTH DAKOTA

The most important work of the past year was the development of 21 demonstration farms to a point where they are commanding the attention of the farmers of the state. These farms are leased 20-acre tracts secured for a long term of years by the state and so scattered that practically the entire state is covered. Such farmers leasing a tract receive $100 rental besides the entire crop. The seed is furnished and the work is done under the direction of the superintendent of demonstration farms. The crop rotations are intended to apply to local conditions. Especial emphasis is laid at the present time on the growing of clover, alfalfa and corn. An invasion of weeds has followed exclusive grain farming and some of the experiment farms have had to deal directly with that problem. The state agricultural department has come into close contact with the farmer and the latter has increasingly come to feel the value of the work being done for his benefit.

Important pure food work has been carried on by Professor Ladd. Following up the controversy over food preservatives, especially benzoate of soda, a list of questions was submitted to a large number of North Dakota physicians. From the answers received the following conclusions are drawn as the positive views of an overwhelming majority of the 171 physicians replying.

Benzoate of soda is unnecessary in the preparation of food and therefore should not be permitted. It is classed as a deleterious ingredient—by many as poisonous when continuously used. It is often employed to enable food manufacturers to utilize products so badly decomposed that they could not be otherwise disposed of as articles of food. Medicine or drugs are not normal constituents of the body, are not required as a food, and, therefore, should not be used, since their use throws an extra burden on the organs of elimination.

Benzoate of soda in foods is at all times dangerous to infants and invalids. It should not be permitted in food even though its presence is shown on the label. Since producers of well-known brands of food have discontinued the use of chemical preservatives, others can do the same without hardship. North Dakota physicians do not agree with the conclusions of the national referee board.

Pork-Producing Rations

WOOSTER, OHIO

The only strictly new work undertaken at this station has been the study of the functions of mineral elements in animal nutrition, a study which is progressing and promises to yield very interesting results.

A number of experiments in pork production have been conducted to determine the efficiency of different rations, all of them made up in part at least of corn. The purpose is to produce larger profits from pork production. Corn alone will not produce the most rapid, nor under present market conditions, the most profitable gains in fattening swine, but corn may be used extensively if properly combined with other foods; indeed, there is no other grain feed of equal abundance and efficiency with corn in the cheap production of pork.

The highest daily gain per pig fed was shown in connection with feeds of corn and skim milk. Pigs thus fed for 66 days showed an average daily gain per pig of 2 pounds. The proportions of the feed were one part cornmeal to 2.77 parts skim milk. Next came cornmeal and tankage, six parts to one, with a daily gain of 1.6 pounds; next came cornmeal and middlings of equal parts, with a gain of 1.25 pounds, next cornmeal and soy bean meal, four to one parts; with a gain of one pound daily. The gain of cornmeal alone was only a little over ½ pound per day.

To secure these results, the amount of food consumed per 100 pounds gain was cornmeal 617 pounds, cornmeal and soy bean meal 428 pounds, cornmeal and tankage 360 pounds, cornmeal and skim milk 290 pounds of the former and 805 of the latter. Thus, at prevailing prices, cornmeal and skim milk and cornmeal and tankage cost about the same for equal results, cornmeal combined with soy bean meal comes next, the middlings combination next, and corn alone is by far the most expensive.

Alfalfa

Kingston, Rhode Island

This station has made a departure in attempting to inaugurate a large number of co-operative experiments, especially to ascertain whether or not alfalfa can be made to succeed in Rhode Island. Moderate success with alfalfa has resulted. A new line of investigation has been undertaken with the idea of ascertaining how far the composition of potato tubers affects the yield of crops produced from them under varying conditions of manuring.

Raspberries

Brookings, South Dakota

New creations in red raspberries have been produced by Professor Hansen of this station that are expected to be of value to the northwest. He has had some 500 different crosses of the red raspberry, including excellent specimens. These are hardy and will be sent to the people of the state.

Crossbreeding Berries

College Station, Texas

Crossbreeding blackberries and dewberries have brought interesting results which it is hoped may prove of practical value. A systematic study of Texas soils has been conducted, which will be turned to the advantage of the farmers of the state.

Hybrid Wheats

Pullman, Washington

Some new hybrid wheats resulting from the crossing of turkey red upon blue stem have been developed which promises the highest milling quality known in the state. The hybrid wheats which were distributed by the station to farmers two years before, in 1909 proved to be the best yielding varieties in eastern Washington and more than 40,000 acres were harvested.

The efficiency of lime sulphur as a remedy for apple scab has been demonstrated.

Methods for economical application of water to farm crops on the experimental irrigation farm at Sunnyside have shown striking results and the use of manure and superphosphate fertilizers on irrigated land was shown to give good results in checking the spread of certain blight diseases, prevalent in irrigated sections of Washington.

Barley for Lambs

Laramie, Wyoming

As Wyoming is essentially a live stock state, experimental work places emphasis upon live stock. Important experiments have been and will continue to be conducted in feeding with the view of finding out the food value of such grains and forage crops as can be grown within the state. In the winter of 1909 special attention was given to feeding lambs. The conclusions were that corn and bearded or Scotch barley when fed with alfalfa were about equal in value for mutton production, but that the barley was a shade the better; that 27% less alfalfa and 28% less grain was required where barley replaced emmer in a ration.

Grade lambs with mutton sires made greater gains, conditions being similar, than the Rambouillet lambs. The western stockman has a feed in barley that is of great value for meat production and may be used to advantage as a corn substitute. These feeding experiments are being continued with cattle and swine as well as with sheep.

Important wool investigations are now in progress, study is being made of the variability of wool fiber, the causes of change in the character of the fiber, the effects of sheep dips, relation of hydroscopic water in wool to strengthen the elasticity of the fiber, the effects of environment, the effects of crossbreeding on character of the wool. Much experimental work is being done at the station in the line of dry farming and the adaptation of plants to the state by irrigation.

The Wastes of the Farm

Why Many Farmers Find It Hard to Make Money. What to Do and What Not to Do. Digest of Modern Methods that Lead to Success—How to Apply Them

ONE of the characteristics of farming in this country as compared with farming in Europe is the apparent wastefulness of American methods. The reason for it has been due largely to the vast areas of fertile land to be had almost for the asking and the rapidity with which the land has been taken and utilized by men dependent largely upon the resources of nature and their own brains and muscles. During this great preliminary expansion of agriculture, which has outstripped the growth of the other organs of our social body, agricultural products have been produced at a bare living wage. Every economy has been required by the conditions prevailing, and it has been necessary to borrow largely from nature's resources in order to live and lay the foundations for a better agriculture and civilization.

If in this taming of a continent some mistakes have been made, they have been incident to the frontier days of national life and are not beyond correcting. We can plant better forests than ever grew wild; we can grow more forage on the ranges than ever grew there before; we can renew the fertility of our depleted soils and grow 100 bushels of corn where 10 grew in the olden days.

Labor-Saving Tools

The great agricultural, industrial and commercial expansion of the last fifty years has forced every class of American business men, including farmers, to economize labor. Not in all the history of the world has such progress been made in the development of tools and machinery for the saving of time and labor and the cost of production as during the last century in America. Instead of being a great drawback to industrial expansion, the scarcity of labor has been its greatest stimulus and a blessing, not only to America, but to the whole world, because it has been the incentive for the development of labor-saving tools.

The prevention of waste of human labor on the modern farm is not only a great economic gain, but it has lightened the drudgery of farm labor and added intellectual stimulus. The value of the regular farm hand is now determined by his skill and directive ability, his honesty and reliability, rather than by his brute force.

System Needed

How many farmers in any of our states have any system in their farm management, or keep a profit and loss account of their operations? One horse requires twice as much food as another to keep up a given working efficiency. One cow converts her food into milk, and another into flesh; one produces twice as much milk or flesh from the same amount of food as another. One hen with a given amount of food lays 50 eggs in a season; another lays 200 under the same conditions. One variety of corn under given conditions yields 20 bushels; another under exactly the same conditions yields 40 bushels. One variety or strain of wheat yields 12 bushels, another 30. The crop or animal of low efficiency may be grown at a very small profit, or even at a loss, while that of maximum efficiency may be grown at the same or even less cost and give a large profit.

From the standpoint of soil and methods of cultivation, how many farmers have any system of crop rotation to keep their soils free from fungous pests and weeds? How many use barnyard manures or grow cover crops for the purpose of maintaining the humus and nitrogen of the soil? How many take any account of the destruction of humus by cultural methods, or the great waste of organic matter by burning straw, stalks or leaves, instead of composting them or allowing them to rot in the soil? How many take any account of the elements of fertility shipped from the farm in its various products?

Waste in Machinery

While on some farms there is too little machinery and horse power used to properly cultivate the land and save human labor, on others there is too much. Careful statistical studies of farms in Minnesota have shown that horses are employed on an average only about three hours a day. At least two-thirds of their available energy, therefore, goes to waste, making the cost of the energy used very high. The same is true of expensive tools which are used only for a short period during the year.

A farmer needs to figure very carefully before investing in corn-shellers, shredders, thrashers, power plows, etc, especially if the use of this needful machinery can be obtained by hire at a reasonable rate or co-operative ownership arranged. The latter method will doubtless be the final solution of the problem. There is, however, more to consider in the use of such machinery than the mere question of a few cents more or less profit. Freeing the man from slavish work in the process of production is the greatest thing and the greatest saving of all, even if it does cost more in dollars and cents.

The use of wide tires on wagons has made hauling easier and improved and packed rather than cut the ruts in the roads.

A pure water supply is one of the most valuable assets of a farm. The water should always be piped to the house, the barn, the garden. The saving of labor much more than repays the cost of such distribution.

Have a Good Garden

Most successful farmers are careful to have a good garden. The part devoted to table vegetables and flowers is usually carefully fenced to keep out chickens, dogs and stray animals, and the soil is made rich with barnyard compost. The women of the household usually take considerable interest in the garden and may direct its management. It should, therefore, be located as conveniently as possible to the dwelling house, but not in the front yard.

Too little attention is given as a rule to planning the cropping system of the garden. The tomatoes, cabbages, beans, peas, etc, must not be grown on the same spot each season, but, like other crops, must be rotated to prevent the accumulation in the soil of injurious insects, fungi and bacteria. With a little planning a succession of vegetables, fruits and flowers can be provided for the spring, summer and fall, with a considerable supply for canning and for winter use, and it is particularly important to see that the seed comes from a thoroughly reliable dealer and is of the very best. In the same way, the fruit trees should be ordered only from reliable nurserymen, the varieties being carefully selected.

House and Yard

House conveniences to save work and increase the attractiveness of the home are now essential on a modern farm. A good bathtub, with hot and cold water from the kitchen range, and a good drainage and sewage disposal system are not expensive and are within the reach of every up-to-date farmer. Water should be piped to the house, and the windows and doors should be carefully screened to keep out flies and mosquitoes. These two classes of insects are the greatest carriers of disease, the flies carrying typhoid, tuberculosis and other disease germs, and the mosquitoes carrying malaria or, in the south, yellow fever and similar diseases.

Finally, the yard around the house should be made attractive and beautiful with trees and grass and flowers. They have a restful and uplifting influence on any tired soul and greatly increase the value and salability of the property, while the cost of planting and care is trifling.

What Modern Farmer Must Know

The modern farmer must know the type of farming to which he himself is best adapted and where it can most profitably be conducted. If he is a dairyman, he must know the milk breeds of cattle and the best strains of the breeds for his conditions. He must know the feeding value of the various crops and the rations required to produce the best results. He must know all the sanitary regulations for keeping his milk pure and marketing it in the best condition. He must figure out the rotations of crops adapted to his conditions and his needs and with due regard to maintaining the fertility of his soil. He must know the conditions and the demands of his market and be able, through co-operative methods or otherwise, to get his products to the consumer without all the profits being absorbed in the process.

Poor Seed Testing

The losses resulting from poor seed fall within five principal categories: (1) Seed not acclimatized or adapted to conditions, (2) seed of low producing efficiency, (3) seed of low vitality, (4) adulterated seed and weed seed, and (5) lack of trueness to type, or misbranded seed.

Disease and insect pests also often destroy large numbers of plants, leaving only the more resistant ones. If these are saved resistant strains can be developed. The great value of the straggling plant here and there that escapes some great epidemic or some cold wave, drouth or unfavorable soil condition should be appreciated and its seed saved. Many valuable adaptations have been secured in this way. The great importance of selecting and growing seed under the conditions under which the future crop must be grown is now apparent.

Assuming that every care has been taken to get seed well adapted to the conditions of culture, it is still important to see that the seed is of good vitality and capable of producing strong, vigorous plants. Great waste of land and labor results every year from the use of seed of low vitality. As a result of careful tests made by the department of agriculture of over 3,000 carefully selected ears of what was considered good standard seed corn, more than half of the ears were found to be of low vitality and unfit for seed. By testing individual ears and rejecting those of low vitality, an average gain in yield of nearly 14% could be secured as a result of the better stand and better productiveness of strong plants. The same is true of other cereals.

Seed should always be tested before planting, and seed of low vitality rejected. It pays also to separate the light from the heavy seed and use only the latter. So far as its facilities permit, the department of agriculture is always glad to examine and test seed for farmers and seedsmen.

Poor seed is introduced to blend with good seed so that it can be sold at a lower price. Some of the worst weeds, like dodder and Canada thistle, have been introduced and spread in this way.

AN INDIANA COUNTRY HOME

Diseases of Crops

After careful investigation of the diseases affecting all of our principal agricultural and horticultural crops, it is safe to say that as a general average not less than 10% is annually destroyed by disease, and a similar percentage by insects. The total amount is therefore enormous. In the case of our grain crops the principal diseases are rusts and smuts.

Grasses and forage crops are also often severely injured by rusts, smuts and other diseases the losses from such causes averaging not less than 10% for the crops.

The various diseases of our cultivated fruits cause great loss nearly every year, not only to growers of the fruits, but also the handlers and users. Most of these diseases can be controlled by proper spraying.

Among the diseases of vegetable crops are rust, rot, mildew and blight, some of which can be prevented by spraying, others only by the development of resistant varieties, which has been accomplished in several cases.

Among the diseases of cotton the Texas root rot, caused by a soil fungus, is one of the most destructive, but is confined chiefly to the state of Texas. It can be controlled only by cultural methods which bring about better soil aeration, such as deep fall plowing, the plowing under of green cover crops, and the use of liberal quantities of barnyard manure. Another soil disease, the wilt, occurs in the lighter soils of the southeastern cotton belt, especially in the Sea Island district, and causes the destruction of many thousands of acres of cotton. The wilt can be controlled only by the development of resistant strains of cotton. Cotton also suffers from a number of other quite serious diseases, such as anthracnose and black arm.

While the loss from diseases and insects is very great, it should be understood that these losses come especially to two classes: (1) the careless grower, who does not adopt measures for controlling disease or is inefficient in applying them, and (2) the consumer, who has to pay higher prices. The careful, intelligent grower usually makes the most money when the diseases which he can control or prevent are the most destructive to his competitor's crops and the prices are therefore high, the cost of control being very slight compared with the gain. These pests have in this way many times been the means of forcing better agricultural methods into use.

The accumulation of noxious weeds, diseases and insects on the farm is one of the most serious sources of loss. This results, as a rule, from the constant growth or too long continued culture of the same crop or class of crops on the same land. Cotton wilt, melon wilt, flax wilt, cowpea wilt, tobacco wilt, clover and bean anthracnose, root-knot worms, affecting nearly all crops except cereals, bacterial diseases of the tomato, potato, eggplant, cabbage and numerous other vegetables, the grain rusts and smuts and weeds and insects too numerous to mention all accumulate in the soil under the one-crop system.

All these troubles, however, can be avoided and the fertility of the soil greatly improved by intelligent systems of rotation. The most profitable systems for any locality or type of farming, so far as they have been developed, can usually be obtained from the state experiment station or from the department of agriculture.

Co-operative Marketing Needed

Some method of preventing an oversupply at particular markets is a great necessity. If fruits and vegetables could be distributed where needed, there would seldom be an oversupply. It is doubtful, however, whether this can ever be accomplished with the great majority of crops of scattered production except through some central or national agency. In some districts where culture is intensive and the growers are well organized, as in the case of the citrus industry in California, co-operative marketing has proved a great success, but there are few plant industries sufficiently restricted in area to be organized in this way.

In nearly all cases, however, great saving is accomplished by co-operative marketing for particular districts, and associations for this purpose are springing up rapidly in all parts of the country. The product of many small growers is thus brought together, graded, and put on the market in better condition in carload lots, thus saving greatly in freight rates and in loss by handling. The market is selected with greater care and the middlemen are prevented from reaping all the profit.

Although there has been great improvement in transportation methods and reduction in rates in the last 40 years, as well as decrease in the cost of marketing generally, there is at present, in the case of certain special products, like fruits, vegetables and flowers, too much waste between the producer and the consumer. By the time various charges, commissions and profits are paid, the cost of the product is often more than 100% greater than the price the producer received for it. The conditions controlling the great staple crops are much the same, although the relative cost of marketing is much less.

Every possible saving must be accomplished in the cost of production and marketing. Consequently the farmers are organizing their own co-operative warehouses, elevator systems and trading facilities and demanding legislation to control railroad rates, grading, weighing, etc.

Some of the fault found with middlemen and markets is really due to ignorance and carelessness on the part of the producer. The great losses to the citrus-fruit industry in Florida and California in the rotting of fruit in transit have been shown to be due to careless methods of picking and packing the fruit rather than to any fault of the transportation companies. These losses, amounting to from 15% to 40%, have been almost entirely eliminated by the use of more care in picking and packing.

Some of the Leaks

There is often waste from inconvenience of location of fields and buildings; lack of organization and tools for different types of farming; the relation of type of farming to markets, climate, soils, labor and personal preferences and ability; the danger from fads and revolutionary practices unless the whole situation is carefully considered; the relative cost and value of different forms of power; loss from systems in which labor is not kept fully employed on the farm and from the fluctuations in labor needs; loss from failure to make the best use of the land—idle land, roadsides, fence corners, etc; loss from lack of facility for storing products in order to market to advantage; loss from unmarketable products and the failure to utilize such products for feeding, canning, the manufacture of alcohol, etc; loss from lack of proper education and training of farm managers and workers; loss from wrong types of co-operative organization in buying, selling and borrowing; loss from lack of credit, which is the foundation of modern business procedure and is based on honesty, reliability and fair dealing.

Progress and Improvement

For the past ten years there has been apparent to all interested in agricultural production a rapidly increasing interest in improved methods all along the line. There is a strong demand for men better trained in the business and art of farming and farm management. The methods of the men who have made a success of farming are being studied. The improvement of soil and the use of fertilizers are now problems of interest to most farmers in all parts of the country. Higher-bred crops and animals now interest the many instead of the few. The control of diseases of plants and animals is receiving more general and intelligent consideration. Better marketing methods, the improvement of farm sanitation and home conditions and life in general on the farm and its relation to the general welfare are uppermost in the minds of a rapidly increasing number, not only of farmers, but of the public generally. The wonderful progress made on American farms in the last century is but the beginning of a much greater development in this new century.

[By A. P. Woods, Assistant Chief, Bureau of Plant Industry. Abstract from Year Book of the Department of Agriculture.]

Good Line-up of Virginia Shorthorns

The bull on the right weighs 2559 pounds. The cow next to him 800 pounds. These are samples of a herd in which many cattle are bred for export.

Farming Types in the United States

Those Most Profitable—Where, Why, and How. Specialties Good and Doubtful. Types that Combine Well. Crop Rotation. Selection and Breeding. The Way Up from Beginnings

THOSE types of farming which make no provision for maintaining or building up the fertility of the soil are called exploitive types. They exploit the soil. Exploitive farming is characteristic of regions in which farming is new. When first put into cultivation, most soils are rich and can be farmed for many years without attention to fertility. History shows that exploitive farming may continue without serious consequences on rich soils for 20 to 50 years, depending on the character of the soil and the climate; the farther south one goes the quicker the humus (decaying organic matter) rots out of the soil.

Generally speaking, after exploitive farming has reduced the fertility of the soil to the point where paying crops are no longer produced, types of farming are introduced which build up the soil and make it fertile again. Usually these conservative types of farming produce forage for live stock and put the manure back on the land. There is some evidence that the soil may be brought back by growing green crops, especially certain leguminous crops—cowpeas, crimson clover, vetch, bur clover and the like—and turning them under. Where it is possible to grow forage crops only and to buy grain or other concentrated feed at a reasonable price, good strong land may be built up and made highly fertile without the use of chemical fertilizers; but generally, in those sections of the country where farming has been followed for more than half a century, commercial fertilizers are used to a greater or less extent.

The small cotton farms of the south, on most of which no effort is made to keep a supply of humus in the soil, the production of corn and wheat in southern Missouri, of wheat in southern Illinois, and of hay in New England are other examples of exploitive types of farming that have continued beyond their legitimate life.

Farming is said to be extensive or intensive according to the amount of capital and labor used upon a given area. On the grain fields of the west one man farms a large area. The amount of work done per acre is small and the income per acre is usually comparatively small. Almost any system of farming may be carried on in an intensive way. The farmer who grows 100 bushels of corn, 40 bushels of wheat or 3 tons of hay per acre is doing intensive farming. Ordinarily, however, the term "intensive farming" applies to such types as truck and fruit growing, poultry raising, etc, where a large amount of capital and a large amount of labor are used per acre. As a general rule, the more intensive the type, the larger the income from a given area of land.

Single-Crop Farming

The most striking instances of single-crop farming in this country are to be found in the cotton plantations of the south, the grain farms of the plains region and parts of the Pacific coast, the rice-growing areas along the Atlantic and Gulf coasts, the tobacco-growing sections in the Atlantic states and the cornfields on many farms in the middle west. The term does not mean to imply that only one crop is grown, but one crop brings in practically the whole income of the farm family. Such types of farming are nearly always exploitive and usually extensive. In diversified or mixed farming there are several sources of income, usually several crops are grown and frequently live stock is kept in addition to the animals needed to work the farm. As a rule, farms are more or less diversified in their industries, and it is usual to find two or more types of farming carried on together on the same farm.

The production of garden vegetables, commonly called truck farming, is one of the most intensive types of farming, and requires a comparatively high capitalization as well as a large amount of labor. At the same time, where markets are good, the income is so large that a family can make a living on a very small area of land. In fact, 10 acres would be a large truck farm, and 2 or 3 acres properly managed, with good markets, will bring a fair living to an ordinary family. This type of farming is a desirable one for beginners, although a great deal of study and some experience are necessary before success can be attained.

Truck farming assumes three phases: First, every farm should have a garden which produces such vegetables and small fruits as are needed for home use. Second, in the vicinity of every city, town and village there is room for a small number of truck farmers who can supply local markets. This is the safest form of market trucking. The crops to be grown must be determined by climate, soil and market demand. The third system of trucking, which is widely developed along the Atlantic seaboard and is found to some extent in other sections, is that of growing vegetables for shipment to distant markets. This type of trucking requires, not only a large capital and great expense, but also a large amount of reserve capital on account of the great fluctuations in receipts for products shipped. Some years enormous incomes are obtained per acre; other years there is a dead loss. The business is not recommended to beginners.

The production of berries and of small fruits, where there is a local market, may be quite profitable; but, when one must depend upon shipping to the large cities, the results are very uncertain. The production of winter apples for shipment to the large markets has proved in the main a profitable industry. Generally speaking, the production of any kind of fruit for market, especially tree fruits, necessitates waiting several years before any income is obtained, and it is usual to combine truck farming with orchard growing, gradually abandoning truck crops as the fruit comes into bearing. The beginner is especially warned against embarking his capital and time in new ventures in the line of fruit growing. It is better to stick to those things that have demonstrated themselves to be successful.

The Cost

The principal crops found on single-crop farms in the United States are cotton, wheat, corn, hay, tobacco, rice, sugar cane and hops. Other crops are grown as practically the only crop in small areas in various parts of the country. Generally speaking, the equipment required for conducting a single-crop farm is less than for any other type of farming. On the ordinary one-horse cotton farm of the south the cost of buildings, work stock and farm implements will average about $8 per acre; on the exclusive grain farm with a moderate equipment the cost is about $20 per acre; with corn as a principal crop the cost is about the same; on an exclusive, well-equipped hay farm, the cost of equipment, including buildings and fences, is approximately $40 per acre; on farms where tobacco, rice, sugar cane or hops are grown the cost is considerably more.

Rotations with Principal Crop

In several sections of the United States there is a rotation of crops containing one crop which is the principal source of the farmer's income. Tobacco is grown in this manner in parts of Kentucky, Ohio and Tennessee and to a slight extent in other tobacco-growing sections.

In Aroostook county, Me, the prevailing type of farming is one in which the rotation covers a period of three years, the crops being (1) potatoes, (2) oats and (3) clover. The land is usually divided into three approximately equal areas, so that each of these crops is grown every year. In some parts of Pennsylvania and Ohio a smaller rotation is found in which wheat is substituted for oats.

In certain sections of the west, sugar beets are grown as the dominant crop in the rotation. In the alfalfa regions of the west the rotation generally consists of two or more years of alfalfa, followed by one year of potatoes or grain in order that the alfalfa roots may become decomposed, and then one or two years of sugar beets followed by grain, with which alfalfa is sown. The rotations used on sugar-beet farms in Nebraska, Michigan and eastward are highly variable.

These types of farming in which one crop in the rotation is the principal source of income are very satisfactory, especially where the remaining crops are fed to live stock and the manure is put back on land. Most of them require considerable capital for equipment, and require considerable labor compared with the single-crop systems.

Cotton occupies the position of a dominant crop on a few farms in the south, and is one of the best crop rotations to be found in this country. The rotation consists of cotton, followed by corn in which cowpeas are sown at the last cultivation, the next crop being winter oats, followed by cowpeas the succeeding summer. This rotation gives two opportunities for winter cover crops to be turned under to supply the humus; namely, between cotton and corn and between cowpeas and cotton. Crops available for use as winter cover crops in this rotation are rye, oats, bur clover, crimson clover, common red clover, hairy vetch and common vetch.

This rotation builds up the land very rapidly, the yield of cotton going up more rapidly than that of the other crops. Such farming is quite profitable and is to be recommended generally for the southern states.

Raising Seed Pays

Scattered here and there over the country are farms devoted to the raising of seeds for sale. These farms are of two classes; namely, those which raise vegetable seeds, usually on contract for some large dealer; and those which make a specialty of growing improved seeds of ordinary field crops. The latter class of farming offers at the present time one of the best opportunities to be found in farming in this country. The ordinary farmer will not take the trouble to breed up the seed of his field crops, yet he will buy improved seeds, and is justified in so doing.

The crops which are most easily improved by selection of excellent individuals for seeding are corn, cotton and potatoes, and there is room for much development in the growing of improved seeds of these crops practically wherever they are grown. Improving the seed of wheat, oats, barley and other crops in which the individual plant is small is a very difficult task, and requires technical training for its successful conduct. The growing of seeds of garden vegetables is a specialty which requires a good deal of training and a comparatively large amount of capital and labor. It is not an inviting field for the beginner, yet it is a profitable type of farming when properly conducted.

Mixed Stock and Crop Farming

The general type known as mixed stock and crop farming is perhaps the most common type found in the northern states. It is hoped that it will also ultimately prevail very generally in the cotton belt, where the rotation already mentioned in discussing cotton as a dominant crop in a rotation is well suited to this type of farming. In the northern states the common rotation found on farms of this character is corn, followed by small grain, and this by timothy and clover for hay and pasture. Many variations of the rotation are found. For instance, corn may be grown two years before seeding the land to wheat or oats.

In the northern tier of states oats are usually grown in this rotation in preference to wheat, while in central latitudes wheat usually replaces oats. In some sections oats follow corn and wheat follows oats. Clover, like all of the legumes, helps to supply the land with nitrogen, the most expensive form of plant food. The legumes secure an abundance of nitrogen from the atmosphere, while other crops must secure their nitrogen from decaying organic matter in the soil.

The live stock found on the largest number of farms of this character in the southern half of the corn belt are beef cattle, usually with hogs, while in the northern portion of the section dairy cows are kept. On the better class of mixed stock and crop farms the only crop sold is the small grain. This is especially true where wheat is grown in the rotation. Oats are often all fed on the place. In either case, if the corn and hay are fed to live stock and good use is made of the manure, the fertility of the land is fairly well maintained, though after two or three generations of such farming the use of commercial fertilizers becomes necessary.

The equipment on farms of this class, including cost of buildings, fences, implements and live stock, will run from \$50 to \$75 per acre. About one work horse is required for every 25 acres in cultivation, and one laborer for 25 to 40 acres. A family living on a quarter section of land devoted to mixed stock and crop farming, with a fair amount of industry and intelligent management may be expected to make a good living, and perhaps to lay by a little profit.

In the southern states where cotton is grown in a rotation consisting of cotton, followed by corn and cowpeas, then oats, followed the next summer by cowpeas for hay or seed, or both, stock farming combines excellently with crop farming. If all the crops except cotton are fed to stock and the manure is intelligently used, large yields of cotton are obtained at comparatively small expense, and the work of the farm is better distributed through the year than on exclusive cotton farms.

The Cattle Industry

The growing and fattening of beef cattle is an industry found perhaps on a larger number of stock farms than any other. Generally, the profit is small. The most profitable beef cattle raising is that of pure-bred stock for sale as breeders, but it is only the experienced breeder with a good reputation who can sell young stock at satisfactory prices.

Many men on the ranges of the west raise beef cattle for sale as feeders. Ranging cattle was formerly a very profitable business, but the best ranges have now been turned into farms, and on the poorest ranges sheep are gradually replacing beef cattle. A good many farmers who follow a mixed system of stock and crop farming keep a few cows of the beef breeds and raise the young for sale as feeders. This type of beef-cattle farming is perhaps the least profitable of all.

Fattening steers for market is one of the leading industries of the middle west. On some farms setters are bought in the spring and grazed during the summer, the best of them being sold for meat before winter comes on, the others being sold as winter feeders. Some farmers who makes a business of fattening steers buy their steers in the fall and fatten them during the winter. Others combine summer grazing and winter feeding. Usually the farmer who makes a business of feeding steers does not expect to make much profit directly. But through this disposition of his crops he secures a fair price for his grain and hay and retains the manure on his farm, thus keeping up the fertility of the land. It is customary to keep a few hogs on farms where the winter feeding of steers is practiced, in order that the hogs may consume the waste grain in the droppings from the cattle.

A few farmers keep cows of the beef breeds and force the young stock by heavy feeding, selling it early as "baby beef." Beef of this character sells at the highest price, but is expensive to produce. The profit from it is not great, yet this type of farming serves to maintain the fertility of the land and returns a fair price for the crops consumed.

WISCONSIN HOLSTEINS, BARN AND SILO

Sheep and Hogs

There are four types of sheep farming: (1) The raising of stock for sale as breeders, which is perhaps the most profitable form of sheep raising on the ordinary farm. (2) The raising of sheep for wool and mutton—a type found both on farms and on the ranges of the west. Usually the range man clips the wool and sells his young stock to farmers of the middle west to be fattened during the winter. (3) Early winter lambs. Some sheep raisers have the lambs produced very early in the season and send them to market late in winter, at which time they sell for very high prices. Frequently these lambs when in proper condition will sell for much more than they would bring three or four mouths or even a year later. (4) Fattening sheep for market. This industry prevails extensively in the middle west, where range lambs from the western country are bought and fed during the winter. Extensive feeding operations of this character are conducted in the alfalfa-growing regions of the west, and this type of handling sheep returns a very satisfactory profit to those who understand the business.

Hog raising is perhaps the least difficult of all the types of live-stock farming and the most profitable considering the amount of labor and capital involved. The equipment for hog raising costs considerable. Including buildings, fences and live stock, a hog farm requires an expense of about $70 an acre before it is perfectly equipped for the business. The one great danger in this type of farming is in cholera, which is a contagious disease.

Dairy Farming

There are three more or less distinct types of dairy farming: namely, (1) the selling of milk and cream, (2) the production of milk for butter and cheese making and (3) the raising of pure-bred dairy stock for sale as breeders. Generally speaking, when dairy farming is intelligently conducted it is quite profitable, though it requires more labor than other forms of live-stock farming and a larger investment of capital. By beginning in a small way the capital necessary can be earned, and this is usually done by men who embark in dairy farming. Dairy farming maintains the fertility of the soil perhaps better than most other types of farming.

By having a good garden and plenty of small fruits, the small dairy farmer has most of his living at home. It is best to start in with a good quality of grade cows rather than high-priced, registered stock. But it is highly important to use pure-bred sires in building up and maintaining the efficiency of the herd.

If one is located near a large city or near a railway station which gives direct connection with a city, the selling of milk or cream is the usual form of dairying followed. In sections where a market for milk is not to be had, butter making is the more usual type of dairying. Even near the large cities a few farmers find it desirable to make butter for supplying private customers.

Cheese making is not often conducted on the farm, but is usually confined to factories.

The raising of horses and mules is not generally an exclusive industry on a particular farm, but incidentally with other kinds of farming. Many farmers keep brood mares with which they do their farm work. It is hardly advisable for the small farmer to engage in this industry, but, where one has an abundance of land and must keep a considerable number of work stock, it is entirely proper to keep a number of brood mares.

Possibilities in Poultry

The raising of poultry is an industry found perhaps on more farms in the United States than any other. Most farmers keep a few chickens, which find their living from the waste products of the farm. They are thus practically no expense and all of the product is profit. From 30 to 75 hens can thus be kept on an ordinary farm. The magnitude of this form of the industry is so great that it interferes materially with the special poultry farm. It is probable that more failures are made in poultry farming than in any other type of farming undertaken by beginners, yet it is decidedly one of the best and most profitable types of farming when properly conducted.

Nearly all successful poultrymen began in a small way by producing eggs for the general market. By carefully breeding up the flock and developing its egg-laying capacity, especially during winter, they have finally been able to embark in the production of eggs for hatching purposes, for which there is a ready sale for men who have earned a reputation for producing good stock. The breeding of fancy poultry is, as a rule, not a very profitable industry. It requires a large amount of special knowledge, and, while a few men have made an eminent success in this branch of the business, a very large proportion of those who have tried it have failed.

Only a few farms are devoted to ducks, geese, turkeys or squabs as a more or less specialized industry, but there is an abundance of literature relating to these forms of poultry farming by means of which the beginner may learn the details of the business with a comparatively short experience.

The raising of bees is usually combined with fruit raising. The raising of flowers for the city trade is perhaps the most intensive type of farming we have, requiring considerable money for equipment, but producing a large income from a given area of land when intelligently conducted in a small way by a considerable number of people. There are a few ostrich farms in Arizona, southern California and Florida. Fox farming has developed to some extent in the extreme northern states in the past few years. Not much is known as yet about the management of these animals, but there is a possibility that foxes may become an important source of revenue to a few people in the states bordering on Canada.

The Literature of Farming

Nearly every type of farming mentioned has its literature in the bulletins of the state agricultural experiment stations and the United States department of agriculture and in the many agricultural books and periodicals published in this country. Before undertaking to farm, one should become familiar with the literature of the type of farming chosen.

In comparing farming with other industries, the fact should not be overlooked that the intelligent farmer produces a large part of his living on the farm, thus rendering the expense of living in the country much less than in the city. It should be further remembered that the independence of farm life goes far toward balancing its disadvantages when compared with city life. A diligent study of agricultural literature, therefore, may enable the beginner to be successful with comparatively little experience.

[By W. J. SPILLMAN, Agriculturist in charge office of Farm Management, Bureau of Plant Industry, Washington. Abstract from Year Book, Department of Agriculture.

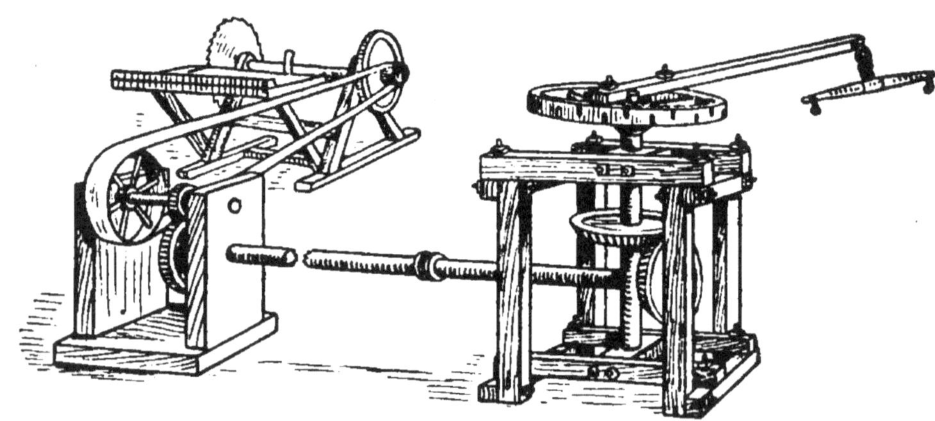

HOMEMADE SWEEP POWER

This is made from an old mowing machine. Cut the axles in two between the gearing and the tongue. Make a framework to hold the part cut off and arrange so that the axle will be vertical. Bolt on an arm to which a singletree can be attached. Gearing can be provided between the power, jack bench and saw bench, as shown in the drawing.

Grange Occasions and Topics

Suggestions for Interesting and Profitable Programs. What Wide-Awake Patrons of Many States Are Talking About in Their Meetings. Progress and Uplift

Occasions

Following is a list of occasions observed by some of the most successful granges in different parts of the country. The terms used are suggestive of appropriate topics and exercises for the meetings:

New Year's night
Lincoln night
Floral night
Patriotic night
Harvest festival
Thanksgiving
Musical night
Neighbors' night
Children's night
Ladies' night
Gentlemen's night
Anniversary—History of our grange
Grange rally
Surprise evening

Topics

The following topics are suggested for papers, addresses or debates, the wording being changed to suit the purpose and the occasion.

Country life and how it may be improved
What is the greatest farm problem today?
What is the most promising avenue of life activity open to young men?
Would a parcel post benefit the farmer?
Would postal savings banks be worth while?
Development of life insurance and old age pensions
Country life within city limits
Our homes and environments
Health and happiness in the home
Rural recreation
Organization for mutual improvement and entertainment
Country worship
The old, old story—farm help
Country life when I was a boy
Government aid
New responsibilities of the public in education
Needs of agriculture in our section of the country
Importance of economy in farm life
Wastes of the farm
Beautifying our homes and surroundings
Some reasons for growing flowers
Farm management
Specialties in farming
Diversified farming
Fruit growing for pleasure and profit
Cultivation of small fruits
Poultry raising
What constitutes a successful farmer?
Cause of the vacant farm
Woman as a helpmeet
How to manage a wife, and how to manage a husband
Which is usually the better manager of home finances, husband or wife?
Should women be allowed to vote?
The need of better agricultural and industrial education for boys and girls
What are the most promising avenues of activity open to young men and young women today?
Our agricultural fairs
The ideal dairy herd and its management
Some things that ought to happen in our town during this year
Should farmers work more than ten hours a day?
Why should not the farmer have a voice in making the prices of what he raises and manufactures?
What changes in the crops and modes of cultivation in this locality seem needed at this time?
In what ways are the present game and trespass laws deficient?
The sunny side of farm life
The shady side of farm life
What are the best methods to take at this time to forward planting operations?—early vs. late planting
How can the eastern farmer plan so as best to avoid competition from the western farmer?
Should the grange make more use of the agricultural press?
The mission of the grange
How shall we show our interest in the public schools?
Care of the fruit orchard
When is a farmer successful?
Which is the greater drawback to the farmer, lack of capital or lack of method?
Has education a greater influence on the improvement of the people than wealth?
What varieties of flowers give the best results for the least care?
The value of an attractive home in forming character in the young—the boys' room; the girls' room; the living room
The traditions and history of our own town—five minutes' suggestions how to make it better
Does the average farmer lead a happier life than the average business or professional man?
How could I improve my garden?
Laws that farmers need
Civic duties of the farmer

He who is employed is tempted by one devil; he who is idle by a hundred.

Time is the stuff that life is made of, and to redeem our time is to lengthen and improve our lives.

Let the farmer forevermore be honored in his calling, for they who labor in the earth are the chosen people of God.
—Thomas Jefferson.

How to Forecast the Weather

Simple Rules that the Farmer Should Understand. Instruments Needed for Accurate Observations. Importance of Wind, Moisture and Temperature. Weather Signs of the Sky

THE weather is so important to the farmer that he ought to know all that he can about it. Certain well-established rules are employed in forecasting the weather by those most expert in such matters, and a few comparatively simple instruments are used to ascertain atmospherical conditions as a basis for all forecasts. We have gathered the rules most widely accepted as trustworthy in studying the weather and present them with descriptions of certain instruments needed for practical forecasting. Most of this information comes through the government weather bureau, which is doing great work for the agricultural interests of the country through a service which has been greatly improved and made very effective during the past few years.

Records and Instruments

Realizing his dependence upon weather conditions, the farmer or gardener should know what warmth of soil is necessary to start germination and the amount of heat and moisture required later to bring the crop to successful maturity. Beginning with this knowledge, the need of actual observations through the use of accurate instruments follows in natural sequence, that he may be able to determine how nearly the weather conditions experienced are measuring up to the ideal. Careful records of this character will be found most interesting, and their value will undoubtedly increase as the facts thus gathered accumulate from year to year.

Such records cannot be made, however, without the aid of good instruments, since the senses are more or less unreliable as weather recorders. Even out-of-door workers are often misled regarding the temperature of the air or the amount of rainfall during a shower. Some days seem warm when the thermometer reads comparatively low, and others cool although the temperature may be much higher. The thermometer alone can be depended upon to give the true temperature, and a properly exposed rain gauge is the best indicator of the amount of rain or snow that falls at any time.

Decided benefits will also be derived at times if, through the aid of other instruments, coming weather changes can be foreseen. An afternoon shower has often seriously damaged a crop of hay that was mowed in the morning, but which could have been left standing another day without injury had the rain been expected. At critical times the knowledge that a frost is imminent on a coming night may enable a farmer or gardener to save his entire crop by immediate harvesting, if it has reached maturity, or, if not yet fully matured, he is often able to reduce his loss to a minimum by burning smudges or resorting to other protective measures.

The Thermometer First

Meteorological instruments useful to farmers and gardeners may thus be divided into two classes: (1) Those that simply indicate existing conditions, and (2) those that may be used in forecasting the coming weather. Under the first head the common thermometer is probably the most important.

While some inexpensive thermometers are fairly accurate, the majority are incorrect to the extent of several degrees. Among a number of cheap thermometers the readings will usually show considerable variation. If a purchase is made from such an assortment, it would be advisable to note what seems to be the average indicated temperature, and then select one giving such temperature.

Having secured the thermometer, whether cheap or expensive, it would be well to have it compared with those in use at a weather bureau office, if possible, as weather bureau instruments are always carefully tested before being issued. Such a comparison will disclose to what extent the thermometer is in error, and will enable a proper correction to be applied to each reading in case the instrument is far from being accurate. No matter now good a thermometer may be, it will not indicate the true temperature of the air unless it is properly exposed. In a proper exposure the thermometer should be protected from the direct rays of the sun as well as from the reflected heat of pavements, walls, etc, and at the same time should receive a free circulation of air all around it.

The best place to expose a thermometer is in the center of a slat-sided box, 2 or 3 feet on a side, with a door opening to the north, and having a double roof with an air space between. In case such a shelter cannot be secured or constructed, the next best exposure is on the north wall of a building where the instrument will be protected as much as possible from the sun's rays and from the heat of surrounding objects.

The Rain Gauge

Another instrument used in recording meteorological conditions is the rain gauge. Any cylindrical vessel exposed in an open space, where surrounding trees or buildings are far enough away not to stop the rain, will indicate the amount of rainfall. An ordinary tin can with straight sides will serve the purpose, if the top be entirely removed. The rainfall is measured regularly, morning and evening, by inserting a rule and observing how high the rule is wetted. The ordinary rule, marked off in eighths and sixteenths of an inch, may be used; but in order to compare the results with the records of the weather bureau it is well to use a rule marked off in tenths of inches.

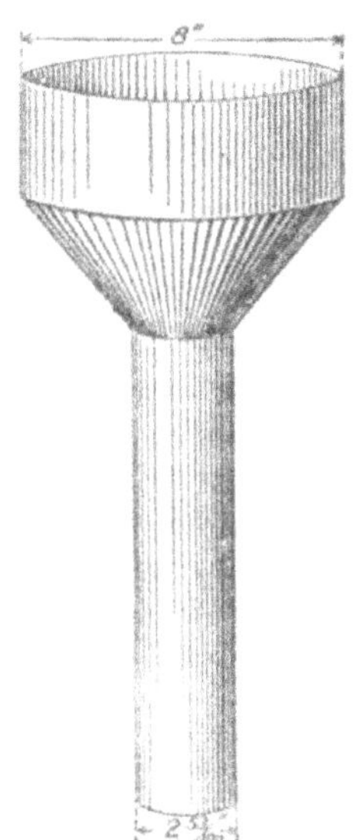

RAIN GAUGE
With measuring tube attached

Such a simple rain gauge has this objection, that the rainfall in any one day is frequently so small that it cannot be measured with much accuracy. To obviate this difficulty, the receiving vessel may be made with a funnel-shaped bottom, to which is attached, below, a tube with an opening whose area is one-tenth that of the receiving vessel. A rainfall which would measure 1 inch in the upper vessel will then measure 10 inches in the measuring tube; the readings can therefore be more accurately made. The readings taken from the measuring tube must of course be divided by 10 in order to get the actual rainfall.

The Aneroid Barometer

Under the head of instruments used as indicators of coming weather changes, the aneroid barometer probably takes the leading place. The following indications, printed on each weather map sent out by the weather bureau, summarize the characteristic atmospheric changes and movements in such manner as to permit their practical applications to observations made locally:

When the wind sets in from points between south and southeast and the barometer falls steadily a storm is approaching from the west or northwest, and its center will pass near or north of the observer within 12 to 24 hours, with wind shifting to northwest by way of southwest and west. When the wind sets in from points between east and northeast and the barometer falls steadily a storm is approaching from the south or southwest, and its center will pass near or to the south of east of the observer within 12 to 24 hours, with wind shifting to northwest by way of north. The rapidity of the storm's approach and its intensity will be indicated by the rate and the amount of the fall in the barometer.

The weather bureau has published a wind barometer table, by means of which, if we note the action of the barometer and at the same time observe the direction from which the wind is blowing, we may estimate what kind of weather will probably follow.

The table, which follows, calls for the barometric reading "reduced to sea level." Since the reading of the barometer depends upon the pressure or weight of the air above it, it is apparent that it will read lower on top of a mountain than in a valley and lower on a table-land than at sea level. It has been found that to reduce a barometer reading to what it would have read at sea level we must add approximately one-tenth of an inch for each 100 feet of elevation above sea level. Accurate tables for making this reduction are published by the weather bureau. In every case, of course, the observer must know how high above sea level he is.

Wind Barometer Table

Direction from which the wind is blowing	Barometer reading reduced to sea level	Character of weather indicated
SW. to NW.	30.1 to 30.2 and steady	Fair, with slight temperature changes, for 1 or 2 days
SW. to NW.	30.1 to 30.2 and rising rapidly	Fair, followed within 2 days by rain
SW. to NW.	30.1 to 30.2 and falling slowly	Warmer, with rain within 24 to 36 hours
SW. to NW.	30.1 to 30.2 and falling rapidly	Warmer, with rain within 18 to 24 hours
SW. to NW.	30.2 and above and stationary	Continued fair, with no decided temperature change
SW. to NW.	30.2 and above and falling slowly	Slowly rising temperature and fair for 2 days
S. to SE.	30.1 to 30.2 and falling slowly	Rain within 24 hours
S. to SE.	30.1 to 30.2 and falling rapidly	Wind increasing in force, with rain within 12 to 24 hours
SE. to NE.	30.1 to 30.2 and falling slowly	Rain in 12 to 18 hours
SE. to NE.	30.1 to 30.2 and falling rapidly	Increasing wind, and rain within 12 hours
E. to NE.	30.1 and above and falling slowly	In summer, with light winds, rain may not fall for several days. In winter, rain within 24 hours
E. to NE.	30.1 and above and falling rapidly	In summer, rain probable within 12 to 24 hours. In winter, rain or snow, with increasing winds, will often set in when the barometer begins to fall and the wind sets in from the NE.
SE. to NE.	30.0 or below and falling slowly	Rain will continue 1 to 2 days
SE. to NE.	30.0 or below and falling rapidly	Rain, with high wind, followed within 36 hours by clearing, and in winter by colder
S. to SW.	30.0 or below and rising slowly	Clearing within a few hours, and fair for several days
S. to E.	29.8 or below and falling rapidly	Severe storm imminent, followed within 24 hours by clearing and in winter by colder
E. to N.	29.8 or below and falling rapidly	Severe northeast gale and heavy precipitation, in winter, heavy snow, followed by a cold wave
Going to W.	29.8 or below and rising rapidly	Clearing and colder

As a rule, winds from the east quadrants and falling barometer indicate foul weather, and winds shifting to the west quadrants indicate clearing and fair weather.

The Sling Psychrometer

Another forecasting instrument is termed a psychrometer. The sling psychrometer consists of two thermometers attached to a handle in such manner that they may be whirled rapidly. The bulb of one of the thermometers is covered with a small muslin sack fitting snugly to the glass, the bulb of the other thermometer being left uncovered. The cloth-covered bulb is moistened in water and the two thermometers are whirled through the air. Evaporation begins at once on the moistened bulb, withdrawing the heat from the contents of the bulb and reducing the thermometer reading, the amount of such cooling being dependent upon the rapidity of evaporation, which in turn depends upon the amount of moisture already in the air. If the air is damp and cold there will be very little drying of the cloth surrounding the thermometer bulb, with a very slight difference between the readings of the two thermometers; but on a dry and warm day the water will evaporate rapidly and cause a difference of 10 degrees or 20 degrees between the readings.

This instrument, then, is an indicator of the amount of moisture in the atmosphere, a condition that has an important bearing in connection with the occurrence of frosts or freezing temperatures, because, when dew or frost forms, heat is given off, and the heat thus liberated naturally tends to retard further cooling of the air. When there is much moisture in the atmosphere, the "dew point," or temperature at which dew begins to be deposited, is higher than in very dry air. If, therefore, it is found upon making an observation with the wet-bulb and dry-bulb thermometers that the temperature of the dew point is 10 degrees or more above 32 degrees, there need be little fear of frost within the next 12 or 18

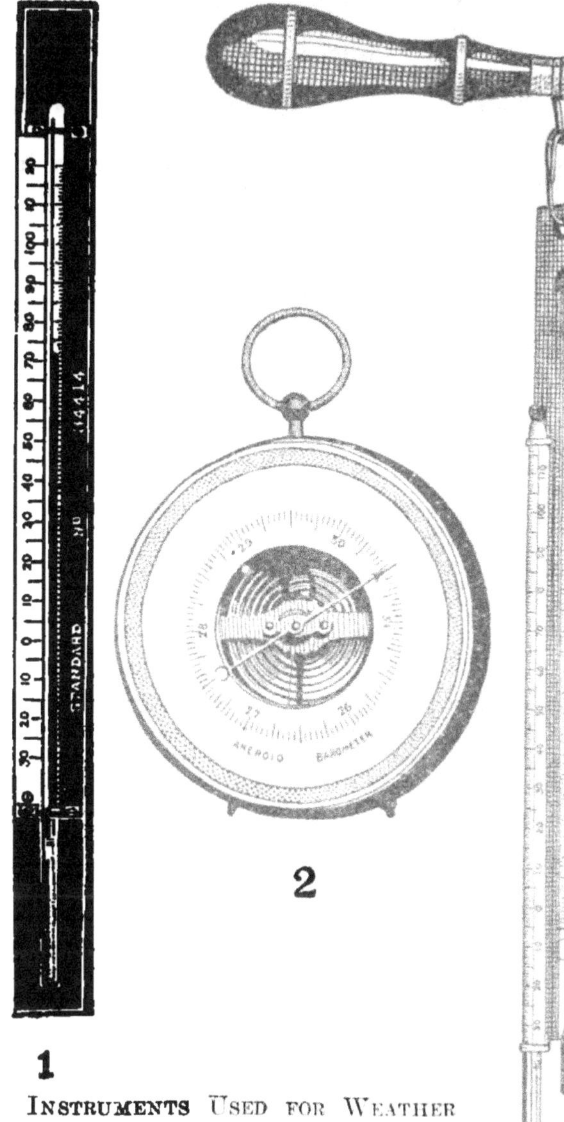

3

Instruments Used for Weather Observations

1—Thermometer, which measures temperature. 2—Aneroid Barometer, which measures atmospheric pressure. 3—Sling Psychrometer, which measures relative humidity.

hours, since observations have shown that the temperature on any night seldom falls more than 10 degrees below the dew point as determined in the afternoon before.

The temperature of the dew point, however, is not a safe criterion of the probable occurrence of frosts over marshy places, such as cranberry beds, or in regions where there is a marked flow of air during the night from the cold hilltops to the valleys below. Also, it should be ascertained from the wind barometer table whether there is a probability of clear skies, of wind, or of a marked fall in temperature during the coming night. Frosts are most likely to occur when the sky is clear and there is no wind, but a high wind may be accompanied by a sufficient fall in temperature to cause frost.

[By Dewey A. Seeley, Observer, Weather Bureau, Washington. Abstract from Year Book of the Department of Agriculture]

Weather Rules in Brief

A Rising Barometer

A rapid rise indicates unsettled weather.

A gradual rise indicates settled weather.

A rise with dry air and cold increasing in summer indicates wind from the northward, and if rain has fallen, better weather may be expected.

A rise with moist air and a low temperature indicates wind and rain from the northward.

A rise with southerly winds indicates fine weather.

A Steady Barometer

With dry air and seasonable temperature indicates a continuance of very fine weather.

A Falling Barometer

A rapid fall indicates stormy weather.

A rapid fall with westerly wind indicates stormy weather from the northward.

A fall with a northerly wind indicates storm, with rain and hail in summer, and snow in winter.

A fall with increased moisture in the air, and heat increasing, indicates wind and rain from the southward.

A fall with dry air and cold increasing in winter indicates snow.

A fall after very calm and warm weather indicates rain with squally weather.

The barometer rises for northerly winds, including from northwest by north to the eastward for dry or less wet weather, for less wind or for more than one of these changes, except on a few occasions, when rain, hail or snow comes from the northward with strong wind.

The barometer falls for southerly wind, including from southeast by south to the westward, for wet weather, for stronger wind or for more than one of these changes, except on a few occasions, when moderate wind, with rain or snow, comes from the northward.

Other Weather Indications

A gray, lowering sunset, or one where the sky is green or yellowish-green, indicates rain. A red sunrise, with clouds lowering later in the morning, also indicates rain.

Halos or sun dogs are the large circles, or parts of circles, about the sun or moon. A halo occurring after fine weather indicates a storm.

A corona is a small colored circle frequently seen around the sun or moon. A corona growing smaller indicates rain; growing larger, fair weather.

A morning rainbow is regarded as a sign of rain; an evening rainbow, of fair weather.

A deep blue color of the sky, even when seen through clouds, indicates fair weather; a growing whiteness, an approaching storm.

Fogs indicate settled weather. A morning fog usually breaks away before noon.

Unusual clearness of the atmosphere, unusual brightness or twinkling of the stars, indicate rain.

The first frost and last frost are usually preceded by a temperature very much above the average.

Prehistoric Calendars

New and astonishing facts or theories about the calendars of prehistoric eras are set forth by J. F. Hewitt in his monumental book, Primitive Traditional History, published in London by James Parker in 1907.

More than 20,000 years before Christ the first authentic year is of five-day weeks, 36 of these weeks comprising a month or monsoon season in India, thus making two months in a year of 360 days.

A thousand years later, the moon's influence upon the calendar first appears in South China—the week is still of five days, but six of these weeks comprise the month, 12 months in the year of 360 days.

About 16,000 B C, from Northern Europe southward almost to India, the calendar dropped the week, the lunar month of 29 days was used, with a 12-day festival at the year end to make up 360 days.

The first year of 364 days appears in the calendar as used in Northern Europe about 14,000 B C, when 7 days made one week, four weeks one month, and 13 months one year.

The computation of time passed through many changes during the following 10,000 years, until about 4500 B C, when the Celto-Gothic races reckoned 10 days make one week, 3 weeks one month, 12 months one year. To this day the Babis of Persia compute 19 days to the week and 19 weeks to the year of 361 days—this being one of the most curious of existing calendars

Standard Time

A standard of time was established by mutual agreement in 1883, primarily for the convenience of the railroads, by which trains are run and local time regulated. According to this system, the United States, extending from 65° to 125° west longitude, is divided into four time sections, each 15° of longitude, exactly equivalent to one hour, commencing with the 75th meridian. The first (Eastern) section includes all territory between the Atlantic coast and an irregular line drawn from Detroit to Charleston, S C, the latter being its most southern point. The second (Central) section includes all the territory between the last-named line and an irregular line from Bismarck, N D, to the mouth of the Rio Grande. The third (Mountain) includes all territory between the last-named line and nearly the western borders of Idaho, Utah and Arizona. The fourth (Pacific) section covers the rest of the country to the Pacific coast.

Standard time is uniform inside each of these sections, and the time of each section differs from that next to it by exactly one hour. Thus at 12 noon in New York city (Eastern time), the time at Chicago (Central time) is 11 o'clock a m; at Denver (Mountain time), 10 o'clock a m, and at San Francisco (Pacific time), 9 o'clock a m. Standard time is 16 minutes slower at Boston than true local time, 4 minutes slower at New York, 8 minutes faster at Washington, 19 minutes faster at Charleston, 28 minutes slower at Detroit, 18 minutes faster at Kansas City, 10 minutes slower at Chicago, 1 minute faster at St Louis, 28 minutes faster at Salt Lake City, and 10 minutes faster at San Francisco.

Morning and Evening Stars in 1910

Mercury will be most favorably situated for being seen about January 10, May 2, August 30 and December 24, in the west, just after sunset, as evening star, and February 19, June 19 and October 11 in the east, just before sunrise, as morning star.

Venus will be evening star till February 12, morning star till November 26, then evening star the rest of the year. Venus will be at her greatest brilliancy on January 6 and March 18.

Mars will be evening star till September 27, morning star the rest of the year.

Jupiter will be morning star till March 31, evening star till October 18, then morning star the rest of the year.

Saturn will be evening star till April 16, morning star till October 27, then evening star the rest of the year.

He plays well that wins.

THE WILLETT PEACH

This is a picture of the famous Willett Peach, a yellow freestone of rich juice and high flavor. The tree is hardy and a good fruiter in any climate that favors peaches. The fruit was first exhibited at the American Institute fair, in New York city, in 1871, when a diploma was given for 12 peaches, each measuring 12 inches in circumference and weighing 12 ounces. In 1901 it was named by the American Pomological Society. It was originated from South America, by Wallace P. Willett of New York. Its season of maturity ranges from September 15 to October 15, according to location. Repeatedly it has been called the finest late peach grown.

The Payne Tariff Law

Changes Made in the Customs Schedules. Duties Raised and Those Reduced. Few Important Changes in Farm Commodities. Some Comparisons with the Recent Dingley Law

THE Payne tariff bill was passed by the 61st congress in special session and became a law by the signature of President Taft on August 5, 1909. The law bears the name of Sereno E. Payne, representative from New York and chairman of the ways and means committee, who drew up the original draft of the measure.

The bill was passed in the house by a vote of 185 to 183. Eighteen republicans voted against it and two democrats voted with the rest of the republicans for the bill. The republicans who voted against it were Cary, Lenroot and Nelson of Wisconsin, Haugen, Hubbard and Wood of Iowa, Keifer of Ohio, Lindbergh, Steenerson, Stevens, Volstead, Meller and Nye of Minnesota, Madison and Murdock of Kansas, Mann of Illinois, Poindexter of Washington and Southwick of New York. The democrats who voted with the republicans were Estopinal and Broussard of Louisiana.

The vote in the senate was 47 to 31. The only democrat who favored the bill was McEnery of Louisiana. He was absent, but paired for it. Seven republican senators voted against the bill. They were Senators Dolliver and Cummins of Iowa, Nelson and Clapp of Minnesota, Beveridge of Indiana, Bristow of Kansas and LaFollette of Wisconsin.

It is claimed that the Payne bill will provide more revenue than the Dingley bill, which it displaces, but that more duties will be derived from luxuries and less from necessaries.

Some of the Changes

Broadly speaking, the new tariff act makes few radical changes in the commodities that farmers are most interested in. Among agricultural products, broom corn is taken from the free list and made dutiable. Hops are subject to a higher duty and there are increases on lemons, figs, almonds, pineapples and hickory nuts. Reductions include bacon and ham, lard, fresh meat, starch, tallow, dextrin, salt, peas, sugar beets and cabbages.

There are reductions on lumber and wood. Fence posts and kindling wood are removed from the dutiable to the free list, hides of cattle are transferred to the free list and there is a reduction on leather and leather goods. The duty on certain grades of cotton stockings is increased, the cotton schedule was reconstructed and it is estimated that rates are about 3% higher. There are reductions on wood pulp and pulp paper. Wood pulp comes in free, but there is a provision for a countervailing duty if protection is needed against Canada.

Bituminous coal duties are reduced and there are substantial reductions on metals. The reduction on steel rails is about 50%. There is an increase on structural steel. There are reductions in chemicals used in fertilizers. Cottonseed oil and croton oil are removed from the dutiable to the free list. Flaxseed, linseed and poppy seed oil are reduced. Duties on lead products, including white lead, are reduced one-half. There is a general reduction on carpets, mats, linoleum and oilcloth. Petroleum and the products of petroleum are placed upon the free list.

The law provides for free trade with the Philippine Islands, which admits to this country all articles grown or manufactured in the islands unless they contain foreign materials of more than 20% of their value. An exception was made in the case of rice, sugar and tobacco. Wrapper tobacco is admitted free and filler tobacco when mixed or packed with more than 15% of wrapper tobacco up to 300,000 pounds a year, filler tobacco up to 1,000,000 pounds, cigars up to 150,000,000 in number. Sugar is free up to 300,000 gross tons per year. Any importation of these productions above the specified amount is subject to duty, and rice in any quantity is subject to duty.

Administrative Features

A maximum and minimum feature of the bill fixes a maximum rate of 25% ad valorem in addition to the general tariff rates which may go into effect automatically March 31, 1910, but the president may apply the minimum rates provided in the general tariff to imports from all countries which extend to the United States the best trade facilities. This will give a means of making it unprofitable for other countries to discriminate against our products.

A tax of 1% is levied on the net income of corporations above $5,000, with an exemption for holding companies. A customs court is provided for and the treasury department which administrates the tariff law is placed on a sounder business basis. The actual effect of the revised tariff is somewhat doubtful, because on many schedules changes have been made from specific to ad valorem rates based on value instead of quantity. The following table shows some of the most important commodities in which the farmers are interested and indicates the changes in tariff duties that have been made:

Agricultural Tariff Changes

Classification	Old Law	New Law
White lead, white paint and pigment containing lead, dry or in pulp, and with oil	2⅞c p lb	2½c p lb
Paris green and London purple	15%	15%
Lime	5c p 100 lbs	5c p 100 lbs
Bar iron, rolled or hammered, not less than 7-16-inch in diameter	6-10c p lb	3-10c p lb
Beams, girders, joists, angles, channels, and building forms and all other structural shapes of iron or steel	5-10c p lb	3-10c p lb
Tin plates: Sheets or plates of iron or steel, known as tin plates, terne plates, and taggers tin—Lighter than 63 lbs. per 100 sq ft	1½c p lb	1 2-10c p lb
All other	1½c p lb	1 2-10c p lb
Wire rods: Rivet, screw, fence, and other iron or steel wire rods, not smaller than No 6 wire gauge—Untempered or untreated, value 4c or less p lb	4-10c p lb	3-10c p lb
Nails, spikes, and tacks, cut, of iron or steel	6-10c p lb	4-10c p lb
Lumber: Boards, planks, deals, and other sawed lumber, not planed or finished	$1 p 1000 ft	50c p 1000 ft
Planed or finished on two sides	$2 p 1000 ft	$1.25 p 1000 ft
Planed on one side and tongued and grooved	$2 p 1000 ft	75c p 1000 ft
Sawed lumber, not specially provided for—Not planed or finished	$2 p 1000 ft	$1.25 p 1000 ft
Planed or finished on one side	$2.50 p 1000 ft	$1.75 p 1000 ft
Shingles	30c p 1000	50c p 1000
Sugar, Dutch standard in color: Above No 16, and all sugar that has gone through a process of refining	$1.95 p lb	$1.90 p lb
Broom Corn	free	$3.00 p ton
Barley	30c p bu	30c p bu
Corn or maize	15c p bu	15c p bu
Corn meal	20c p bu (48 lbs)	40c p 100 lb
Oats	15c p bu	15c p bu
Rye	10c p bu	10c p bu
Wheat	25c p bu	25c p bu
Casein	20%	Free
Hops	12c p lb	16c p lb
Peas, dried	30c p lb	25c p lb
Potatoes	25c p bu	25c p bu
Grapes in bbls or pkgs	20c p cu ft	25c p cu ft
Lemons	1c p lb	1½c p lb
Live animals	20%	20%
Meat products:		
Bacon and ham	5c p lb	4c p lb
Beef	2c p lb	1½c p lb
Mutton	2c p lb	1½c p lb
Pork	2c p lb	2c p lb
Lard	2c p lb	1½c p lb
Salt in bags, barrels, or other packages	12c p 100 lbs	11c p 100 lbs
Starch, and all preparations fit for use as starch	1½c p lb	1c p lb
Wool, hair of the camel, goat alpaca, or other like animals — Unmanufactured, valued less than 12c, washed and unwashed, on the skin	3c p lb	3c p lb
Not on the skin	4c p lb	4c p lb
Wood pulp, mechanically ground	1-12c p lb	1-12c p lb
Valued not above 2½c p lb	3-10c p lb	3-16c p lb
Bituminous coal and shale	67c p ton	45c p ton
Upper leather, dressed and finished	20%	15%
Calfskins and kid skins, dressed and finished	20%	20%
Boots and shoes	25%	10%
Harness and saddlery, finished or unfinished	45%	40%

Give a wise man a hint and he will do the business well enough.

Happy is he who mends of himself without the help of others.

He who is not handsome at twenty, nor strong at thirty, nor rich at forty, nor wise at fifty, will never be handsome, strong, rich nor wise.

The man who never makes enny blunders iz a very nice piece of masheenery, that's all.

Paper Money Reform Next

The Currency Problem Follows Close in the Wake of Tariff Revision. National Bank Notes Unsatisfactory. A Central Bank Proposed. Two Kinds of Notes Suggested

PRESIDENT TAFT and the 61st congress have brought before the country the next big national problem that needs solution. It is the currency problem. During the year 1908 and a large part of the year 1909 we heard no end of tariff discussion, but whether we like it or not, the Payne tariff law is a fixed fact, and it is not likely to be changed in any material degree for several years at least.

With the tariff question disposed of, currency now has the right of way. The subject of money is so big and broad and deep, and involves so much economic and technical knowledge, that we can hardly expect to understand it without a great deal of study.

The joint committee of senators and representatives that has been studying our currency system in comparison with those of Canada and the leading European nations has prepared a very comprehensive report to congress, which contains a large amount of information. With that has begun a campaign of education on the subject of the currency, and, as soon as the members of congress feel that the people know what they want, action will be taken toward passing a law that the majority will approve.

Flexible Currency Needed

The trouble with our present system is not that we have too little currency, but that our currency lacks the quality known as flexibility; in other words, that the volume of money cannot at short notice be increased to meet an emergency and as quickly withdrawn when the emergency has passed. There is embarrassment because of this every year during the crop-moving period, and serious embarrassment in times of panic.

Bankers and business men find that from 60 to 90 days in the fall of each year there is an abnormal demand for loans and cash to move the crops. The result is a curtailment of loans, a sudden rise in interest rates and a temporary money stringency, which is felt in every avenue of trade and commerce. For the rest of the year money is abundant, some say too abundant, interest rates are perhaps too low and the speculative markets furnish the questionable fields in which to earn a satisfactory return on idle balances in the banks.

Trouble in Bank Notes

The cause of this annual disturbance is attributed by most currency experts to our national bank circulation, which now amounts to almost $690,000,000. It is based on government bonds, and the supply of them is limited. New notes cannot be issued readily, and when once out it is hard to get them back. The amount of greenbacks is limited by law, so there is no possible way in which the abnormal demand for moving the crops can be met except by calling off the loans to business men and manufacturers.

Most bankers and financial students agree that if there could be created a new form of paper currency based, not on silver and gold or government bonds, but upon ordinary commercial assets, including stocks and bonds of sound corporations, it would be responsive to the wants of trade, expanding with the fall demand and contracting again toward spring.

Two Kinds of Notes Suggested

Two kinds of bank notes might represent commercial assets. The first would be notes issued on general assets of the bank. They would be what are called uncovered notes. A bank would be permitted to issue such notes up to a certain percentage of its capital and surplus, with restrictions as to redemption, guaranty funds and similar features. Another kind of bank notes might be that based on commercial paper set aside definitely for the payment of the specific notes. This currency would be backed up by actual collateral.

The difference between this kind of currency and the present bank notes would be merely the substitution of good commercial paper for government bonds. Such a scheme would require the existence of a strong central authority to hold the collateral and pass upon its sufficiency. For the purpose, a central bank, clearing house association or direct control of banks by the government would be necessary.

If notes were to be issued against the general assets of the bank, no central bank would be required. Those who favor the notes based on definite commercial paper say that it would be the best solution of the problem, because such paper is for short terms, so that the credit of the maker is constantly exposed to scrutiny, while its variety renders the percentage of loss very small. Close supervision would be needed, because a bank would have to be constantly substituting one piece of commercial paper for another as it matured.

The government must in some way exercise supervision, so that the people may be assured that behind each bank note there is actual value. One plan proposed is the formation of local clearing houses or associations to govern the deposit of collateral and the issue of amount notes against it, the whole to be under the direct supervision of the treasury department.

The Central Bank Schemes

There is a large group which believes in a central bank dealing with the other banks and issuing its notes in return for the deposit of commercial assets; the purpose being for the central bank to handle the government funds and by a system of re-discounts supply the subsidiary banks with currency, whenever needed to meet unusual demands. The other banks would no longer issue paper money. Government funds now deposited with national banks would be handled only by the central bank. But it would handle no private individual deposits.

This central bank, as suggested by some of its supporters, would have a capital of perhaps $100,000,000 backed up by the credit of the United States government. The capital stock of the bank would be owned by the other banks of the country. Thus the local banks would be on the alert to see that the central bank was well and nicely managed.

Fear of Single Interest Control

Inasmuch as New York is the financial center of the country, it has been taken for granted that a central bank would be located there. The principal argument raised against a central bank of this sort is that it would sooner or later come to be controlled by the financiers of Wall street, that some powerful combination of capital like the Standard Oil Company would obtain control of the bank, reaching it through the big banks, which would hold the largest blocks of stock of the central bank. This would mean that the group of capitalists in control would practically control the credits of the country.

This fear of danger is met by the reply that the most powerful financial interests are most deeply interested in financial stability, which can exist only through public confidence, and public confidence could not exist if any one group of capitalists had control of the currency. It is argued that it would be practically impossible to secure control of the central bank in the way indicated, and that no group of capitalists powerful enough to accomplish such a thing would be foolhardy enough to do it.

Strong Support for Central Bank

It seems likely that the monetary commission will favor some kind of a central bank, and President Taft has indicated that he is in favor of such an institution. A central bank might be controlled by the government, as are the banks of France and Germany, and all other banks made branches of the central bank; or the other banks might continue practically as at present, with the central bank either in supervision over the issue of notes by the local banks, or being the only institution to issue paper money.

Banks Likely to Remain Independent

There are so many banks in the United States, and they are so firmly established, that it would probably not be feasible to reduce the banks to the position of being simply branches of a central bank. Whatever change occurs will doubtless be in the way of grafting a new feature upon the present system slightly modified. Otherwise, the entire banking system of the country would be overturned, as well as the currency system.

The object of the law makers will

doubtless be to reform the currency system, with as little disturbance of the banks as at present organized as possible. The fact that a central bank, with the local banks acting simply as branches, works well in European countries is not proof that it would be satisfactory in the United States.

The World's Three Greatest Banks

The three best known banks of the world are those of England, France and Germany. The bank of England is the greatest financial institution in the world. It is a private institution, with its management in the hands of governor, deputy governor and 24 directors, elected by the shareholders. Bank of England notes are issued by it, and no interest is allowed on deposits. The institution was founded by William Paterson in 1694. The entire capital, $600,000,000, was loaned to the government at 8%. The original charter has been constantly renewed. The bank of England notes, of which there are in circulation about $150,000,000 worth, are the only paper money in general use in Great Britain, although some banks outside London have the privilege of issuing notes for circulation. The bank holds the government deposits, assists in the collection of the revenue, and the currency of England, as well as the reserves of all London banks, are kept there.

The bank of France is largely under control of the government, but its shares are held by individuals. The combined capital and reserves amount to some $44,000,000. The government nominates the governor and two sub-governors, while the stockholders select the general counsel, consisting of three regents and three censors, but three regents must be chosen from the treasury disbursing agents. Bank notes can be issued by no other institution in France. While the bank makes it a point to keep on hand a large amount of bullion and coin, its general assets and credits are the only security for the notes. The maximum limit of issue has now reached over $1,000,000,000. Payments are generally made by bank notes or specie, since checks are seldom used in France. A large issue of bank notes is, therefore, demanded, and six or seven times the amount of deposits is frequently issued by the bank. Deposits of public money are received by the bank, and in a large measure it is the government's fiscal agent.

The imperial bank of Germany is also under government control, with ownership of its shares in the hands of individuals. The capital stock amounts to nearly $29,000,000. It handles government funds and issues notes for circulation. In Germany eight banks have the privilege of issuing notes, and there are some 150 banks not so privileged. The imperial bank may issue notes not covered by bullion in its vaults to the amount of $62,500,000. Subordinate banks may issue notes up to $33,750,000. The government itself may issue small notes up to $28,000,000.

The bank of France is generally regarded as the model central bank. Its success under the conditions existing in France is unquestioned.

Greenbacks May Go

One of the things that has been proposed is the retirement of the greenbacks or demand notes of our government, and to substitute for them interest-bearing bonds. There is now lying idle in the vaults of the treasury $150,000,000 in gold and bullion held for the redemption of the outstanding greenbacks. In 1909 the greenbacks amounted to $346,000,000. The loss of interest on the reserve fund at 2 per cent represents an annual cost of $3,000,000 which the government stands to keep the greenbacks in circulation. This sort of loss has gone on for years.

The idle funds might be converted into gold certificates, which could be exchanged for greenbacks as the latter came into the treasury. This would put much of our floating indebtedness on a solid gold basis. The redemption of the greenbacks would put in circulation the present $150,000,000 reserve. The rest of the greenbacks could be taken up by a bond issue of less than $200,000,000. This would contract our circulating medium to about $50,000,000. If the new bond issues were used as the basis of national bank circulation the circulating medium would be much larger after the greenbacks were retired than before.

One of the important things is to get rid of the greenbacks that were issued as a war measure and for many years circulated at a discount. With a circulation composed entirely of United States certificates based on actual coin value and national bank notes secured by government bonds, it might be comparatively easy to turn to a new bank system. The greenback has caused lots of trouble in times of financial stress. It must be redeemed on demand and paid out again immediately.

The World's Paper Currency

The only paper money that is accepted practically all over the globe is not "money" at all, but the notes of the bank of England. These notes are simply printed in black ink on Irish linen water-lined paper, plain white, with ragged edges. They are of a some what unhandy size—5 by 8 inches. The notes of the bank of France are made of white water-lined paper, printed in black and white, with numerous mythological and allegorical pictures. They are in denominations of from 25 francs to 1,000 francs.

South American currency resembles the bills of the United States, except that cinnamon brown and slate blue are the prevailing colors. German currency is printed in green and black, the notes being in denominations of 5 to 1,000 marks. The 1,000-mark bills are printed on silk fiber paper.

It takes a native or an expert to distinguish a Chinese bill from a laundry ticket if the bill is of low denomination, or a firecracker label if for a large amount, the print being in red on white or yellow on red, with much gilt and gorgeous devices. Italian notes are of all sizes, shapes and colors. The smaller bills, 5 and 10 lire, are printed on white paper in pink, blue and carmine inks.

The most striking paper currency in the world is the 100-ruble note of Russia, which is barred from top to bottom with all the colors of the rainbow, blended as when a sun ray passes through a prism. In the center in bold relief is a finely executed vignette in black. The remainder of the engraving on the note is in dark and light brown ink.

The American practice of scattering strands of silk through the paper fiber as a protection against counterfeiting is unique.

Location of Moneys of the United States, June 30, 1909

Money	In Treasury	In national banks, June 23, 1909	In other banks and in circulation	Total
Metallic				
Gold bullion	$ 65,660,227	$ ——	$ ——	$ 65,660,227
Silver bullion	5,564,808	——	——	5,564,808
Gold coin	975,569,206	(a) 224,081,810	375,255,888	1,574,906,904
Silver dollars	496,288,819	12,822,408	59,165,492	568,276,719
Subsidiary silver coin	27,076,748	16,185,383	116,146,415	159,408,546
Total metallic	1,570,159,808	253,089,601	550,567,795	2,373,817,204
Paper				
Legal-tender notes (old)	6,562,749	191,774,761	148,343,506	346,681,016
Legal-tender notes (act July 14, 1890)	11,585	——	4,203,415	4,215,000
National banknotes	24,381,268	(b) 57,109,191	608,429,616	689,920,075
Total notes	30,955,602	248,883,952	760,976,537	1,040,816,091
Gold certificates	37,746,420	311,846,280	503,159,169	——
Silver certificates	6,696,676	129,205,129	348,512,195	——
Total certificates	44,443,096	441,051,409	851,671,364	——
Grand total	——	943,024,962	2,163,215,696	3,414,633,295

(a) Includes $73,577,500 gold clearing-house certificates.
(b) Includes $13,294,438 of their own notes held by different national banks.

Circulation Statement, November 1, 1909

	General Stock of Money in the United States November 1, 1909	‡Held in Treasury as Assets of the Government November 1, 1909	Money in Circulation November 1, 1909	November 2, 1908	January 1, 1879
Gold coin (including bullion in Treasury)	$1,648,714,131	$175,284,087	$598,773,175	$610,060,562	$96,262,850
Gold Certificates*	....	79,451,380	795,205,489	807,246,389	21,189,280
Standard Silver Dollars	564,242,719	2,271,862	74,383,857	74,740,245	5,790,721
Silver Certificates*	....	5,792,111	481,794,889	483,899,842	413,360
Subsidiary Silver	160,276,491	17,952,453	142,324,038	131,663,701	67,982,601
Treasury Notes of 1890	4,034,000	12,465	4,021,535	4,691,225	....
United States Notes	346,681,016	4,501,054	342,179,962	342,994,056	‡310,288,511
National Bank Notes	703,940,756	17,944,644	685,996,112	643,202,001	314,339,398
Total	3,427,889,113	303,210,056	3,124,679,057	3,098,498,021	816,266,721

Population of the United States November 1, 1909, estimated at 89,404,000; circulation per capita, $34.95.

*For redemption of outstanding certificates an exact equivalent in amount of the appropriate kinds of money is held in the Treasury, and is not included in the account of money held as assets of the Government.

†This statement of money held in the Treasury as assets of the Government does not include deposits of public money in National Bank Depositaries to the credit of the Treasurer of the United States, amounting to $36,414,319.09. ‡Includes $33,190,000 currency certificates, act of June 8, 1872.

Values of Foreign Coins

Proclaimed by the Secretary of the Treasury, Washington, October 1, 1909

Country	Standard	Monetary unit	Value in terms of U. S. gold dollar
Argentine Republic	Gold	Peso	$0.965
Austria-Hungary	Gold	Crown	.203
Belgium	Gold	Franc	.193
Bolivia	Silver	Boliviano	.382
Brazil	Gold	Milreis	.546
British Possessions, N. A. (except Newf'nd)	Gold	Dollar	1.000
Central American States—			
Costa Rica	Gold	Colon	.465
British Honduras	Gold	Dollar	1.000
Guatemala, Honduras, Nicaragua, Salvador	Silver	Peso	.375
Chile	Gold	Peso	.365
China	Silver	Tael — Canton	.612
		Tael — Haikwan (Customs)	.625
		Tael — Peking	.599
		Tael — Shanghai	.561
		Dollar — Hongkong	.414
		Dollar — British	.414
		Dollar — Mexican	.417
Colombia	Gold	Dollar	1.000
Denmark	Gold	Crown	.268
Ecuador	Gold	Sucre	.487
Egypt	Gold	Pound (100 piastres)	4.943
Finland	Gold	Mark	.193
France	Gold	Franc	.193
German Empire	Gold	Mark	.238
Great Britain	Gold	Pound sterling	4.866½
Greece	Gold	Drachma	.193
Haiti	Gold	Gourde	.965
India [British]	Gold	Pound sterling*	4.866½
Italy	Gold	Lira	.193
Japan	Gold	Yen	.498
Liberia	Gold	Dollar	1.000
Mexico	Gold	Peso†	.498
Netherlands	Gold	Florin	.402
Newfoundland	Gold	Dollar	1.014
Norway	Gold	Crown	.268
Panama	Gold	Balboa	1.000
Persia	Silver	Kran	.069
Peru	Gold	Libra	4.866½
Philippine Islands	Gold	Peso	.500
Portugal	Gold	Milreis	1.080
Russia	Gold	Ruble	.515
Spain	Gold	Peseta	.193
Straits Settlements	Gold	Pound sterling‡	4.866½
Sweden	Gold	Crown	.268
Switzerland	Gold	Franc	.193
Turkey	Gold	Piastre	.044
Uruguay	Gold	Peso	1.034
Venezuela	Gold	Bolivar	.193

NOTE.—The coins of silver-standard countries are valued by their pure silver contents, at the average market price of silver for the three months preceding the date of this circular.

*The sovereign is the standard coin of India, but the rupee ($0.3244⅓) is the current coin, valued at 15 to the sovereign.

†Seventy-five centigrams fine gold.

‡The current coin of the Straits Settlements is the silver dollar issued on government account and which has been given a tentative value of $0.567758⅓.

Wealth of the United States

An estimate of the wealth of the United States in 1907 is $116,000,000,000. A Census Office report presented the following classification of the forms in which the national wealth is divided, with their valuations. The calculations were for the year 1904:

Real property and improvements taxed	$55,510,228,057
Real property and improvements exempt	6,831,244,570
Live Stock	4,073,791,736
Farm implements and machinery	844,989,863
Manufacturing machinery, tools, and implements	3,297,754,180
Gold and silver coin and bullion	1,998,603,303
Railroads and their equipment	11,244,752,000
Street railways	2,219,966,000
Telegraph systems	227,400,000
Telephone systems	585,840,000
Pullman and private cars	123,000,000
Shipping and canals	846,489,804
Privately owned waterworks	275,000,000
Privately owned central electric light and power stations	562,851,105
Agricultural products	1,899,379,652
Manufactured products	7,409,291,668
Imported merchandise	495,543,685
Mining products	408,066,787
Clothing and personal adornments	2,500,000,000
Furniture, carriages and kindred property	5,750,000,000

Potentiality of the United States

The following estimates show comparisons of the productive power of the United States with that of the entire world:

	United States	The World
Population, 1900	76,000,000	1,500,000,000
Wheat, bushels, 1905	693,000,000	3,337,000,000
Coal, tons, 1905	350,000,000	1,000,000,000
Gold, 1906, value	$96,000,000	$400,000,000
Manufacturing, value of products, 1905	$15,000,000,000	$43,000,000,000
Silver, 1905, value	$38,000,000	$100,000,000
Pig iron, tons, 1905	23,000,000	57,000,000
Steel, tons, 1905	20,000,000	48,000,000
Petroleum, gals, 1905	6,000,000,000	11,000,000,000
Copper, tons, 1905	403,000,000	735,000,000
Cotton, bales, 1906	12,000,000	17,000,000
Corn, bushels, 1906	2,927,000,000	3,700,000,000

Stock Exchange Methods

How Wall Street Does Business. The Other Big Exchanges of the World. Stock Market Terms and Methods Practiced. What "Curb" Trading and Stock Gambling Is

A stock exchange is an institution where the securities of corporations and municipalities may be bought and sold. The greatest is the New York exchange which we often refer to as Wall street, and next in order in the world come the London, Paris, Berlin, Vienna, St Petersburg and Tokio exchanges. At first, stock exchanges were for the free use of any who wished to buy or sell, but it was found that in order to enforce trades some organization was necessary. Membership in stock exchanges soon came to be limited and as the profits of the use of the exchange became large, membership became a valuable privilege for which large sums of money are now paid.

For many generations the London stock exchange occupied the leading place in the finances of the world. Originally, its dealings were confined to British government stock, but at the opening of the 19th century securities of other nations in which London capitalists were interested began to be dealt in. Railway shares were later added and for the last 20 years stocks of incorporated industrial enterprises, followed by mining and exploration companies, came into the exchange. The New York stock exchange during its early history devoted itself to railway securities. In recent years, however, industrial, mining and other companies have had their stocks listed upon the exchange. The New York stock exchange has never dealt extensively in foreign securities.

New York Leads the World

The volume of business now transacted on the New York stock exchange far exceeds that of any other institution in the world. No securities can be dealt in on the stock exchange which have not been formally listed by the committee chosen for this purpose. The purpose is to exclude any securities unsafe for investment. The members of the stock exchange are brokers acting not only for themselves but as buying and selling agents for customers. Stocks are offered for sale and bid for on the floor of the exchange in noisy auction fashion. The stock exchange has a vocabulary of its own. The definitions of these terms will explain how the business of the stock exchange is transacted.

Stock Market Terms

A "Bull" is a buyer of stock which he hopes to sell at higher prices. He may buy outright and pay for the stock with his own money, but if he is merely a stock exchange speculator, he practically borrows most of the required funds, depositing the stock bought as security. He can usually borrow 80% of the cost value of his shares. The difference, 20%, he pays, and this is called his "Margin." If the price falls, the lender calls on him to "Make Good his Margin." If he fails to do so and the "Margin" continues impaired he is "Closed Out" by the sale of his collateral.

A "Bear" is a seller of stocks which he hopes to obtain later on at lower prices. He may be selling his own holdings, but, if a speculator, he may borrow stock as the "Bull" borrows money. Generally he obtains the stocks by lending their equivalent in money to the owner. He is said to be "Short" of stocks where the "Bull" is "Long." The "Bull" "Realizes" when he sells for profits. Similarly, the "Bear" "Covers" when he buys on the market the stock in which he has been speculating and returns the shares which he has borrowed. Stocks are said to be "Carried" when they are accepted as security from a "Bull" speculator.

A "Boom" is a successful upward movement of prices. A "Slump" is a fall in prices. A "Manipulated Market" is one in which speculators have caused an artificial appearance of real buying or selling, the stock supposed to be sold and bought not really changing hands, although bids are recorded. "Wash Sales" are transactions in which buyer and seller are employed by the same person with a view to creating the appearance of activity in the stock involved. They are prohibited under severe penalties by the stock exchange, but are rarely detected and very frequently occur.

"Puts" are contracts sold at a fixed percentage to "Bull" speculators, whereby the sellers undertake to pay a fixed price for a given number of shares within a specified time. This insures the speculator against more than a certain amount of loss if he buys stocks. "Calls" are contracts similarly sold by those who agree within a given time and at a set price to deliver the shares agreed upon by the speculator. This is a guarantee against losses on a falling market. Both "Puts" and "Calls" are contracts classified as "Privileges."

The Curb

"Curb" trading is so called because it usually occurs upon the street outside any exchange building. The securities dealt in are those not listed on the stock exchange. There is usually no regular organization like an exchange, but transactions are limited by practice only to traders of recognized standing.

Stock Gambling

Much of the speculating that develops from the business of stock exchanges is a form of gambling, the transactions being in effect the placing of wagers on whether the price of the stock will rise or fall. "Bucket Shop" is the name applied to a place where such gambling is conducted, with no purpose on either side of delivering or receiving the actual stock, which is said to be handled on "Margin."

The same methods and the same principles are involved in brokerage transactions, where wheat, corn, sugar, pork and other commodities are dealt in by speculators instead of the securities of corporations. See article on "Speculating in Grain," on page 78.

New times demand new measures and new men;
The world advances, and in time outgrows
The laws that in our father's days were best.

Naturalization Laws

Declaration of Intention to Become a Citizen Those Who Are Barred

The alien must declare upon oath before a circuit or district court of the United States or a district or supreme court of the territories, or a court of record of any of the states having common law jurisdiction and a seal and clerk, of which he is a resident, two years at least prior to his admission, that it is, bona fide, his intention to become a citizen of the United States, and to renounce forever all allegiance to any foreign prince or state, and particularly to the one of which he may be at the time a citizen or subject.

At the time of his application for admission, which must be not less than two years nor more than seven years after such declaration of intention, he shall make and file a petition in writing, signed by himself (and duly verified by the affidavits of two credible witnesses who are citizens of the United States, and who shall state that they have personally known him to be a resident of the United States at least five years continuously, and of the state or district at least one year previously), in one of the courts above specified, that it is his intention to become a citizen and reside permanently in the United States, that he is not a disbeliever in organized government or a believer in polygamy, and that he absolutely and forever renounces all allegiance and fidelity to any foreign country of which he may at the time of filing his petition be a citizen or subject.

Conditions for Citizenship

He shall, before his final admission to citizenship, declare on oath in open court that he will support the Constitution of the United States, and that he absolutely and entirely renounces all foreign allegiance. If it shall appear to the satisfaction of the court that immediately preceding the date of his application he has resided continuously within the United States five years at least, and, within the state or territory where such court is held one year at least, and that during that time he has behaved as a man of good moral character, attached to the principles of the Constitution of the United States and well disposed to the good order and happiness of the same, he may be admitted to citizenship. If the applicant has borne any hereditary title or order of nobility he must make an express renunciation of the same.

No person who believes in or is affiliated with any organization teaching opposition to organized government or who advocates or teaches the duty of unlawfully assaulting or killing any officer of any organized government because of his official character, shall be naturalized. No alien shall be naturalized who cannot speak the English language. An alien soldier of the United States Army of good character may be admitted to citizenship on one year's previous residence. Any alien in the United States navy or marine corps, who has served five consecutive years in the United States navy or one enlistment in the United States marine corps, and honorably discharged, shall be admitted to citizenship upon his petition, without any previous declaration of his intention to become a citizen.

Minors

An alien minor may take out his first papers on attaining the age of 18 years, but he can only become a citizen after having his first papers at least two years, and having resided within the United States five years, and after having attained the age of 21 years.

The children of persons who have been duly naturalized, being under the age of 21 years at the time of the naturalization of their parents shall, if dwelling in the United States, be considered as citizens thereof.

The children of persons who now are or have been citizens of the United States are, though born out of the limits and jurisdiction of the United States, considered as citizens thereof.

Chinese

The naturalization of Chinese is expressly prohibited by Section 14, Chapter 126, Laws of 1882. The naturalization laws have been interpreted to exclude from citizenship all natives of Asia and to include only persons of white or African blood.

Protection Abroad to Naturalized Citizens

Section 2000 of the Revised Statutes of the United States declares that "all naturalized citizens of the United States while in foreign countries are entitled to and shall receive from this government the same protection of persons and property which is accorded to native-born citizens. But when a naturalized citizen shall have resided for two years in the foreign state from which he came it shall be deemed his place of residence during the said years. It is provided that such presumption may be overcome on the presentation of satisfactory evidence before a diplomatic or consular officer of the United States."

Inhabitants of Insular Possessions

The inhabitants of Hawaii were declared to be citizens of the United States under the act of 1900 creating Hawaii a territory. Under the United States Supreme Court decision in the insular cases, in May, 1901, the inhabitants of the Philippines and Porto Rico are entitled to full protection under the Constitution, but not to the privileges of United States citizenship until Congress so decrees, by admitting the countries as states or organizing them as territories.

Governments of the World

The human race is subject to 50 principal governments. They may be classified as follows: Absolute monarchies—Abyssinia, Afghanistan, China, Korea, Morocco, Siam. Limited monarchies—Austria-Hungary, Belgium, British Empire, Bulgaria, Denmark, Germany, Greece, Italy, Japan, Montenegro, Netherlands, Norway, Persia, Portugal, Roumania, Russia, Servia, Sweden, Spain, Turkey. Republics—Argentine Republic, Bolivia, Brazil, Chile, Colombia, Costa Rica, Cuba, Dominican Republic, Ecuador, France, Guatemala, Hayti, Honduras, Liberia, Mexico, Nicaragua, Panama, Paraguay, Peru, Salvador, Switzerland, United States of America, Uruguay, Venezuela. Besides these are the undefined despotisms of Central Africa, and a few insignificant independent states.

Capital Punishment

Capital punishment has been abolished in the states of Maine, Michigan, Wisconsin, Rhode Island and Kansas; Colorado and Iowa have both restored it after brief periods of abolition. In carrying out death sentences the gallows is employed throughout the United States except in Massachusetts, New

York and New Jersey, where the electric chair has been substituted. The guillotine is employed publicly in France, Belgium, Denmark, Hanover and two cantons of Switzerland, and privately in Bavaria, Saxony, and also in two cantons of Switzerland. The gallows is used publicly in Austria, Portugal and Russia; and privately in Great Britain as in most of the United States. Death by the sword prevails in 15 cantons of Switzerland, in China and Russia, publicly, and in Prussia privately. Ecuador, Oldenburg and Russia have adopted the musket publicly; while in China they have strangulation by the cord, and in Spain the garrote, both public; and in Brunswick, death by the ax. There is no capital punishment in Italy.

Standard Hight and Weight

Following is a table which shows what scientists regard to be the correct weight for a man of the hight indicated. A man may be heavier or lighter than the weight indicated and still be in perfect health, but so far as extensive research can fix standards, it would seem that this is the ideal. Any wide difference from the standards suggests the probability that something is wrong. Perhaps it is something which by correct habits of life can be overcome:

Feet	Hight Inches	Weight Pounds
5	—	115
5	1	120
5	2	125
5	3	130
5	4	135
5	5	140
5	6	145
5	7	150
5	8	155
5	9	160
5	10	165
5	11	170
6	—	175
6	1	180
6	2	185
6	3	190

The average duration of human life is about 33 years. One-quarter of the people on the earth die before the age of 6, one-half before the age of 16, and only about one person of each 100 born lives to the age of 65.

How good to lie a little while
And look up through the tree!
The sky is like a kind, big smile
Bent sweetly over me.
—Abbie Farwell Brown.

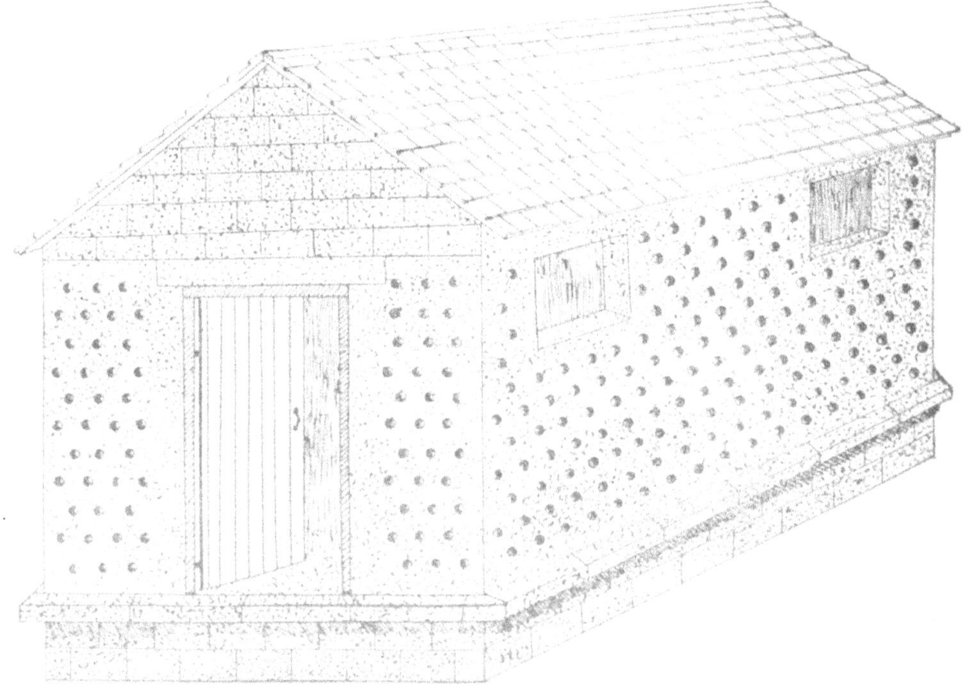

RATPROOF CORN CRIB

It is built of concrete. The walls are molded with one-inch wooden pins through the molds at regular intervals to make the holes needed for ventilation.

Amateur Dressmaking

Practical Lessons for the Beginner. The Cutting and Making of a Shirt Waist, Skirt and Tailored Coat. The "Just How" of Making Garments. A Practical Guide

The Tailored Shirt Waist

IN making a shirt waist, the first thing to consider is the proper sized pattern; next, the placing on the material in the most economical and effective way. After this has been determined, the shirt waist cut out and the notches of the pattern carefully clipped in the material and the perforations for the tucks, etc, carefully marked, the garment is ready for basting.

The shoulders and under-arm seams should be basted on the outside of the waist. Then try the waist on, lapping the fronts the width of the box-plait, and if you are of average build and have paid strict attention to the perforations and notches, it will set perfectly. If the neck of the shirt waist be too large or too small, it should be altered at the shoulder seams; if too large, run a second row of bastings inside the first bastings of the shoulder seams. If this basting is one-eighth of an inch deeper than the first, it will take in each seam a quarter of an inch and the neck one-half an inch. If the neck be too small, run the second basting outside of the first and afterward pull out the first basting. Be careful not to get the neck too tight or the waist will set badly. The neck should be just as high as possible without wrinkling either in the front or back.

If the shirt waist be too large or too small through the body, let out or take in the under-arm seams. As the shirt waist is unlined, it is not expected to fit the figure closely. It should set easily and smoothly on the upper part of the figure. After the shoulders and under-arms have been fitted they should be stitched. They may be closed with French or lapped seams, such as are used in the strictly tailored waist. If the armholes of the waist be too small, do not cut them out recklessly, for, if you do, the waist will be ruined. Try snipping the material at intervals around the armscye, three-eighths of an inch or so. This will allow the armhole to spread on the arm and show how much really needs to be cut away.

Making the Sleeves

The shirt waist sleeves are usually considered quite a problem by the inexperienced sewer. They are not difficult, but they do require care and attention. In making the cuff, first baste the interlining to the wrong side of the cuff. Afterward baste the second portion of the cuff to the first with their right sides facing. The stitching should run around the two ends and the long, unnotched side of the cuff. After this stitching, the outer edge of the interlining may be cut close to the stitching, so as to give a neater appearance to the cuff when it is turned. In turning the cuff right side out, make sure that the two corners are as neat as possible. Baste along the stitched edges so that the cuff will be easy to handle in sewing it to the sleeve. Gather the sleeve along the lower edge and remember that in joining it to the cuff the sleeve fullness should be pushed well to the ends of the cuff. Turn the edge of the outer cuff portions under and baste it to the sleeves, carefully covering the seam.

The amateur nearly always has difficulty with the end of the cuff where it joins the sleeve. The cuffs should be stitched as close to the edge as possible, as this will give them a very neat, tailored finish. In sewing in the sleeve the sleeve side should be held toward you, so that the gathers can be basted in easily. The waist should be finished at the waist line with a belt or stay. This belt should be long enough to go around the waist snugly and allow for the pinning or fastening that holds the waist in place. The bottom of the waist should be finished with a neat hem. The success of a shirt waist depends very largely on the care and attention given to the small details which invariably help to stamp the shirt waist as tailored and smart..

Cutting A Skirt to Fit

Lay out the material on a long table and smooth out carefully each part of the pattern and place on the goods in such a way as to cut to the very best advantage. If the fabric chosen has either nap or figure having an up and down, the parts must be placed so that they all run in the same direction. But if the material has neither figure nor nap, much cloth may be saved by reversing some of the gores and thus avoiding unnecessary waste of material. If the material is cloth, it must be pressed and shrunk.

Pressing and Shrinking

This may easily be done at home. A large-sized table, an ironing blanket and a strip of heavy, unbleached muslin at least 1 yard wide and 2 yards long are needed. The ironing blanket must be laid very smoothly and the material face down, the selvages clipped or cut off. Wet and wring out the strip of muslin and lay it over the material, pressing it with an iron several times. Remove the muslin and press the material itself until dry. Work slowly and carefully, sponging only a small part of the material at a time. If the material is of double width, allow it to remain folded during the process, with the right side turned in. If the material is very heavy, it may be turned to the other side and the sponging repeated.

Another Way

Another home method of sponging is to take a sheet of muslin as wide and one-half a yard longer than the cloth. Wet the muslin thoroughly and wring out. Place the wet muslin over a table, place the cloth, leaving it in the fold, one-half yard from the end of the muslin. Fold the end of the muslin over on the end of the cloth and roll them smoothly together. Let them remain for about eight hours, so that the cloth may be thoroughly dampened. When the cloth has been removed from the muslin, place it over the pressing board or table; a long table is much to be preferred in this case, as it allows the iron a greater sweep, and consequently a more even pressing. Press the cloth lengthwise with a hot iron and press with the nap of the cloth, which should smooth from the person pressing. A cotton cloth should be put over the goods while pressing to prevent scorching. The shine that sometimes comes may be removed by placing two cloths over the shiny place. The one next to the material should be dry and the second one wet, but wrung out as dry as possible. Press lightly with a hot iron.

A Caution

One should be extremely careful about shrinking the thinner weaves of woolen goods, for the steam and heat of the iron will often shrivel them up. Quite the safest plan is to experiment with a small piece of the material and note the result. If water cannot be used, press with a moderately hot iron.

Laying Out the Pattern

Pin the pattern securely with a lavish use of pins, so as to avoid the pattern slipping. Where stripes or plaids are used, the greatest care must be taken to have them match at the seams. A plaid that does not match makes a very slovenly looking garment. In stripes, the lines should run lengthwise and match at the seams in the form of V's. In plaids the line runs both lengthwise and crosswise and must match both ways. In cutting a skirt from a stripe or plaid, it is better to cut one entire side first, cutting the front gore first, carefully matching the lines at the seams. Then remove the pattern and lay the first half of the skirt, portion by portion, on the material, matching the stripes and plaids at all points before cutting the second half. In doing this, be sure to place the right side of the material face to face, otherwise two halves will be cut for the same side. This is a frequent and very expensive mistake often made by inexperienced dressmakers.

In making the skirt, handle it as carefully as possible, taking the greatest care not to stretch the edges. Do not touch the gores any more than is absolutely necessary. In basting, lay the gores flat on a long table, pin the seam at the top and then straighten the breadths by smoothing down and across on the thread of the goods. The edges should then be pinned together as notched and basted.

Put on the skirt, wrong side out. Be sure that the center fold of the skirt in front is pinned securely at the top, so that the skirt will not be drawn more to one side than to another. Make all fittings on the seams of the skirt. Keep the grain or woof thread even around the hips and alter or fit from the hips to the waist. It is a simple matter to take in a little on each seam until the skirt fits smoothly. Be careful not to make it too snug or to make all the alterations on one seam, or the proportions of the gores will be spoiled and the shape of the skirt ruined. Take off the skirt and baste in any alterations which may have been necessary.

Try it on once more, and, if exactly right, stitch in the seams. They should then be pressed open or to one side, and the edges bound separately or together with a strip of thin lining, silk or binding ribbon. Or the edges may be notched.

Sew one edge of the belt to the skirt and turn the other over the top of the skirt, turning in the edge and covering the seam. Or prepared belting may be used. Stitch the belt firmly on by hand or machine and sew on the hooks and eyes carefully. The time spent in finishing a skirt is well spent, not only in appearance, but in the length of life, as well.

The placket is an important detail upon which the successful appearance of a skirt depends. The first step is to baste a narrow strip of canvas along each side of the opening, with the edge of the canvas about a half an inch from the edge of the opening. The skirt edges are then caught back on the canvas and caught to it with small stitches. Stitch the edges of the placket hole and sew on the hooks and eyes. Cover the canvas on the right side with a facing of silk. Sew an underlap of material an inch and a half wide, finished, to the left edge and bind the raw edge of the lap with binding ribbon.

After the seams are pressed open the ribbon or binding material is sewed to both sides with a loose running stitch; or, if desired, the edges may be pinked with a pinking machine, or fold the seam edges crosswise and snip the folds about an eighth of an inch, but this method of finishing is only advised where the material is heavy.

Try the skirt on again and adjust the bottom in regard to length. If the figure corresponds to the proportions of the pattern and the skirt has not been pulled out of shape in the making, it will hang evenly around the bottom and will only need to be faced or hemmed and the braid applied. If it does not hang even, get a small piece of stiff cardboard that has an edge that is perfectly straight, use this as a marker, by making a notch in it the desired distance that the skirt must clear the floor. Stand on the table and have someone with pins or chalk mark the distance on the skirt from the table. Put the marks very close together, say, at every seam and two in the center of each gore. Trim off the skirt, try on again, and, if the satisfactory length has been secured, put on the braid.

Before applying the braid the lower edge of the skirt must be hemmed or faced. If faced, the facing may be cut bias or shaped to fit each gore. Two and a half inches is a good depth for either hem or facing of a skirt. Before putting on the braid, it is an excellent idea to shrink it by thoroughly wetting it, and then pressing it dry. It should be sewed flat to the underside of the skirt,

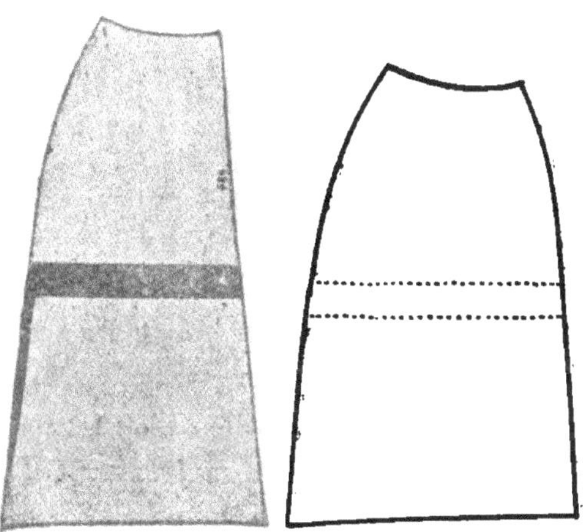

GORE CUT ACROSS AND SEPARATED TO LENGTHEN — GORE LAPPED TO SHORTEN

the edge of the braid extending one-eighth of an inch below the bottom of the skirt. In sewing on the braid, a small running stitch should be employed, just above the lower edge of the hem or facing. The upper edge of the braid should be carefully hemmed down. Hangers about three inches long should be placed on either side of the belt, and hooks placed in an upright position on the belt, an inch and a half apart, to correspond with eyes on the waist, will keep the skirt and waist together and prevent that dreadful line of separation which strikes terror to the heart of the carefully dressed woman.

Below the hips no particular strain comes on the basting, so it need not be so close together. A belt of ordinary skirt belting and just the right size should be basted to the skirt. Try on the skirt and make any alterations that are needed to make it fit perfectly. When the skirt sets smooth, the seams should be finished with flat-stitched seams. The skirt should be faced with a straight strip of the material as wide as desired. Three inches are usually considered quite enough.

The Swell Tailored Coat

If the amateur dressmaker will work slowly, carefully and accurately, she will not have the slightest difficulty with the cutting out and the making of this coat. After sponging and pressing the material as already directed, the next important thing is to have a pattern as nearly correct in size as possible. The pattern should be bought by the bust measure; the table of quantities given on the pattern envelope will tell the amount of material needed for the different-sized patterns. Read the label carefully through at least twice. Then, before attempting to cut out the material, compare the measurement of your own back at the center from the collar seam to your normal waist line; also measure your arm along the inside seam of the sleeve from the armhole to the wrist. Compare these measurements with the measurements of the pattern. If there is a difference between the measurements the pattern should be altered to fit; if too short the body and sleeve portions should be slashed, and made to correspond with the correct measurements. The body portion should be slashed about two inches and a half above the waist line, and the sleeves, both above and below the elbow, so as not to alter the position of the elbow.

The coat pattern is cut to a figure of average proportions, so it is always wisest to take the precaution to compare the back and sleeve measurement of the pattern with your own actual measurements. It is simply the matter of taking a little trouble beforehand to prevent trouble later.

Laying Out the Pattern

Arrange the parts of the pattern as carefully as possible on the material, so that there is no unnecessary waste. If the goods has a decided nap, then the parts must be placed on the material so that the nap will run the same direction in each piece. Take plenty of time to figure it all out before cutting into the material. The grain of the goods must be observed carefully, as the smallest portion cut off the grain easily stretches and loses the original shape and correctness of line that is so essential in a well-made tailored garment. It is very easy to follow the grain with the pattern —all that is needed is a little forethought and care.

After the pattern has been laid out in the most satisfactory way and well studied, pin the portions firmly and evenly on the material. Work slowly and carefully, and do not stint on the number of pins used. Mark all the perforations carefully with chalk and clip the notches. Use sharp scissors and cut as accurately as possible.

The canvas should then be cut through the center, allowing half a width for each side of the coat. If preferred, the canvas need not extend to the bottom of the coat. The canvas is not intended to stiffen the coat—simply to give it body —so the soft and pliable variety should be selected.

To shrink the canvas, put the piece into a vessel of water and thoroughly wet it, wring the water out of it, place it on the ironing board, smooth the wrinkles out, but do not stretch it. Press with a hot iron until it is smooth and thoroughly dry.

After cutting the fronts and side-fronts from the canvas and before basting, stretch the side and front edges of the side-front from a point 2 inches above the waist line to a point 2 inches below, the shoulder edge of the front and the inside seam edge of the upper sleeve portion between the notches.

Along the under-arm edge of the side-back, baste a strip of cambric about 2 inches wide, cut the same shape as the side-back. Also baste a strip of the canvas of the same width along the extension on the back and side-backs. Here the cambric may be a couple of inches longer than the extensions. The cambric is used to give body to the edges and helps the tailored effect of the coat. Now baste the canvas to the wrong side of the cloth and afterwards baste all the seams together carefully as they are notched. In the shoulders and under-arms particular care must be taken.

Trying On

Try the coat on, lapping the right front over the left. Do not attempt to fit this coat snugly. Give the chest and bust all the room they will take. The coat should fit as smoothly as possible over the hips, and yet allow the figure plenty of freedom in walking. It should hang straight from the shoulders, curving slightly into the figure between the bust and hips. If a semi-fitted coat is fitted too snugly over the hips it breaks in a most distressing manner at the waist line. If the coat be too big in the body, take it in at the seams. If too small, the under-arm and shoulder seams should be let out a trifle. The other seams should be let alone as much as possible, and, while they may be taken in a trifle, under no consideration must they be let out.

If one shoulder be higher than another, fit the higher shoulder and pad the lower one until the two sides are exactly alike. After fitting carefully, baste the alterations and try on the coat once more to make sure the change has been successful. Stitch the seams and clip the edges at all curves, so that they will lie flat. Press them carefully.

Pressing

And here a word about the pressing will not be amiss. There is nothing that a successful tailored garment so much depends upon as the pressing. Have a long ironing board, a small sleeve board and an oval tailor's cushion for pressing the curved seams. An ordinary rolling pin, covered with a piece of old blanket, will serve the purpose admirably. To open a seam, lay it over the curved edge of an ordinary ironing table and press carefully. By this method the edge of the seams will not be printed on the outside of the garment. The curved seams on the bust should be opened in the same way, but a tailor's cushion should be used. The seams must be dampened with a wet cloth and pressed slowly, bearing heavily upon the iron. Nearly all the pressing is done on the wrong side.

Heavy cloths may be pressed on the right side by the process of steaming. Wring out a cloth as dry as possible, lay it over the fabric and press with a hot iron until almost dry. Turn garment to the wrong side and press until thoroughly dry. To give the coat more body over the bust, an extra piece of thin canvas should be applied to the side of each front. Do not take a seam in the canvas to make it fit the bust, but slash it and lap the edges to make it fit smoothly; the canvas should be attached to the canvas in the fronts by padding stitches.

To make the collar, take two pieces of canvas about 12 inches long and 5 inches wide; shrink them and baste them together. Cut these pieces in half and stretch both the upper and lower edges by wetting thoroughly. Iron them with a hot iron, curving the edges—the lower edge more than the upper; do not stretch the center of these pieces. Place them on the neck and join the pieces in the center-back by pinning them together in a seam. Flatten the seam and shape the collar by rolling it to the neck. This is done by turning the upper edge over the neck until the fold fits close to the neck.

The under edge is cut at a curve in the corners so it will not tighten the throat around the curve at the front of the neck. The top of the revers is placed on the collar and the place of joining marked on both collars and revers. A line is traced on the coat at the lower edge of the collar.

The collar is then removed from the coat, the center seam of the collar stitched by machine and pressed very flat. Four pieces of cloth are cut the size of the collar, two pieces for the underside and two for the top. A seam of three-eighths of an inch is allowed on these pieces all around. The pieces for the underside are joined to fit the canvas; the seam is placed next to the canvas seam. The canvas and cloth on the roll-over part of the collars and in the lapels must be caught together with row after row of padding stitches, which may be half an inch long on the canvas side, but scarcely visible on the cloth side.

In making the padding stitches hold the parts over the hand, canvas part uppermost, and roll and shape the lapels and collars into the position which they are to take. Baste the collar flat on the coat with the notches matching and the canvas side uppermost. The neck of the collar should be stretched between the notches as it is being basted on the coat.

Padding Stitches

Try the coat on, rolling the collar and the lapels to their correct positions. If necessary, the outer edge of the collar may be pressed and stretched so as to make it fit the neck snugly, and set perfectly when the coat is on the figure. Tape about half an inch wide should be sewed to the canvas just inside the crease of the lapel, drawing it rather tight to prevent the lapel from stretching. The tape has a twofold mission. It gives the edges a firmer finish and it gives a chance to draw them into their original shape, if the material has stretched in handling.

Cut a seamless collar facing on a lengthwise fold of the material. The facing for the fronts should be cut from the pattern of the fronts, cutting both collar facings and fronts a trifle larger than the pattern. Pin the facing inside the coat and over the lapels, rolling the lapels and fronts in their natural position, making sure that there is room enough in the facings to allow it to cover the fronts and lapels easily when

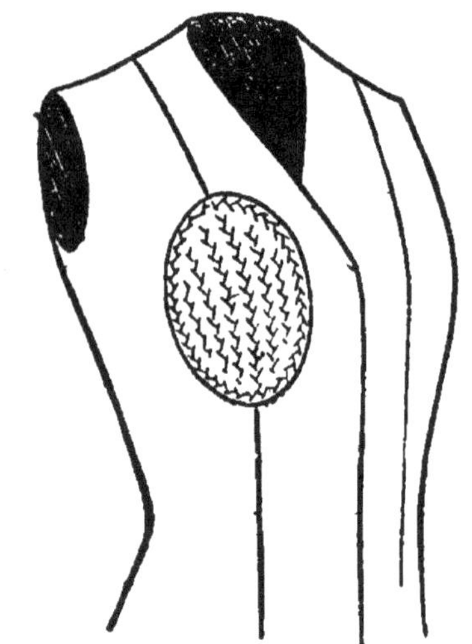

Method of Applying Extra Canvas on Bust

they are rolled back. Turn the edges of the facing under even with the edges of the coat and baste them with the greatest of care. A row of stitching should run close to the edge of the collar, lapels and front of the coat. A second row may be stitched a quarter of an inch within the first one, if desired. Where the velvet collar facing is used, it should be cut from a seamless bias strip of velvet and should be basted to the cloth facing. It should reach to the seam, joining collar and coat. The outer edge should be turned in half an inch from the edge of the collar, allowing a narrow strip of the latter to show beyond the velvet. Line the pockets with silk or satin; also the lapels. The pocket lap is sewed to the coat just above the pocket.

Putting in the Lining

If an interlining is used the regular silk and wool interlining should be chosen. It is light and warm and takes up little room. It should be cut from the pattern and reach just under the front facings about 3 inches below the waist-line. In putting it together do not use ordinary seams, but lap one edge over the other and baste. Beginning at the back, pin the back interlining portions inside the coat and catch the edges of the seams with loose basting stitches. Now take the next piece of interlining and pin it inside the corresponding piece of the coat, lap one edge over the other, cutting away superfluous material, and baste the edges together, one over the other, avoiding all possible thicknesses. Repeat this method with each piece of the interlining. A piece of cambric 6 inches deep should be sewed in the top of each sleeve to hold it out slightly from the shoulders. Baste and stitch the seams of the sleeves and gather the sleeves between the notches with two rows of gathering stitches. The first row should be three-eighths of an inch from the edge, and the second a quarter of an inch from the first. Baste the sleeves, with the notches matching the armhole, and try on before stitching in place. If the close-fitting sleeve is used, the slight fullness in the top should be gathered between the notches. The sleeve seams should be turned towards the neck and pressed flat after they are stitched.

Satin is unquestionably the best and cheapest lining in the end. The lining should be cut with the coat pattern as a guide, making the changes in the lining that have been made in the coat. Cut the lining fronts to reach just over the edge of the front facings, allow half an inch either side of center-back for a center-back plait. Allow a little extra on the side-front and side seams, for the lining must be easy in width and length, or it will draw the outside coat. Baste the plait in position in the back of the lining, and baste the lining in the back of the coat. Catch the side edges flat to the interlining of the coat seams with a loose basting stitch. Take the next piece of lining and baste it to its corresponding portion of the coat, always keeping the lining easier in width and length than the coat itself. Turn the back edge of each lining portion under and fell it over the front edge of the adjoining lining portion. Clip the edges at the curve in the waist so that they will shape themselves easily to the coat. At the side-front seam lay a small plait at the shoulder, tapering it to nothing at the waistline. This removes any possible chance of the lining being too tight at the chest or bust.

At the neck let the lining cover the collar seam. Turn up the lining at the bottom so that about half an inch of cloth will show. Fell the neck, front and bottom lining very neatly with small, even stitches. The lining of the sleeve is cut from the pattern and its seams stitched and pressed. Slip the lining inside the sleeve with the corresponding seams together. Turn under the upper edge and baste it over on the coat lining, felling it into place afterwards. Turn under the wrist edge of the sleeve lining and baste it first over the hem, being careful that it is not too short, and then fell it neatly. A final pressing must be given the coat before it can really be called finished. If possible, it is best that this pressing be given by a tailor.

Essential Embroidery Stitches

Plain Directions for Making Them. The Foundation of Nearly All Art Embroidery. A Table of Embroidery Stitches

The stitches most often used in the embroidery of table linen are the long and short stitch, the solid Kensington stitch, the buttonhole stitch, the satin stitch, the French knot, the Kensington outline, the overlap stitch and the stem stitch. Effective work is also done with some of the darning and couching stitches and with some of the more complex outline stitches, such as the brier stitch and herringbone stitch. Nearly all, if not quite all, the other stitches which one sees are modifications of those already mentioned, and may be acquired with ease after the first twelve are fully mastered.

Long and Short Stitch

The long and short stitch, which is sometimes called the "tipping stitch," lies at the foundation of all solid embroidery, and is the most important stitch to master. It is also one of the oldest stitches to be found in embroidery, as witnessed by the specimens of work handed down from preceding centuries. A pair of embroidery hoops will be found indispensable in order to achieve really good results in this stitch. Have the larger hoop wound with a strip of white cloth until it fits closely over the smaller hoop.

For the first practice, select a flower with a rather large, regular petal, such as a wild rose. After this is stamped, draw your piece of linen smoothly over the smaller hoop, taking care that the threads of the fabric run evenly across, and press the larger hoop over the edges. This should hold the linen firmly stretched. Thread a No 10 needle with the required shade of single embroidery silk, and run the silk in and out through the linen, just inside the petal, bringing the needle up at the tip of the petal, exactly on the line of stamping. Take a long stitch on the upper side of the linen, slanting from the tip toward the center of the flower; bring the needle up again on the outline, close to the first stitch, and take a second stitch on the surface, shorter than the first, and slanting like the first toward the center (Fig 1). This uniform slant will of necessity bring the inner edge of the stitches a little nearer than the outer edge, although there should be no perceptible space between them on the outer edge. Repeat this alternation of long and short stitches until you have completed the outline of one-half the petal. The inner edge of the stitches will be irregular when the work is fin-

FIG 1—LONG AND SHORT STITCH

ished, and will appear to blend with the plain center, giving no sense of incompleteness. The outer edge presents a solid finish. Fasten the thread by running in and out on the under side of the work, doing this neatly, that the under side of the finished work may appear almost as true as the upper.

Begin again at the tip as before, running the thread in the goods, as no knots are permissible in embroidery, and work the opposite side of the petal. Be careful to keep the stitches close and the slant correct. All the long stitches are not to be of the same length, nor all the short stitches. This depends upon the shape of the form to be embroidered, but there should be a regular alternation of "long and short." If you were embroidering a form which flared, instead of growing narrower at the inner edge, the irregular edge of the stitches would be farther apart rather than closer together. The slant must conform to the shape of the petal or form, thus preserving its contour. If both edges were even, the lines would be exactly parallel. A little thought or experimenting will demonstrate this.

In embroidering leaves in the long and short stitch, begin work at the tip of the leaf, and keep the slant of the stitch toward the midrib, following the direction of the veins. A folded leaf is embroidered in just the same manner as a folded petal. Work first one side from tip to stem, then the other side in like manner.

Conventional or geometrical forms are always flat, but the manner of working is the same as for the floral forms already described, the contour of the figure determining the slant of the stitch and the convergence or divergence of the stitches at their irregular edge.

Diaper Couching Stitch

A very effective means of covering large forms and achieving rich results by simple stitches is afforded by the various forms of couching. This work is done over a frame or in a hoop.

The most useful form of couching for modern embroidery, and especially for embroidery upon linen, is the diaper couching. This is done by taking one long stitch diagonally across the form which is to be worked, then another at a distance of from one-eighth to one-fourth of an inch, and so on across the space. Next cross these lines diagonally with others, the same distance apart, till the space is filled again. Now, with a series of short stitches of the same or a contrasting color, catch down these long stitches at each intersection, either with a single stitch or with a cross stitch. After each intersection has been caught in place the whole figure is to be outlined. This is rapid and very effective work, and is especially adapted to large centers of conventional flowers and to open spaces between fancy scrolls.

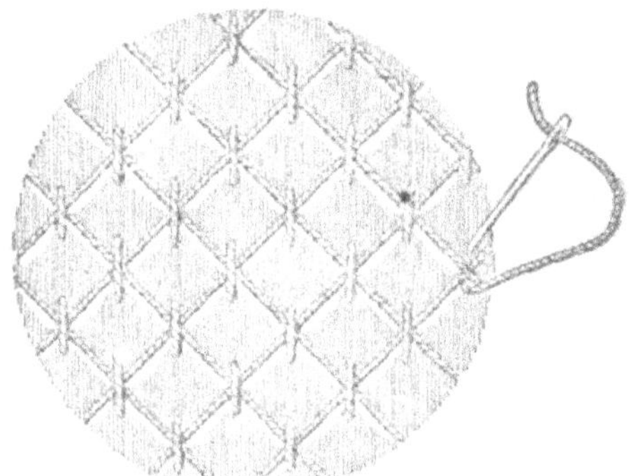

FIG 2—DIAPER COUCHING STITCH

An effect similar to couching is obtained by making the intersecting lines in Kensington outline stitch and adding the tiny cross stitch at the intersections. This work is especially pretty upon fine table linens where careful work is more desirable than broad effects.

Solid Kensington Stitch or Feather Stitch

The term Kensington stitch has been so universally adopted by workers in embroidery that it is scarcely recognized by its rightful name. This is an old stitch used for centuries past and derives its name from its resemblance to the plumage of a bird, in its smoothly overlapped effect and its soft graduation of shades. The stitch was revived by the Kensington school of art embroidery and given the name by which it is now so widely known, and the original term "feather stitch" has come to be applied to the outlining stitch made in sewing, which is also known as the cat and brier stitch.

This stitch is applied where flowers, leaves or conventional patterns are to be worked solid, and the first step in its application is exactly the same as the long and short stitch. In fact, the whole stitch consists of a repetition of the long and short stitch.

We will suppose the flower to be

worked is the wild rose. The work is to be done by the use of hoops, and the outer part of the petal is worked as described in long and short stitch, except that it is not necessary to carry the long and short stitch down the sides as far as when the petal is to be tipped only. The flower is to be shaded, and the lightest shade used upon the flower is taken first for the outer edge. When this is finished, a darker shade is selected and work is to be begun just below the tip of the petal. Bring the needle up from beneath, in a line with the tip or center of the petal and about one-third the length of the outer stitch from the edge. Take a long stitch toward the center of the flower, then bring the needle up next this stitch, but a little farther from the edge, and carry it down to about the same distance below its end (See Fig 3). Proceed in this manner till the edge of the petal is reached, and then work the other half in the same way. This will make both edges uneven, and it is by this means that the perfect blending of

FIG 3—SOLID KENSINGTON STITCH

shades is achieved. This row of stitches must lap well over the preceding row, in order to obtain the heavy, rich effect which is the object of the solid embroidery, and the alternation of long and short brings about the perfect blending of color.

A third and perhaps a fourth shade of silk will be needed in order to fill the petals heavily and these are put in just as the second row is, except that the lower edge of the last row must be solid, like the outer edge of the first row, conforming to the stamped pattern.

When a part of a petal appears to fall in shadow, the shades used in working that part are to be darker than those that are in the higher light. Unless there is a distinct fold in the petal, however, do not introduce the darker shades in such a way as to form a line through the length of the petal, but let them shade into the higher lights by carrying some stitches of the darker shade farther toward the edge than others. When a petal appears folded, then the darker shades follow the line of the fold.

When one whole petal falls in shadow, work it throughout in darker shades than those which are in the higher light; that is, begin the outer edge with the second, or even the third shade used in the other petals.

When an especially heavy effect is wanted, the outer edge of the petal is sometimes raised before being worked. To do this, take a double thread in your needle and work back and forth *across* the edge of the petal, taking a very short stitch on the under side of the goods, and a long stitch on the upper side. These stitches are to lie at right angles to the long and short stitches which are to cover them. Only a few stitches will be needed if the edge is to be only slightly raised, but if it is to be in high relief, then the long stitches beneath may be piled one upon another, until the desired height is obtained. This method of working the Kensington stitch gives a very rich effect. It is not often used in embroidering table linens, or if employed the relief is not very high; but in working upon rich materials a heavy appearance is thus gained which can be obtained in no other way.

Kensington Outline Stitch

There are many varieties of outlining stitches, but the Kensington is the most useful of them all. This is used extensively in all sorts of embroidery, and especially in working flower stems on linen. Indeed, there are many dainty patterns which require the outline stitch alone for working, and there are few patterns in which it is not used to some extent.

FIG 4—KENSINGTON OUTLINE STITCH

The stitch is readily learned and is made in the hand. The work is done, beginning at the point nearest you. Bring the needle up at the nearest point of the outline, take a short stitch toward this point a little in advance, inserting the needle point and bringing it out again exactly on the outline. Make the stitch on the surface nearly three times as long as the one on the under side. (Fig 4.) This does not mean that the upper stitch must be long, but rather that the under stitch must be very short. Be sure that you follow the outline exactly and keep the stitches of uniform length. The weight of material upon which you are working, the size of silk used and the character of the design, all combine to determine the length of the stitch. An outline upon fine linen should be made with very short stitches, while a bold pattern done in rope silk would require a very much longer stitch, as will be obvious to the worker. Let the error lie in having the stitch too short rather than too long.

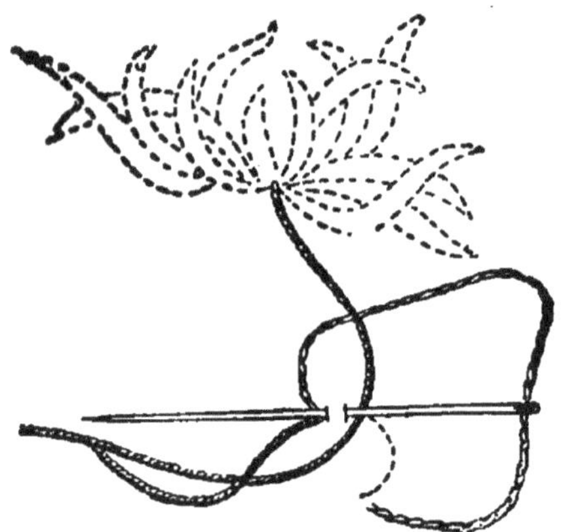

Outline or Kensington Outline Stitch

The effect of the stitch will be similar to twisted silk, as the stitch is almost double its entire length. The main point to be observed in working is that the silk be kept on one side of the needle throughout, in order to preserve the regularity of the outline.

Fig 5—Solid Buttonhole Stitch

Solid Buttonhole Stitch

The buttonhole stitch has many adaptations, but its principal use is as a finish for the edge of linens. An edge stamped in scallops or scrolls is always worked in buttonhole stitch, as this gives a firm finish which wears well. This stitch is worked in the hand, without hoops. Hold the linen so that the outer edge of the scallop is toward you; bring the needle up on the outer edge; throw the silk to the right and below the outer edge of the scallop, put the needle down at the inner edge and up at the outer edge close to the point where the needle was first inserted and so that the stitch shall be perpendicular. When the needle is brought through, a buttonhole edge will be formed at the outer line of the scallop (Fig 5). The work is to be done from left to right, and the stitches must be kept perpendicular and closely set. This work is rapidly done, and makes an effective finish for doilies, centerpieces and similar linens. Other adaptations of the buttonhole stitch are used in embroidery, but the one described is of greatest importance, and the others will be treated among the stitches which are less often used.

The buttonhole stitch is sometimes raised to give a richer effect. This is done by running a double thread of the silk lengthwise of the scallops, taking very short stitches on the under side and long ones above, as described for raising the edge of petals to be worked in Kensington. The scallops are seldom heavily raised, but a few lines of the double thread give greater body and handsomer effect to the edge than if it is worked flat.

Satin Stitch

The satin stitch is more conventional than the Kensington. Like the Kensington, it is used to cover solid forms, but it does not admit of shading and consequently is never used for obtaining artistic color effects. This stitch is principally used to embroider bars, narrow petals of conventional flowers, or long, narrow leaves. The stitches are laid closely and exactly parallel, the entire length of the form. They may be straight across, or at an angle, but the one slant must be maintained throughout.

Satin stitch is best worked by using hoops to keep the work stretched even and true. Run the thread through the linen as described for long and short stitch, and bring the needle up at one end of the form at the line on the left-hand side. Carry the thread straight across, or at an angle, as best suits the design, and put the needle down through at the right-hand side. Bring it up again close to the first stitch, and carry across parallel to the first stitch, and proceed in this manner until the form is covered.

Conventional leaves are sometimes embroidered in two parts with satin stitch.

FIG 6—SATIN STITCH

The left-hand side of the leaf is covered by carrying the stitch from the left-hand edge to the mid rib, slanting the stitch from the edge down toward the rib. The opposite side is embroidered in a corresponding manner, slanting from the right-hand edge down toward the mid rib. Do not change the slant, but keep the stitches exactly parallel the entire length.

Raised Satin Stitch or French Laid Work

Relief work is more often used in connection with satin stitch than with any other. The method pursued has been already described and illustrated, but the relief in connection with satin stitch is usually high, giving a heavy appearance. This is known as French laid work, and is extensively used in embroidering initials and in nearly all work done with white cotton. The filling stitches must lie in the opposite direction, that is, approximately at right angles to the finishing stitch. (Fig 7.) The loose thread is wrongly represented in this illustration, as it should appear to lie in front of the worked figure instead of behind it. The outer edge binds down the long stitches beneath, so that actual relief is always less than would appear from the hight of the filling stitch before it is covered. A little experience will teach the amount of filling that is needed to gain a desired effect.

FIG 7—RAISED SATIN STITCH

French Knot

The French knot is used for the centers of flowers and for nearly all representations of seeds. It is sometimes made with a single thread, and often with two different colors or shades of silk, threaded into one needle. Two shades of yellow make an excellent representation of pollen, or a deep green and red form an effective center.

To form the knot, draw the needle through the upper side of the fabric. Hold it in the right hand and with the left hand take hold of the silk near the fabric and twist it two or three times around the needle. Now put the point of the needle through the fabric again, close to the point at which it was brought up, draw the twisted silk close around it and push the needle through. Hold the twist close to the goods with the left hand, while you draw the length of silk through, in order to keep it from uncoiling. When the silk is drawn quite through, it holds the knot in place. The size of the knot will depend upon the number of times the silk is wound around the needle, as well as upon the size of silk used.

A cluster of these knots, placed closely but irregularly, at the center of a flower, makes the most acceptable finish possible, as the imitation is very true to nature.

French Knot With Stem

Another adaptation of the French knot, which is especially desirable for flower centers, shows a short stem which well represents the stamen of a flower complete. To make the knot with stem, bring the silk up at the point which represents the end of the stem which is attached to the flower, twist the silk about the needle as before, but insert the point at the termination of the stitch and hold the coil as before, until the silk is pulled quite through. In this way the short stem and knot is made with a single stitch. (Fig 8.)

FIG 8—FRENCH KNOT WITH STEM

Overlap Stitch

The overlap stitch is an adaptation of the long and short stitch to a curved line or surface. It is used when scrolls or tendrils are to be done in solid raised work, instead of in outline. To make this stitch, bring the needle through at the extreme end of the curved line and insert it again on the line a half inch in advance, thus making a long stitch. Bring the needle to the right side again on the line and slightly in advance of where it was

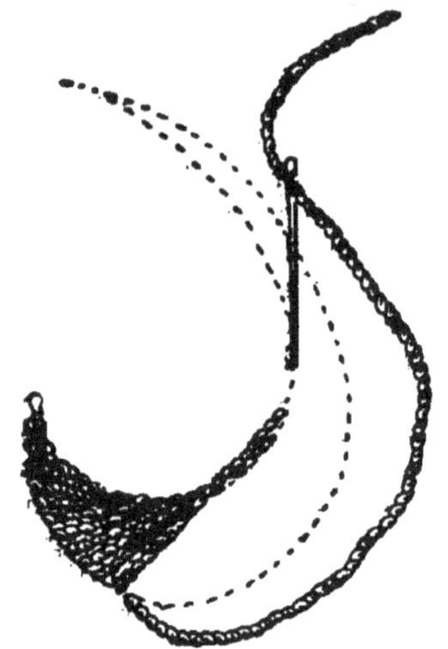

FIG 9—OVERLAP STITCH

first brought through, and send it down on a line a trifle above the finish of the first stitch, but crossing it; for the third stitch bring the needle up again on the line in advance of the second stitch, and send it down in advance of the second stitch and crossing it. (Fig 9.) Continue in this way until the curve is covered; if there is a straight portion beyond the curve, it should be covered in satin stitch. The overlap stitch should be worked in a frame or in hoops. The directions given are for working on a curve from left to right. If the curve is reversed, each stitch is brought up on the left side of the preceding stitch and sent down on the right side. This is not a matter of choice in working, but is necessary in order that the overlap shall bring the stitches into conformity with the curve. A moment's experimenting will make this plain.

Herringbone Stitch

The herringbone stitch is familiar to most needleworkers, whether they are accustomed to embroidery or not, as it is used upon flannels and many kinds of fancywork. It is an effective stitch for borders in embroidery and also for filling open spaces where a sketchy effect is wanted. To work a border between two lines, put the needle through at the left-hand end of the lower line; slant the silk across and take a short stitch from right to left on the upper line. With the same slant, cross the silk to the lower

FIG 10—HERRINGBONE STITCH

line and take a second short stitch from right to left. Proceed in this manner across the space, keeping the slant true and the length of stitch even. (Fig 10.)

Brier Stitch

Brier stitch, sometimes called cat stitch, is used in working over lines when a more fanciful effect is wanted than would be obtained by the use of a simple outline. The stitch is used in sewing and in fancywork as well as in embroidery.

FIG 11—BRIER STITCH

To make it, begin at the point farthest from you and bring the needle up from beneath; take a short stitch toward the line along which you are working, slanting somewhat toward you, and throw the silk below the point of the needle, so that a buttonhole stitch is formed when the silk is drawn through. (Fig 11A.) Take the second stitch on the opposite side of the line, so that it shall be the reverse of the one just taken as to slant, forming the buttonhole stitch as before, and proceed thus along the length of the line. The stitch will be familiar to most workers. Two or more stitches may be taken on each side of the line, instead of the single stitch, with good effect. (Fig 11B.)

This stitch is sometimes employed in embroidering table linen, in place of the simple outline for tendrils and scrolls. When thus used, the stitches are made very short, resulting in a fine outline which is very effective and delicate. This is the stitch so familiarly known as feather stitch, and which some teachers designate as seamstress feather stitch.

Table of Stitches

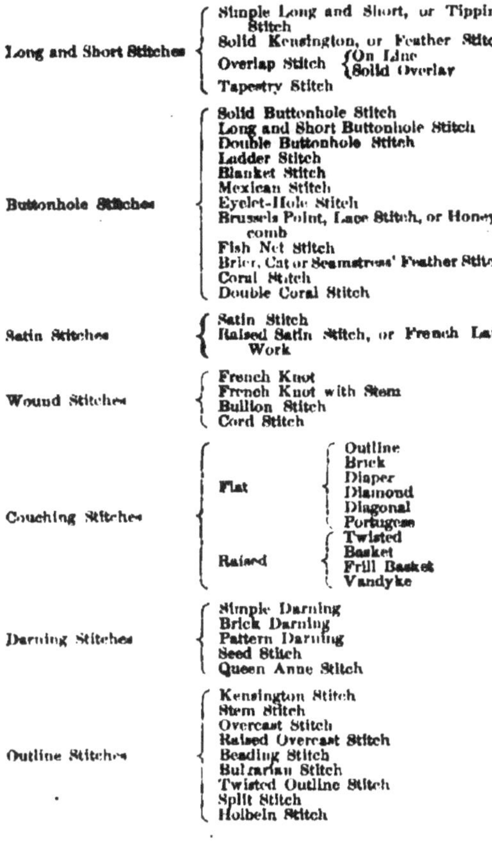

Long and Short Stitches	Simple Long and Short, or Tipping Stitch
	Solid Kensington, or Feather Stitch
	Overlap Stitch {On Line / Solid Overlay}
	Tapestry Stitch
Buttonhole Stitches	Solid Buttonhole Stitch
	Long and Short Buttonhole Stitch
	Double Buttonhole Stitch
	Ladder Stitch
	Blanket Stitch
	Mexican Stitch
	Eyelet-Hole Stitch
	Brussels Point, Lace Stitch, or Honeycomb
	Fish Net Stitch
	Brier, Cat or Seamstress' Feather Stitch
	Coral Stitch
	Double Coral Stitch
Satin Stitches	Satin Stitch
	Raised Satin Stitch, or French Laid Work
Wound Stitches	French Knot
	French Knot with Stem
	Bullion Stitch
	Cord Stitch
Couching Stitches	Flat: Outline, Brick, Diaper, Diamond, Diagonal, Portugese
	Raised: Twisted, Basket, Frill Basket, Vandyke
Darning Stitches	Simple Darning
	Brick Darning
	Pattern Darning
	Seed Stitch
	Queen Anne Stitch
Outline Stitches	Kensington Stitch
	Stem Stitch
	Overcast Stitch
	Raised Overcast Stitch
	Beading Stitch
	Bulgarian Stitch
	Twisted Outline Stitch
	Split Stitch
	Holbein Stitch

Useful Things to Remember

If everyone would take a cup of hot water before each meal, upon rising in the morning and retiring at night, there would be less constipation and acute stomach trouble.

Castor oil is healing for burns or fresh cuts.

Witch hazel will dry fever sores if used persistently.

A few drops of lemon juice in water is a good wash for the teeth.

Use glycerine or honey instead of sugar to sweeten hot lemonade when taken for colds.

Sweet spirits of niter will break up fever sores if used as soon as the blister begins to form.

If by any accident one gets lime in the eye wash out at once with sweetened water.

Never sleep in a room which has not been thoroughly aired; a window should be kept open.

To disinfect a room, pour a teaspoonful of carbolic acid slowly into a pint of boiling water.

Deep breathing is a great aid to digestion. Always breathe deeply, but especially after meals.

Often a restless child can be quieted to sleep by giving it a drink of warm sage tea or drink of water.

After having the hands in gasoline for cleaning purposes rub well with grease of any kind, and leave on for ten minutes; then the burning will cease.

Mattresses should be turned and bolsters and pillows well aired and beaten once a week, and the bed clothes thoroughly aired every day, if one wishes to keep healthy.

WOMAN'S BUILDING AT ILLINOIS STATE FAIR GROUNDS

Fun for the Young People

Games and Guessing Contests. Evening Entertainment Ideas that Will Amuse Old or Young. A Variety of Suggestions for Parties or Socials. Thinking Games for All

To Meet "Kate"

The hostess announces that she has a guest bearing a familiar name, whom she wishes to introduce, although she feels sure "she" is known to everyone in one or more of the forms that she is accustomed to assume. Programs are passed bearing the sentences printed below. The answers are in italics:

1. Cate is frail and gentle.—*Delicate.*
2. Cate believes in home life.—*Domesticate.*
3. Cate brings others into trouble.—*Implicate.*
4. Cate takes leave.—*Vacate.*
5. Cate seizes the property of others.—*Confiscate.*
6. Cate never tells the exact truth.—*Prevaricate.*
7. Cate kindly points the way.—*Indicate.*
8. Cate has a twin.—*Duplicate.*
9. Cate will die if deprived of air.—*Suffocate.*
10. Cate leads a country life.—*Rusticate.*
11. Cate adds to the difficulty of a case.—*Complicate.*
12. Cate makes things run smoothly.—*Lubricate.*
13. Cate is an eloquent pleader.—*Advocate.*
14. Cate develops mental and physical powers.—*Educate.*
15. Cate has an influence for evil.—*Intoxicate.*
16. Cate imparts much information.—*Communicate.*
17. Cate on occasion denies church privileges.—*Excommunicate.*
18. Cate settles on a particular spot.—*Locate.*
19. Cate offers a perplexing problem.—*Intricate.*

Around the World

The following subjects are placed throughout the rooms, and the guests told to make a tour of the various cities and countries represented. Programs, with pencils, are furnished. The answers are in italics.

1. A good cigar.—*Havana.*
2. A pair of opera glasses.—*Pekin.*
3. A piece of carpet.—*Brussels.*
4. A porcelain plate.—*China.*
5. A big "C" strung on a cord. *Concord.*
6. A bag of coffee.—*Java.*
7. A bottle of perfume.—*Cologne.*
8. A jar of apple sauce.—*Kansas.*
9. A picture of a wedding ceremony.—*Dublin.*
10. A lemon peel.—*The Rhine.*
11. A laundry basket.—*Tacoma, Wash.*
12. A piece of cut sugar with a big "A" marked on it.—*Cuba.*
13. A stone painted yellow.—*Yellowstone.*
14. A knitted jacket.—*New Jersey.*
15. A miniature windmill fitted with two feet.—*Milwaukee.*
16. A bit of Canton flannel.—*Canton.*
17. A jar of molasses.—*New Orleans.*

A New Game of Authors

This is a version of the old game of authors, and will delight those who are well acquainted with books. All the questions must be answered by the name of an author. The correct answers are in italics.

1. A kind of linen.—*Holland.*
2. A breakfast dish.—*Bacon.*
3. A blossom.—*Hawthorne.*
4. Something on a foot.—*Bunyan.*
5. A name that means such fiery things one can't describe its pains and stings.—*Burns.*
6. A game and a preposition.—*Tennyson.*
7. The name of a river.—*Poe.*
8. A high church official.—*Pope.*
9. Part of a hospital.—*Ward.*
10. An obstruction to navigation.—*Barr.*
11. An adjective.—*Grand.*
12. Something hard to bear.—*Payne.*

13. Badly wounded.—*Alcott.*
14. Kind of a bonnet.—*Hood.*
15. That which is more than a sandy shore.—*Shelley.*
16. What a host said when the meat was tough.—*Chaucer.*
17. A kind of bread and a preposition.—*Ruskin.*
18. What Oliver Twist called for.—*Moore.*
19. An artisan.—*Goldsmith.*
20. A domestic animal and contented noise.—*Cowper.*
21. A dress lining.—*Wiggin.*
22. A fraction of currency and a heavy weight.—*Milton.*
23. What the fox dreads.—*Hunt.*
24. The way we will look after this mental strain.—*Haggard.*

Bird-Guessing Contest

This little bird contest will delight the hearts of boys and girls, and for that matter, all those interested in bird life. The invitations may be decorated with drawings of birds. The questions and answers follow, the answers being in italics:

1. A quaint, old-fashioned name.—*Phoebe.*
2. A celebrated artist.—*Whistler.*
3. Used in decorations.—*Bunting.*
4. A color Quakers like.—*Dove.*
5. Material for summer clothing.—*Duck.*
6. A boy's name.—*Bob White.*
7. A jolly outdoor time.—*A meadow lark.*
8. What friends do.—*Chat.*
9. What hunters sometimes do.—*Killdeer.*
10. Never seen in summer.—*Snow.*
11. A colored tool.—*Yellow Hammer.*
12. An unsteady light.—*Flicker.*
13. From whom do you buy meat?—*Butcher Bird.*
14. A stupid fellow.—*Booby.*
15. What a dog does when happy.—*Wag Tail.*
16. What farmers need in harvest.—*Thrasher.*
17. An amusement for children.—*Teeter.*

The dining room might have five or six cages of canaries suspended from branches of trees, and a cage over the table with trailing vines would make a most effective centerpiece. The places at the table can be designated by bird-shaped cards done in water colors. With the chocolate, funny, fat bird doughnuts and bird cookies may be served. Nests filled with candy eggs at each plate add to the pleasure.

What Do You Know About Ships

Here are fourteen nautical questions, with answers in italics:

1. What ship is looking for a mate?—*Courtship.*
2. What ship is never overloaded?—*Statesmanship.*
3. What ship always has a house under it?—*Senatorship.*
4. What ship should always protect its passengers?—*Citizenship.*
5. What ship is possessed of every "*faculty*"?—*Professorship.*
6. What ship is always fastened to a pier (peer)?—*Lordship.*
7. What ship is made for one of its own hands?—*Stewardship.*
8. What ship has no soft berths?—*Hardship.*
9. What ship requires the best men?—*Seamanship.*
10. What do Quakers prefer?—*Friendship.*
11. What ship is always managed by more than one person?—*Partnership.*
12. What ships should saints sail in?—*Worship.*
13. What ship held only twelve persons?—*Apostleship.*
14. What ship should right itself, even when capsized?—*Clerkship.*

Treeing the Guests

This little contest is excellent to fill in when the fun happens to let up for a bit. The answers to the questions will be found in italics:

1. What tree never fades?—*The evergreen.*
2. What part of a tree is like a stream?—*A branch.*
3. What tree is beloved by heroes?—*The laurel.*
4. What tree has a double?—*The pear.*
5. What tree is not me?—*Yew.*
6. What tree suggests Paradise?—*The tree of Heaven or "Tree of Life."*
7. What part of a tree is like a dog?—*The bark.*
8. What part of a tree is like an elephant?—*The trunk.*
9. What part of a tree is like a hog?—*The root.*

10. What part of a tree is like giving away?—*A leave (leaf).*

For a consolation prize give a wooden whistle or a cane; a dainty tape measure in the shape of an acorn could be the ladies' prize.

Nuts Worth Cracking

Answers are in italics:

1. Who is the man that invariably finds things dull?—*The scissors grinder.*

2. For what profession are the members of a college boat crew best fitted?—*For dentistry, because they have a good pull.*

3. When is a doctor most annoyed?—*When he is out of patients.*

4. How was Admiral Dewey's rank reduced when he was married?—*He became Mrs Dewey's second mate.*

5. What is the difference between a milkmaid and a swallow?—*The milkmaid skims the milk, the swallow skims the water.*

6. What is the best way to remove paint?—*Sit down on it before it is dry.*

7. Which travels at greater speed, heat or cold?—*Heat; because you can easily catch cold.*

8. How do locomotives hear?—*Through their engin-eers.*

9. Why is "K" like a pig's tail?—*Because it is the end of pork.*

10. What asks no questions, yet receives many answers?—*A doorbell.*

11. When is a boat like a heap of snow?—*When it is adrift.*

12. Why is a tailor like a successful lover?—*Because he is good at pressing a suit.*

13. What was the longest day of Adam's life?—*The day on which there was no Eve.*

14. Why are the laws like the ocean?—*The most trouble is caused by the breakers.*

15. What is the difference between an organist and a huckster?—*None; they both pedal.*

16. Why must your nose be in the middle of your face?—*Because it is the center (scenter.)*

17. What is the best material for kites?—*Fly-paper.*

18. Why is Ireland like a bottle of wine?—*Because it has a Cork in it.*

19. Why is grass like a mouse?—*Because the cat 'll eat it. (Cattle eat it.)*

20. Why does a bay horse never pay toll?—*Because his master pays it for him.*

21.—Why is the first chicken of a brood like the mainmast of a ship?—*Because it's a little ahead of the main hatch.*

A Good "Cat" Contest

After all the guests have assembled, pass programs ornamented with cats, and tell the guests that each question is to be answered in one word, the first syllable of which is "cat." Answers are in italics:

1. A burial place.—*Catacombs.*

2. Sometimes used at funerals.—*Catafalque.*

3. A religious edifice.—*Cathedral.*

4. An article used in illness.—*Cataplasm.*

5. A beam at a ship's bow.—*Cathead.*

6. A list of names or articles.—*Catalog.*

7. An animal found in the mountains.—*Catamount.*

8. A great calamity.—*Catastrophe.*

9. A disease that affects many.—*Catarrh.*

10. Domestic quadrupeds.—*Cattle.*

11. A book of questions and answers.—*Catechism.*

12. An instrument of torture.—*Cat-o'-nine-tails.*

13. A cry oft heard in the night.—*Caterwaul.*

14. What becomes a butterfly?—*Caterpillar.*

15. One who provides for the inner man.—*Caterer.*

16. A class or order of ideas.—*Category.*

17. A boat rarely seen.—*Catamaran.*

18. An unconscious state.—*Catalepsy.*

19. A deluge.—*Cataclysm.*

20. An instrument of torture and an animal.—*Cat.*

21.—A waterfall and a disease.—*Cataract.*

A Riddle

Here is a most ingenious riddle by Bishop Wilberforce. At the head of each paper write: "I am a singular piece of mechanism, as everyone admits;" then write the following questions. The answers are in italics:

1. I have a carpenter's tool box.—*A chest.*

2. Two lids.—*Two eyelids.*

3. Two lofty trees.—*Palms.*

4. A fine stag.—*Hart (heart).*

5. Two established measures.—*Feet, hands.*

6. The sides of a vote.—*Ayes and noes.*

7. A fruit.—*Adam's apple.*

8. Two places of worship.—*Temples.*

9. A way out of difficulty.—*Cheek.*

10. A desert place.—*Waste (waist).*

11. Two musical instruments.—*Drums.*

12. A number of shell fishes.—*Muscles.*

13. A number of weathercocks.—*Vanes (veins).*

14. A poor bed.—*Pallet (palate).*

15. A probable remark of Nebuchadnezzar when eating grass.—*"I browse" (eyebrows).*

16. Ten Spanish noblemen to wait upon me.—*Ten-dons.*

17. Two scholars.—*Pupils.*

18. Fine flowers.—*Tulips.*

19. The steps of a hotel.—*In-steps.*

20. Whips without handles.—*Lashes.*

21. Two playful animals.—*Calves.*

22. A number of small animals, swift and shy.—*Hares (hairs).*

23. Two good fishes.—*Soles.*

24. Ten articles used by a carpenter.—Nails.

25. Two implements of war.—*Arms.*

While Waiting for the Doctor

What to Do in Case of Accidents. Simple Rules and Plain Directions for Prompt Action When Life Is at Stake

ACCIDENTS are sure to happen on every farm and everyone about the farm should know exactly what to do in an emergency of this kind. It is usually difficult to obtain the immediate attendance of a physician, owing to the distance he must come, and every moment is precious if life is to be saved. A few fundamental principles borne in mind, combined with quick action, may be the saving of human life. First of all, keep calm headed. A cool head is the primary essential.

To Stop Bleeding

Cuts which sever an artery call for the promptest attention to prevent a loss of blood which may prove fatal. Sufficient pressure must be brought to bear between the cut and the heart, and as close to the cut as possible, to shut off the flow of blood. Choose a point to apply pressure, which will have a bone under it, on the severed artery. For a hemorrhage in the upper arm, apply just back of collar bone and against the first rib, using the thumb or a hard pad. If below the elbow, place a chip in the elbow joint, bending it and tying it in that position. If between the thigh and knee, apply pressure on the hip bone; if below knee, apply pressure at the back of the knee, or if in the foot, apply pressure at outer side of heel or in front of ankle, according to location of wound.

Elevate the wounded part; it lessens the blood pressure. A wounded hand or arm should be held above the head. In the case of a wounded foot or leg put the patient on his back and elevate the wounded part.

A stream of cold water, a piece of ice, or an ice bag will often stop small hemorrhages.

Ice or cold water applied to the surface of the nose will often stop persistent bleeding of that member. If it does not, hold thumb on notch in the jawbone on the side of the bleeding nostril through which the artery passes.

Cleanliness Essential

Under no circumstances touch a wound before the hands have been thoroughly washed. They should be dipped for a short time in an antiseptic solution. By the introduction of a germ a wound otherwise not necessarily severe may become fatal. Thorough sterilization of everything coming in direct contact with the surface of the wound should be insisted upon. All foreign bodies, dirt, pebbles, bits of clothing, etc., should be washed out with an antiseptic solution.

Small wounds may be successfully closed by putting a wide, long piece of adhesive plaster (the best grade of surgeon's plaster) on each side and a little away from the edges of the wound; then sew through the edges of the plaster and draw up the thread until the edges of the wound are brought smoothly in contact. Cover with several layers of antiseptic gauze. Secure by bandages or strips of adhesive plaster. There should be a compress over the wound. In the case of bad cuts on fingers or hands the use of a splint will steady them while they are being treated.

Drowning Accidents

No form of accident requires more immediate action than in cases where drowning persons have been pulled from the water with a possible chance that they may still be alive. Lose no time; every moment is precious. Loosen or cut apart all wrist or neck bands to remove all possible obstructions to breathing. The two first essentials are the restoration of breathing and of body heat.

Breathing cannot be restored until all water is out of the lungs. Turn the patient on face with head lower than body, grasping body about the middle. Now lift off the ground, give the body a sharp jerk. This will start the mucus from throat and water from windpipe. Holding the body suspended, slowly count three, and then repeat the jerk. Do this gently two or three times.

With elbows against knees for a leverage, press downward and inward with increasing force against the sides of the victim's chest and over the lower ribs long enough to count two, then let go suddenly. Grasp the shoulders as before and raise the chest, remembering to leave the forehead resting on the ground. Replace body on the ground, pressing downward and inward against the sides of the chest, let go suddenly and, grasping the shoulders, raise the chest and press upon the ribs. If necessary, repeat these alternate movements for an hour at least at the rate of 10 to 15 times a minute unless breathing is restored sooner.

While this work is progressing, have blankets warming, if possible. Wrap these around the body as soon as breathing is restored, and apply hot water bottles or hot bricks. The head should be warmed nearly as fast as the body to avoid convulsions. When the patient can swallow, give hot tea, coffee or milk. Spirits can be used, but should not be given too freely, as they are apt to cause depression.

Don't give up. Life lingers surprisingly long and persistent efforts will often lead to a complete restoration when there is for the first half hour little or no evidence of life.

Fainting

Lay person flat on the back without the head being raised; loosen the clothes and sprinkle with cold water. Have plenty of fresh air, but cover the body well that a cold may not result.

Fits

Loosen the clothing about the neck, admit plenty of fresh air and hold the hands to prevent the patient hurting himself. If he chews his lips and tongue, place a piece of cork or soft wood between the teeth, being very careful not to get the fingers into the patient's mouth when placing the cork or wood, as the bite of a person in a fit is very hard and often carries infection into a wound.

Frost Bite

Rub with snow or hold in cold water; avoid heat, and rub until circulation is restored. If the skin has a dry, broken appearance keep well oiled with vaseline.

Never try to force water or medicine down the throat of a person who is unconscious, as it may cause them to strangle. Wait until they show some signs of consciousness and can swallow.

Ways to Bandage

A bandage should consist of but one piece and be free from seams and selvage.

A Correct Head Bandage

Every house should have a supply of antiseptic bandages. In applying a bandage, place the outside of the free end upon the part; hold in position with the left hand until a few turns can be made with the bandage held by the thumb and fingers of the right hand. Held thus, the bandage unrolls into the hand and is always easy to control. A limb should be bandaged in the position it is afterward to occupy. Each turn of a bandage should be made with even pressure. A circular bandage will answer where the part is of uniform size, but where it

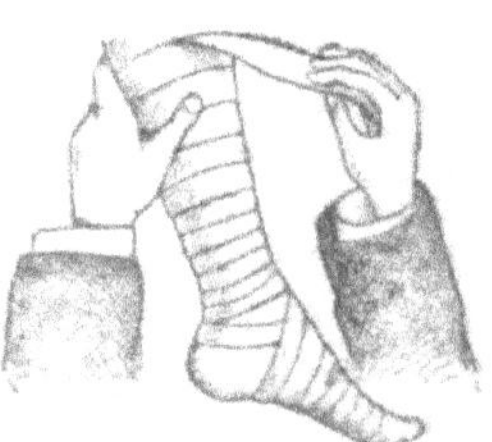

The Way to Bandage a Leg

tapers, the "reverse" is used, otherwise the lower edge of each turn will be loose. The reverse is made by holding the thumb of one hand on the bandage and simply turning the bandage over, so as to bring the opposite side next to the surface of the limb. At each turn the bandage is reversed.

Home Medicine Closet

What It Should Contain. How to Use Medicines and Appliances in Emergency Cases

A trained nurse of large experience has given careful thought to the subject of home doctoring in cases of emergency where there is bound to be delay in obtaining the services of a physician and of treating the minor ills which do not demand a physician's attendance. As a result she urges a well-stocked medicine closet in every farm home. Herewith she gives a list of what this medicine closet should contain and how the remedies should be used:

Aromatic spirits of ammonia........4 ozs.
Arnica salve........................1 box
Vaseline...........................1 bottle
Carbolic salve......................1 box
Arnica..............................8 ozs.
Glycerine...........................4 ozs.
Castor oil..........................8 ozs.
Cascara cathartic pills............1 bottle
Epsom salts.......................¼ pound
Seidlitz powders.................... 1 box
Essence of ginger...................4 ozs
Essence of peppermint...............4 ozs.
Essence of paregoric................4 ozs.
Camphor.............................4 ozs.
Alcohol.............................8 ozs.
Limewater and linseed oil...........8 ozs.
Adhesive plaster ½ inch wide........1 roll
Boracic acid (powder)............¼ pound
Boracic acid (crystals)..........¼ pound
Rose water.......................... 4 ozs.
Witch hazel.........................8 ozs.
Gauze bandages, 1, 2 and 3 inch, with 4 rolls of each
Hydrogen peroxide................¼ pound
Listerine...........................4 ozs.
Ground mustard...................½ pound
Carbolic acid.......................2 ozs.
Glycerine, rose-water and carbolic acid 4 ozs.
Throat gargle.......................6 ozs.
Hot water bag
Fountain syringe
Flaxseed meal

How to Use

In cases of weak heart action or fainting give one teaspoonful of aromatic spirits of ammonia in a half glass of cold water.

Vaseline may be used for any sore that needs to be kept soft. It is good for burns and chapped hands.

Arnica salve is especially good where there is a bruise as well as a cut, and is very healing.

Carbolic salve should be used where there has been any rust on the nail, or whatever has caused the wound.

For bruises or sprains rub arnica well into the skin and bind a pack of cotton soaked in arnica into the bruised places.

Glycerine may be given in teaspoonful doses for coughs and colds; it is very healing to the throat and lungs.

Often a severe spell of sickness can be warded off by taking a tablespoonful of castor oil and getting the system well cleared out.

For persons who cannot retain castor oil the Cascara cathartic pills are fine, one to three being a dose.

When hives break out take a dose of Epsom salts; a tablespoonful is a good dose.

When one has a headache caused by constipation or overeating, take a Seidlitz powder. Mix the contents of the white and the blue papers in separate glasses about a quarter full of water, then pour together and drink at once.

A teaspoonful of essence of ginger in a glass of hot, sweetened water will relieve chills and warm the stomach and bowels very quickly. It is also good for cramps and colic.

For gas on the stomach, nausea and cramps, put a teaspoonful of essence of peppermint into a glass of sweetened hot water and drink.

A piece of cotton moistened with peppermint and placed in the cavity of an aching tooth will often relieve the pain.

Essence of paregoric should be used carefully and for adults only. Very bad cases of looseness of the bowels in a grown person may be checked by taking a teaspoonful of paregoric in half a glass of warm water. *Never give this to young children.*

Camphor spirits is a remedy which may be used for many purposes. To inhale the fumes will often break up a cold in the head or cure a headache. It will refresh one who is weak or faint. Apply to cold sores or eruptions, such as hives, mosquito bites, etc. and relief is experienced. Rub on the forehead and temples for headache. Ten drops on sugar or in sweetened water will sometimes break up a cold if it is not too far advanced.

Alcohol is also useful for many ills. May be used the same as camphor for external application, and is also very good for lameness and to put in the water in which you sponge a sick person; this is very refreshing.

Limewater and linseed oil is made by mixing equal parts of limewater and linseed oil together, and should always be kept on hand for burns. There is nothing better. If you cannot buy limewater, make it. Take a small piece of clear lime and pour a pint of water onto it and when it has slaked and settled, pour off the clear liquid and this is limewater. Always shake the two well that they may be mixed before applying to burns. Cover burned surfaces with soft linen or cotton. Use plenty of the lotion.

Limewater is good for stomach trouble; put a teaspoonful into a glass of milk and it is much more easily taken care of by a delicate stomach.

Adhesive plaster will be appreciated more each day you have it in your home. If a bandage cannot be kept about an arm or leg place a strip of adhesive plaster about the top. If shoes rub up and down at the heel place the strips of plaster one overlapping the edge of the other until the spot is covered where the shoe rubs. A wide gash is often healed without stitches by drawing it together from both sides with strips of adhesive plaster. Many uses for this valuable tape will be found yearly.

Boracic acid powder is used very extensively by doctors in general. Sprinkle it on cuts to keep them antiseptic. Mix it half and half with common cornstarch for chafing. Apply to open sores and pimples after they have been opened.

Boracic acid crystals are used where a solution is to be made, as they disolve more readily than the powder, but the crystals and powder are the same article put up in different forms. To make a solution of boracic acid put 2 tablespoonfuls of the crystals into a bottle which will hold 8 ounces of water and fill the bottle with hot boiled water, shake well and let stand a couple of hours. As this solution is used more water and crystals may be added, but there should always be some of the crystals in the bottom of the bottle to show that you have a saturate solution. Always keep a bottle of this on hand. For cuts or wounds which have become infected use this solution warm and after soaking the infected part well, bind up in a piece of cotton wet in the solution. Dilute solution half with water and use for a mouth wash if the mouth or gums are sore.

For an eye wash take one part of boracic acid solution, one part rose water and one part witch hazel and bathe the eyes frequently.

Use rose water as above to make eye wash, and in glycerine for chapped hands.

Witch hazel can be used in eye wash and may be used to rub head and body the same as alcohol.

Gauze bandages, 1, 2 and 3 inches wide, come in very handy for cuts and wounds and should be kept on hand rather than depending upon finding a clean rag for a cut.

The hot water bag will be found of great value for cramps, cold in the bowels and for any purpose for which heat is needed.

The fountain syringe should be in every home and used in cases of extreme constipation and for any other purpose for which it is needed.

Flaxseed meal is to be mixed with hot water and used for poultices. Spread between soft, thin cloths. Ground mustard is also to be used for poultices.

Carbolic acid should be put on the very top shelf, plainly labeled "Poison." It is well to sew a piece of flannel around a bottle containing poison or mark it in some way that any one taking hold of it in the dark will know at once that it is a poison bottle. Use a few drops of the carbolic acid in the rose water or glycerine to cure chapped hands. It may be used as a disinfectant in case of sickness.

Glycerine, rose water and carbolic acid is prepared by taking 2 ounces of pure glycerine and putting into it ½ ounce of rose water and 4 drops of carbolic acid; shake well. This is wonderfully healing to the hands.

Hydrogen peroxide is a good thing to wash off any cut or sore with, as it boils all the impurities out. It is used in throat gargle given below.

Listerine is good for many things, and is especially good for a mouth wash. Put a teaspoonful into half a glassful of water and rinse mouth thoroughly.

Throat gargle is prepared by taking 1 ounce alcohol, 2 ounces hydrogen peroxide and 3 ounces pure water. Shake well and gargle the throat every half hour.

Important

Keep the medicine closet locked and the key out of reach of the children.

Poultices and Plasters

For a mild drawing poultice, soak a piece of wheat bread in sweet milk and apply very moist to the sore or inflamed parts, covering well with bandages. This is good where there is inflammation from a sliver or hang nail.

Another mild poultice is made of rye bread soaked in hot water and applied as above. This may be used for the same conditions.

Brown laundry soap, mashed until soft with the blade of a knife and then blended into a pasty substance by adding all the brown sugar it will take up, is a good poultice for boils or gatherings of any kind; apply the paste to parts and cover with bandages.

Flaxseed meal, mixed with hot water and spread upon cloths and applied warm, is good for conditions that require heat for a long time.

Fresh horse-radish leaves pounded into a pulp make a good substitute for mustard in case of acute pain; place the pulp next to the skin and cover with cloth. Do not leave on long enough to blister.

To make a mustard plaster use the white of an egg to mix the mustard with instead of water and it will not raise a blister. The plaster should be spread upon a piece of old muslin, but it is not necessary to have a thick layer of the preparation. Then cover with another piece of cloth and apply to the place where the severe pain is located. Leave the plaster on as long as the patient can stand the burning. This plaster is good for any acute pain, and is especially good for pains in the chest and lungs when one has a heavy cold.

Mustard plasters may also be made by taking one part flour to two parts mustard, mixing with hot water. This does the work just as well as the above, but is more apt to make a blister if not watched very closely.

If there is any soreness of the skin after the use of mustard plasters rub the spots with vaseline.

Even the dry ground mustard rubbed upon the moist skin will often relieve pain, especially when from a cold.

Every baby needs a drink of pure cool water three or four times a day. When you are thirsty yourself, just think of the baby and give it a little also.

Vomiting may often be stopped in this way: Put the white of an egg in half a pint of cold water in a bottle and shake; do not beat the egg. Add a shake of salt and teaspoonful of lemon juice. Let the patient take a sip every five minutes.

Poisonous Bites

When bit by snakes, mad dogs or anything poisonous tie a cord about the bitten arm or leg between the bite and the heart, causing a stoppage of the circulation. Suck the wound, scratch the edges with a clean penknife and apply carbolic acid to the wound, using an applicator made by twisting a piece of absorbent cotton around the end of a toothpick. Do not get the carbolic acid on the surrounding parts, as it will leave a bad burn, but do all of this as quickly as possible, that the poison may not get through the system. Get to a doctor as soon as possible.

In Time of Fire

Never throw water on a fire caused by oil of any kind burning, as it only scatters it, but roll into a rug, carpet, heavy table cover or anything heavy; never run into the open air or where there is a draft. Keep the head down so as not to inhale the flames or smoke and if caught in a burning building get down and crawl on the floor, as the air is purer there; smoke goes to the ceiling first. If possible cover the face and head with something woolen—dampen it if you have time and tear holes for the eyes.

Things to Bear in Mind

Never play with a baby after feeding, as it is apt to cause the milk to come up.

Give the baby a small article to hold in its hand while dressing and the little fist will slip through the sleeve very easily.

Milk will not curdle in the stomach if a tablespoonful of water is stirred into a glassful of milk before drinking it; the water breaks the curd.

Red ink and some kinds of black ink can be removed by soaking for a short time in spirits of camphor and then washing in warm suds.

When hot cloths are ordered to be kept on a patient for hours at a time the wet packs may be kept hot by placing a hot water bottle half filled with hot water over the top of the pack.

Never allow a child to sleep in the same room with a sick person, nor should a young person sleep with an elderly person steadily. It is detrimental to the health of the younger.

The Way to Wealth in Agriculture

Wise Marketing Possible only through Knowledge of Markets and Price Comparisons. The Law of Averages in Commercial Farming. Tables that Increase in Interest as You Study Them

Commercial Side of Agriculture

ONCE upon a time a sturdy farmer arose early in the morning of a clear day near the end of March. The winter's snows had disappeared, the roads were drying up, the grass was taking on that delicious green, a resurrection awakening after its long slumber; the buds were swelling, the birds were moving northward from southern haunts and all nature smiled.

This farmer went forth to prepare the soil for the season's crops, knowing in his heart that seed time and harvest shall not fail. One day followed another, the corn was put into the ground, refreshing rains and genial sunshine encouraged the forces of nature and there was once again that wonderful springing into life, mystery of the mysteries, and another crop was under way, covering broad acres in this fair land. With the changing season the work was pushed, the cultivators brought into play and the delicately tinted rows of young plants developed, matured and ripened into the strong corn field awaiting the huskers of the early November days. The crop was made and garnered.

The picture is homely and commonplace; nor was the experience of this particular young farmer so different from that of many others—last year, this year and possibly next year. The fact is, he had his eyes turned so intently upon the ground before him and beneath him that he did not grasp, through observation and study, that other equally important branch of the farmer's avocation, the marketing thereof. He neglected to know conditions in the great commercial centers and in the world's movement. He scarcely knew there was a horizon beyond that which encircled his own county. As a result, while he secured fair returns for his season's work, he did not begin to grasp the opportunities which would have come to him in the disposition of his crop had he kept in close touch with conditions far and near. It brings us right back to the trite yet ever helpful statement that it is the real business farmer who is the successful farmer.

Built for a Guide

These pages of the American Agriculturist Hand Book for 1910 bearing upon the commercial side of agriculture are so built up as to form something of a guide to every farmer who reads them. Figures are dry things, to be sure. But they are valuable in that they offer comparisons, and that is the only way in which to arrive at true estimates of value. The tables presented in these pages are worth the careful study of every man engaged in growing staple or special crops, or in feeding and fattening live stock. The figures are accentuated and a study of them will throw much needed light on the normal course of prices for a given commodity.

Take, for example, the tables relating to wheat. They show, not only the latest crop, this separated into states, but also the yields running back a long series of years. The same with wheat prices; these are given for January of each year and in the succeeding column are prices prevailing a few months later, in May, and again in July, which in this instance happens to be the dividing line between the old-crop year and the new-crop year. True, it does not necessarily follow, because wheat prices may have advanced from January to May ten years out of a dozen, that this will happen in 1910. But the law of averages is always valuable to know.

In taking up this little book, so full of useful information for the farm and the home, first of all study the general arrangement, and then the direct application which certain parts of it carry to you. It will be well to know something about harvest outturn for a given crop during a series of years. If it be a cereal, study the whole outlet for your own surplus and that of a million other farmers. If you are obliged to see the price of your commodity, wheat for example, governed by the world's market, you should know something of what you are expected to face. Learn the facts in the city distributing markets as well as in your local market; at home and abroad. Apply these to the authenticated figures in these pages and you will be better fortified than ever before to advantageously dispose of your crops, whether in the raw state or converted into beef, pork, mutton or dairy products.

Use and Abuse of Printed Quotations

These are either useful to you, or they are worse than useless. If true to the facts, they afford a guide as to your actions; if they are wide of the mark they are harmful because misleading. In the daily newspapers it is the exception rather than the rule when the prices of farm commodities are accurately compiled and presented to readers. Place your dependence upon market returns which have stood the test of time as to reliability and comprehensiveness.

Another unfortunate class of market reports is such as is often found in the way of a so-called printed market letter sent out by some commission merchants who purposely withhold all the facts. This statement is not an assault upon commission merchants as a class; they are good, bad and indifferent. Fortunately, there are many good commission merchants. On the other hand, some may be found possessing such easy consciences that they will make a bid for the farmer's business and then on the quiet try to "do him." The commission merchant, assuming that he is both capable and intelligent, is a very useful member of the business world. While the commission trade has changed somewhat in recent years, many bearing that title being in reality dealers rather than representatives of country shippers, they should in fact stand behind the consignor, looking out for his interests. The true commission merchant should be the agent of the producer, getting best returns on the product consigned to his care, taking his legitimate toll in the way of brokerage and making prompt remittances to his principal in the country.

Getting Started Right

A mistake made by many farmers in the marketing of produce, especially perishable stuff, is failure to closely know the conditions at the market end. If your shipments are a couple of hundred miles, to New York or Chicago or St Louis, you cannot better invest a few dollars than by visiting your market center and "getting next." Make the acquaintance of one or more commission merchants and post yourself thoroughly upon what you are to expect and demand in the way of business treatment. Ask your commission merchant to give you references. This is perfectly fair and proper.

It is not enough that he should have a sizable bank balance and that his checks are always good. He should make it plain to you that he will act fair and square in the matter of selling your goods at the best possible prices and making returns. Successful farmers, fruit growers and truckers are inclined as a rule to the theory that once a good city salesman has been secured, stick to him. There is, of course, always a fascination about splitting consignments; but after all, it is a valuable thing to know that your commission merchant considers himself your own trusted representative.

As to commission charges, these vary somewhat. Goods which quickly deteriorate in keeping quality pay heavier tolls than others. Such perishable produce as fresh fruits, vegetables, poultry, butter, eggs, etc, must be handled expeditiously. The charges in proportion are usually greater than for selling such commodities as grain, live stock, wool, etc.

From the time the goods leave the country shipping station or dock until returns are made and check received, several charges must be borne. On goods sent to a distant town or city to be sold on commission, the railroad or boat freight is always charged up; next comes cartage from depot or wharf to salesroom. Goods not to be sold immediately, but held for a time in order to catch a better market, are liable to meet a storage charge and sometimes insurance. Storage charges for apples, butter, eggs, etc, placed in coolers are reasonably uniform, and not onerous, considering the service rendered.

Commission Merchants' Charges

These vary somewhat in the leading cities, and, roughly speaking, are 5% to 10% on perishable produce. Little change has occurred in the past ten years. An unfortunate phase of the commission business in perishable produce is the generally experienced congestion of the traffic at the city end. Take, for example, Chicago as the leading distributer of western farm produce. The fruit and produce trade in that city is in great need of a central unloading yard where the different railroads could concentrate their freight of this character. Instead, what is the situation? The railroad depots are one or two miles apart, and perishables reach Chicago at least over 15 different railroads, to say nothing of Lake Michigan boats. Consequently, wholesale buyers and sellers find it utterly impossible to congregate at a central point, and as a result the business is carried on at a great disadvantage. Practically all the fresh fruits and vegetables, except produce from California and potatoes, are hauled to South Water street and jobbed from that point. All such business should be done in a railroad yard, and this is one of the developments of the future. The produce section of other cities is similarly congested.

When fruits and vegetables are sold in carlots on track, the commission charged is usually about 5%, and this rate has not changed materially for a number of years. When sold through store, commissions are 10%. Rates of cartage appear high. In some of the great markets the commission merchants are working under a cartage agreement made with team owners. The thoroughfares are so crowded that delays to teamsters make cartage much more expensive than a dozen or 20 years ago in these great centers of population. The National League of Commission Merchants, a representative body of the trade, has taken into consideration a possible advance in the rates of commission, but practically nothing as yet has been done. Many reputable merchants insist that commissions for handling perishable produce are too low [illegible] reasonable returns on the money and labor invested.

In fact, in some cities rates are higher than above noted. Some of them charge 7% on fruits and vegetables in carlots and 10% on less than carlots; with cartage charges 5 cents each for such packages as barrels, 2½ cents for oranges and 2 cents for smaller packages except grapes, which are ½ cent per each eight-pound basket and ¼ cent per four-pound basket; commissions on butter, eggs and poultry usually 5%. Handlers of eggs especially are contending that in order to make a profit they must resort to buying up eggs, taking them on account for full market value, placing them for a time in cold storage and holding them for advance in the market. There is no expense to grower or shipper for cartage of goods from the salesrooms to the trade.

Speculating in Grain

Trading in Futures and What It Means to the Farmers. The Broker's Argument, and the Answer to It

The ins and outs of trading in grain on future account are little understood by many farmers. The subject of "trading in futures" is to multitudes a fascinating proposition, with an itching to try it out. So easy, too! All you have to do is to put up a small margin of a hundred or so, take a flyer on the board of trade and pull out profits of a thousand. Yes, and no. There is much to be said were farmers as a class disposed to thus speculate. Fortunately, they have other and wiser uses for their money than to thus risk it. Yet buying and selling wheat and cotton and corn on the produce exchanges for future delivery is decided by the state laws and by the courts a legitimate proposition. Further, it is a method of trading which the business farmer should at least understand as to its general principles, because it widens his vision and throws light on influences which have to do with farm and crop values. A question comes up, in the mind of a farmer, Is it wise for me to engage in trades of this character?

In a way this question must be answered much as if the investment were in land or merchandise or ships or bonds. Everything depends upon the security underlying the investment, and the reasonable chance of an upturn in the price following the purchase. Wheat or corn as speculatively handled on the Chicago board of trade is certainly a legitimate commodity, and as to the question of profits, everything will depend upon whether the grain shows an advance over the price at which it is bought. And right here is where the danger lies, assuming that the farmer, the merchant or the moneyed idler wants to invest his cash in the grain. Unfortunately those most interested in developing business of this character, the brokers, are prone to present a good story to attract the investor because of the commissions which are in sight.

The broker wants quick action and frequent trades. His gain, assuming that he acts simply as broker, is found in his principal getting into the market and getting out of the market, the broker meanwhile gathering in his commission charges. With this in view, it is human nature for the broker to present, in a most rosy aspect, reasons why a certain commodity—cotton or corn or wheat—should advance. He ingeniously weaves arguments from statistics at his command, or perchance grasps at bits of world gossip, coloring, amplifying, exaggerating these in a way to build up a good theory as to the probabilities of an advance. For example, in market letters recently issued by a Chicago broker are found such statements as this: "The small surplus corn reserves existing on November 1 indicate that the demand for new corn will be enormous. Investment purchases of corn during the next 90 days will be a record." While the corn crop of 1909 proved somewhat smaller than at one time expected, there is nothing unusual in the fact of small reserves at the opening of November. The old crop ought to be well out of the way at that time, the end of the crop year; and the new crop not really beginning to move until early winter. His claim that investment buying of May corn will prove a record is mere surmise.

MAP SHOWING THE WHEAT DISTRICTS

The Specious Arguments of Brokers

"Ten per cent of the Iowa corn crop troubled with excessive moisture." This is given as another reason to buy corn. The figure named is nothing but the wildest guess, built around the fact of scattered reports of rains in that state at a time sunshine and dryness were wanted.

"Leading trade paper announces era of low prices passed, this applying to corn." While it may be true, this is commonplace and has no part in an array of reasons why a farmer should invest in a certain commodity, as it can be only a surmise or guess at best.

"Minneapolis and Chicago visible supply of wheat about six million bushels on December 1 vs 17 millions last year." Getting into millions, figures look big; but the visible supply is only sentimentally important and this broker fails to tell you that the wheat crop of 1909, 720 millions, is the largest on record, with two or three exceptions, and 45 millions greater than '08. In other words, this broker might with just as much logic have built up a bearish argument from wheat data as that bullish argument.

Right here is a point that must always be remembered in considering the arguments of brokers in the grain markets. Whatever may be their own temperament they nearly always build up specious arguments on the bull side. Why? Because they know that outsiders as a rule would rather trade on the buying side, making purchases with the view of taking profits at an advance rather than "selling short," a subject wrapped about with more mystery to the average mind. Therefore, the cunning brokers thus appeal to the imaginations of persons they are trying to interest. So much for the lines of argument as put forth by the average produce exchange broker who endeavors to get business in the way of commissions. And this has little or nothing to do with the real underlying facts as to whether a certain commodity, wheat for example, will advance or decline.

No one, whether he be farmer, or city man, or floater, can safely trade in grain without a thorough understanding of the conditions far and wide. He must know the underlying reasons affecting price changes and draw his own deductions as to probabilities of advance or decline. He must have a wide grasp of world conditions as they affect a commodity traded in at all world centers. These include a general knowledge of world crops: what the consuming countries have grown for their own use during the past year, and their probable requirements; on the other side what the producing or surplus countries have turned off at the season's harvest; and what will be the probable surplus available for hungry mouths in other parts of the world. For, after all, the price of grain, wheat particularly, is largely controlled, in the final analysis, by the situation in western Europe, which is the world's market for the world's surplus. The United Kingdom, France, Holland, Belgium, Germany, Italy and Switzerland are enormous consumers of breadstuffs. In the aggregate their home crops are always far short of consumptive requirements.

Therefore, the wheat surplus of the big producing countries, such as the United States, Russia, Canada, Argentina and to some extent India and Australia, is poured into western Europe. As an entity Europe buys where it can buy the cheapest. Hence the selling price of wheat in Liverpool, London and Antwerp largely governs the price paid the farmer who grows the wheat in Ohio, or Kansas, or the Dakotas. Coincident, the man who intends to trade in wheat wants to know also something of current domestic crops, area seeded for another harvest, the prospects, etc; he should know something of the industrial conditions to determine the consumptive power of our home markets, which are, after all, of tremendous importance. Other things should be understood, including, for example, a possible congestion in the wheat markets at a given date, an attempted corner, a dwindling of supplies or a heavy accumulation of farm reserves, a determination on the part of growers to "hold your wheat" or per contra, a flood of offerings at initial points.

Needless to say, this information cannot be picked up from a daily market letter, scrappy at best, often perverted to "develop business." A careful and persistent reading of the crop and market reports in an unbiased and well-conducted magazine, such as the American Agriculturist weeklies, will materially aid the farmer in getting the necessary facts leading up to a reasonably full knowledge of conditions.

These are the principles at stake in a business venture of this kind, and they should be well understood by every man who contemplates buying grain, particularly those who propose to trade on margins. For be it understood that trading in "futures" is far different from buying an ocular, tangible commodity. True, your purchase of 5,000 bushels of wheat on margin, to be delivered any time during the month of May, for example, contemplates the final conclusion of the contract, and is therefore recognized as a legitimate transaction. At the same time, should the market trend against you, it will necessitate the deposit with your broker of further margins, otherwise what you have with him will be wiped out entirely.

Details of Margin Trading

Take this supposititious purchase of 5,000 bushels of wheat on the Chicago board of trade for May delivery at the price, we will say, of $1 per bushel. The margin required by your broker, this being a trade term meaning the cash security that binds time contracts, will be something like 4 cents a bushel. On 5,000 bushels you will therefore deposit with your broker $200. If the market goes as you hope it will, and the wheat advances to, say, $1.05, showing a profit of 5 cents a bushel, you sell out. Your broker then remits to you the $200 margin deposit he has temporarily retained and the $250 profit in the sale price, or a total of $450, less his commission charge of 1-8 cent per bushel, or $6.25 on the 5,000 bushels. In other words, you get back your money that you temporarily deposited with the broker to protect him, and also the $250 profit, less the $6.25, or a net gain to you of $243.75.

This is all very pretty and quite rose colored, providing the market goes your way. But suppose, instead of advancing to $1.05, wheat declines to 97 cents. That shows a loss of 3 cents a bushel or $150 on the 5,000-bushel lot. Meanwhile, you have $200 on deposit to protect your broker against loss to him. His first move on the declining market would be to notify you to at once deposit additional money. If you do not do this, he will sell out the wheat at 97 cents, thus closing the deal and you will receive back $200 margin deposit, less the $150 loss, and his brokerage of $6.25, you thus losing net $156.25. Should you determine, however, to stand by the deal in the hope that the market will recover, you deposit another $200, which means $400 of your good money in the broker's hands. If the market recovers, you have made good; if it declines another 3 to 5 cents, the total margins may thus be wiped out in the space of a morning.

Speculative Trading Always Risky

In whatever way one looks at speculative trading in farm commodities, there is therefore much risk. If one considers prices too high and determines to "sell short" 5,000 bushels of wheat, May delivery, at $1, under the belief that before the month of May expires the cash price will be down to 90 cents, thus giving him a chance to buy in at the low figure, closing contract and make this 10-cent profit, the conditions and the risk as to margin, etc, are substantially the same. From the facts here outlined, it will be seen that buying or selling on margins cannot be regarded as investment trading, but as "simon-pure" speculation, with the odds greatly against you, all things considered.

In concluding, it is not amiss to allude to one method of trading in futures much in vogue in grain producing sections and reasonably safe. A certain progressive farmer, we will say, has under corn, 320 acres. The season is well along, perhaps late July or August; there is talk of possible serious damage through hot winds in the corn belt or drouth, etc; on the produce exchange prices have been advancing and contracts recorded, showing sales of corn to be delivered any time in the month of December at 70 cents a bushel, for example. This appears a good price to the fortunate farmer with his 320 acres, which are growing under favorable conditions, with no danger in his locality of deterioration through drouth. He has every reason as a successful producer to anticipate from 320 acres a crop of 10,000 bushels or more to be harvested in November. He would be amply satisfied with the price of 70 cents. Knowing that his corn has every prospect of good yield and good quality, he takes a chance and sells at that late summer date 10,000 bushels of corn to be delivered in December at the then going price of 70 cents. In a way this farmer is "selling short." But the speculative element is reduced to a minimum because he has every reason to believe he can deliver the goods from his own corn fields, and thus take care of his contract, insuring to him a satisfactory price for the grain. But this form of trading in futures is an exceedingly small per cent of the total business on the produce exchange.

Do not all that you can do; spend not all that you have; believe not all that you hear; and tell not all that you know.

Handle your tools without mittens.

STREET OF WISCONSIN STATE FAIR GROUNDS

Great Wheat Problem

Consumption Overtaking World's Production. Hope for Increase in Rate of Yield. Crop and Market Figures

ANXIOUS inquirers are asking: Will the world go hungry for wheat bread during the generation to come? Will the babies born today and tomorrow find themselves at manhood obliged to depend upon some other breadstuff than wheat? Will the housewife find her barrel of pastry flour empty and be obliged to substitute corn meal or rye flour or barley grits or rolled oats in making the table substantials or the dainties for the afternoon tea? Why such a lugubrious picture, one may ask, coincident with practically a record-breaking domestic crop of wheat in 1909, and abundant yields in other grain countries—Russia, Canada, India, southeastern Europe, England, Argentina.

The fact is, serious-minded people are asking the question, whether or not world's consumption is not rapidly overtaking world production in wheat. This is not a new thought; a dozen years ago an eminent British professor secured much data and from these drew deductions looking toward just this thing. But more recently, within the last year or two, the idea has been quickened and some very forcible arguments presented tending to show that by the close of the first third of this century the world's wheat crop may be so small, compared with the increase in population, that prices will prove out of reach of countless millions of people who now eat wheat bread.

The argument is, that as a starting point the rate of increase in population is reasonably well assured, and it is possible to arrive at worth-while estimates of population in the bread-eating countries one, two and three decades of years ahead. Furthermore, that the areas available for the profitable production of wheat are now closely utilized to the full, and that within a comparatively few years there will be but a nominal annual increase in the amount of land given over to wheat production. The students and economists who take this view argue that the rate of yield to the acre cannot be expected to show any material increase.

Right here is where the "doctors disagree." It is a small number of students of the situation who accept and urge this theory.

Increase Rate of Yield

Against these is the school of careful observers and thinkers, who are just as insistent that supply may be made to keep pace with demand under the stimulus of reasonably profitable prices in the production of wheat. One of the most important facts bearing upon this is the acre record in yield. While in the United States it is somewhere around 13 to 15 bushels, western Europe turns off all the way up to double that quantity, England even running well over 30 bushels. This suggests the possibility of a greatly increased rate of yield from the present acreage right here in our own country, to say nothing of Russia, India and Argentina.

United States grows about 50 million acres of wheat. Suppose the present rate of yield of, say, 14 bushels were increased a half; this at once suggests a gain in the annual output of 350 million bushels, carrying it on the present acreage to well above a billion, against a normal of somewhere around 700 millions. Similar increase under better care of crops, wise rotation and ample fertilization might prevail to a greater or less extent even in countries where civilization is far less forward than in our own blessed domain.

Demand Overtaking Supply

Possibly both schools made extravagant claims, hence a line somewhere between these extremes. At any rate, the continuity of reasonably high prices for wheat in recent seasons and the high cost of flour to consumers makes the subject a fascinating one, and lends strength to the argument that the consumption, certainly in our own country, is overtaking production. The lesson for the individual farmer who grows wheat is to appropriate to himself all the knowledge possible in the handling of crops, all the work of the scientists and the experiment stations, and thus strive to increase the rate of yield from his normal acreage.

Bearing on this subject, official figures sent out from Washington in November, 1909, show a steady increase in the share of the wheat crop of the United States consumed at home, and thus a decline in the quantity sent abroad. Exports of wheat during a period of nine months ending October 1 amounted to only 28 million bushels, against 68 millions the same period a year earlier; and of flour six and a fraction against nine and a fraction million bushels. These figures suggest that the calendar year 1909 must show a smaller exportation of wheat than any year in the last decade, with possibly two exceptions.

Certainly the decrease in exports can't be charged to low prices offered in other parts of the world, since the price at which the exportations of the year occurred ranged from 98 cents to $1.23 a bushel in the fiscal year 1909, and the prices paid at home compared favorably with the prices offered abroad.

From these facts it must be agreed that while production is large, the home consumption is increasing. For the five years ending with 1909, this home consumption is placed by the government at an average of 543 million bushels, or a per capita of 6 1-3 bushels. The last may be compared with a per capita consumption the preceding five years of 5½ bushels.

The distribution of the wheat crop of 1909, together with comparative figures covering both crops and prices for a long series of years, are shown in accompanying tables:

Wheat Prices at Chicago

[No 2, Cents per bushel]

	Jan	May	July
1909	103@108	141@154	106@124
1908	91@103	98@111	84@ 92
1907	71@ 76	79@100	100@107
1906	85@ 90	86@ 95	72@ 85
1905	116@121	87@111	87@105
1904	82@ 94	100@106	95@112
1903	70@ 79	70@ 84	64@ 75
1902	74@ 80	72@ 76	71@ 79
1901	71@ 76	70@ 75	68@ 71
1900	61@ 67	63@ 67	74@ 81
1899	66@ 76	68@ 79	68@ 75
1898	89@110	117@185	65@ 88
1897	71@ 94	68@ 98	68@ 80
1896	55@ 69	57@ 68	54@ 62
1895	48@ 55	60@ 85	61@ 75
1894	59@ 64	53@ 60	50@ 60
1893	72@ 78	68@ 76	54@ 66
1892	84@ 91	80@ 86	76@ 80
1891	87@ 96	99@108	84@ 95
1890	74@ 78	89@100	85@ 94
1889	92@102	77@ 87	76@ 85
1888	75@ 79	80@ 90	79@ 86
1887	77@ 80	80@ 89	67@ 71
1886	77@ 85	72@ 79	73@ 79
1885	76@ 82	86@ 91	85@ 91
1884	88@ 96	85@ 95	79@ 85
1883	93@104	107@114	96@103
1882	125@135	123@129	126@136
1881	95@100	101@113	108@122
1880	114@133	112@119	86@ 97
1879	81@ 87	90@103	88@105
1875	88@ 91	89@107	99@129
1873	119@126	122@134	114@146

According to records kept by the Chicago Trade Bulletin, wheat touched $2.85 in May, 1867, and sold at range of 80 cents to $1.15 in 1863.

Sixty Years of Wheat Crops

[In millions of bushels]

Year	Bushels	Year	Bushels
1909	720	1891	612
1908	675	1890	399
1907	603	1889	491
1906	776	1888	416
1905	720	1887	456
1904	554	1886	457
1903	703	1885	357
1902	760	1884	513
1901	752	1883	421
1900	510	1882	504
1899	565	1881	383
1898	715	1880	499
1897	589	1877	364
1896	470	1875	292
1895	460	1873	281
1894	400	1870	236
1893	396	1865	149
1892	516	1860	173

The Wheat Crop of 1909

Winter:	Acres	Per acre	Bushels
New York	430,000	21	9,030,000
Pennsylvania	1,575,000	17	26,775,000
Texas	711,000	9	6,399,000
Arkansas	144,000	11	1,584,000
Tennessee	771,000	11	8,481,000
West Virginia	340,000	13	4,420,000
Kentucky	642,000	11	6,062,000
Ohio	1,512,000	16	24,192,000
Michigan	757,000	19	14,383,000
Indiana	2,226,000	15	33,390,000
Illinois	1,986,000	19	37,734,000
Wisconsin	63,000	20	1,260,000
Minnesota	77,000	20	1,540,000
Iowa	67,000	20	1,340,000
Missouri	1,913,000	15	28,695,000
Kansas	5,822,000	14	81,508,000
Nebraska	2,098,000	20	41,960,000
California	877,000	15	13,155,000
Oregon	550,000	17	9,350,000
Washington	660,000	25	16,500,000
Oklahoma	975,000	14	13,650,000
Other	3,340,000	12	40,080,000
Total	27,536,000	15.3	421,488,000
Spring:			
New England	10,000	19	190,000
Michigan	30,000	16	480,000
Illinois	113,000	20	2,260,000
Wisconsin	400,000	18	7,200,000
Minnesota	5,408,000	16	86,528,000
Iowa	705,000	15	10,575,000
Kansas	67,000	9	603,000
Nebraska	343,000	14	4,802,000
North Dakota	5,616,000	16	89,856,000
South Dakota	3,213,000	15	48,195,000
California	39,000	14	546,000
Oregon	505,000	22	11,110,000
Washington	1,030,000	23	23,690,000
Other	768,000	16	12,288,000
Total	18,247,000	16.3	298,323,000

	Acres	Per acre	Bushels
Winter	27,536,000	15.3	421,148,000
Spring	18,247,000	16.3	298,323,000
Total	45,783,000	15.7	719,811,000
1908	48,303,000	14.0	675,166,000
1907	44,091,000	13.4	603,473,000
1906	49,914,000	15.6	776,363,000
1905	50,334,000	14.3	720,128,000

The man who fears the bark of a dog will never kill a lion.

Better be blind than see none of the world's beauty.

If a man has life in him we expect him to show it by doing something.

The World's Wheat Crop for Six Years

In millions (and tenths) of quarters; a quarter being 8 bushels

These figures are compiled by the *Liverpool Corn Trade News.* Official returns are taken when obtainable, excepting in the case of the United States, where recognized commercial estimates are adopted in preference. The returns represent the crops harvested in July and August of the years named, excepting in the cases of Argentina, Uruguay, Australasia and Chile, which are harvested 15 weeks subsequently, and in the case of India still somewhat later. For the current year forecasts only can be given for these five growers.

EUROPE	1909	1908	1907	1906	1905	1900
France	45.	39.6	47.6	41.	42.2	40.7
Russia proper, Poland, Cis-Caucasia	86.	70.9	63.6	63.1	74.	49.3
Hungary	15.	19.	15.	24.7	19.6	17.7
Austria	6.7	7.7	6.5	7.	6.8	5.1
Croatia and Sclavonia	1.5	1.6	1.	1.3	1.6	1.4
Herzegovina and Bosnia	.3	.3	.2	.3	.2	.3
Italy	18.5	18.3	21.5	21.	20.2	14.6
Germany	16.9	17.3	15.9	18.1	17.	17.6
Spain	14.9	14.9	12.5	17.5	11.4	12.5
Portugal	.8	.2	.5	1.	.5	1.
Romania	7.	6.7	5.2	13.9	12.5	6.9
Bulgaria, Eastern Roumelia	.6	4.3	4.6	8.	6.2	4.
Servia	2.	1.4	1.4	1.5	1.4	1.2
TURKEY IN EUROPE						
Greece	.6	.5	.6	.7	.5	.3
United Kingdom	8.	6.6	7.1	7.8	7.5	6.8
Belgium	1.9	1.9	1.9	1.6	1.5	1.7
Holland	.5	.6	.6	5	.7	.7
Switzerland	.5	.4	.5	.5	.5	.5
Sweden	.8	.8	.7	.8	.6	.6
Denmark	.5	.5	.5	.5	.5	.4
Cyprus, Malta, etc	.3	.3	.3	.3	.2	.3
Total Europe	283.7	213.8	207.7	231.1	225.6	183.6
AMERICA						
United States	90.	83.	79.	83.	76.	75.
Canada	17.	15.5	11.5	14.	13.4	5.5
Argentine	20.	18.5	24.	19.	17.9	9.
Chili	2.	2.2	2.2	1.2	1.5	1.
Uruguay	1.	1.	.8	.5	.5	.7
Total America	130.	120.2	117.5	107.7	109.3	91.2
ASIA						
India	40.	35.6	28.	39.8	40.2	31.8
Total Asia	40.	35.6	28.	39.8	40.2	31.8
AFRICA						
Algeria	4.	3.5	3.9	4.3	3.	5.4
Tunis	.5	.4	1.	.8	1.2	.7
Total Africa	4.5	3.9	4.9	5.1	4.2	6.1
AUSTRALASIA						
Victoria	3.5	2.9	1.6	2.8	2.9	2.2
South Australia	2.	2.4	2.4	2.2	2.5	1.4
New South Wales	2.5	2.	1.1	2.7	2.6	2.1
Tasmania	.1	.08	.1	.1	.09	.1
West Australia	.5	.3	.3	.3	.2	.1
Queensland	.1	.1	.06	.1	.1	.1
New Zealand	1.1	1.	.6	.7	.8	.8
Total Australasia	9.8	8.78	6.16	8.9	9.29	6.8
World's total, quarters	418.	382.2	364.2	400.7	388.5	319.5
World's total, bushels	3347.	3063.	2918.	3227.	3110.	2558.

The Boys Who Saved the Union

The total number of enlistments in the Union army is given as 2,778,300, of which 2,150,000, in round numbers, were made under the age of 21. Approximately, the ages of the soldiers in the Union army at the time of their enrolment are shown in the following exhibit:

At the age of 10 and under	25
At the age of 12 and under	225
At the age of 14 and under	1,523
At the age of 16 and under	844,801
At the age of 18 and under	1,151,438
At the age of 21 and under	2,159,798
Twenty-two years of age and over	618,516

From the above showing it appears that the preservation of the American republic was largely due to youths in their teens.

Let him who has bestowed a benefit be silent. Let him who received it tell of it. [Seneca.

What Corn Crop Means

Magnitude of Yield in the United States. Wider Interest in Corn. Prices and Yield by States for 1909

Were all the corn grown in the United States in 1909 loaded into freight cars and drawn by a single locomotive, it would have required a train nearly 26,000 miles long, or more than belting the earth at the equator. Figures are dry things, to be sure, but occasionally it is not amiss for the bright farmer's boy to indulge in a little calculation of this kind, and thus get a better realization of just what a season's corn crop means.

The total yield in 1909 was 2,700 million bushels. Estimate a freight car as 40 feet long with a holding capacity of 800 bushels; apply this to your starting point and you find that the corn crop of 1909 would require exactly 3,375,000 cars in which to haul this, were the grain all loaded at once. A train one mile long would represent 132 cars. Apply this to the nearly four million cars and you have a suggested single train 25,568 miles long, or a girdle for the globe with a substantial lap over. It is idle to try to guess what would happen were it necessary to ship any considerable part of this great bulk, either by rail or by water, so there is no need to worry about the transportation problem.

In fact, most of this corn will walk off on four legs, in the shape of cattle, hogs and other farm animals, because the bulk of the corn crop is always consumed in the counties where grown. This leaves a substantial surplus, however, for interstate traffic and a small amount for shipment to foreign shores.

The past year has brought no new development in the production and marketing of this magnificent and greatest of all American cereals. At the same time interest in corn production has never been so keen, not only within the corn belt but without it. This has taken form in a series of national corn expositions, the third one being held in December, 1909, at Omaha, greatly enlarged compared with that of the preceding year and having more varied exhibits. This big show was started primarily for corn, and the first one, three years ago, was held at Chicago. Subsequently, the scope of the exposition was broadened, including small grains and grasses, the educational features were enlarged and the exposition began to assume international aspect. This corn show attracts exhibits and visitors from all over the country, and serves to greatly stimulate interest in the production of this crop.

Best Ten Ears at National Corn Exposition

A cross of Boone County White and Forsythe Favorite grown in Indiana. This corn won Grand Sweepstakes Trophy and $1,000 in gold at Omaha in December, 1908.

Nor is the interest by any means confined to the west. In some of the older eastern states, notably in New England, a marked revival may be seen, more farmers in the northern latitudes growing corn than ever before and with a keener appreciation of the requisites in its successful culture. These older dairy sections desire to break away from exacting dependence upon the west for feed stuffs. In addition to enlarged areas under silage corn, they are growing more of the crop to full maturity. The interesting thing just now in New England is dent corn; can a strain be employed which will mature, or should farmers there stick to the flint varieties? The export trade in corn is important sentimentally in maintenance of prices, but cuts little figure in the season's movement. As shown in accompanying table, we have expected in an occasional year 200 million bushels of corn; but latterly only a quarter of that, owing to enormous demands for home consumption.

Prices of No 2 Cash Corn at Chicago

[In cents per bushel]

Year	Jan	May	July	Sept.
1909	58-61	72-76	68-74	63-70
1908	57-60	68-82	70-78	78-82
1907	40-44	49-56	52-55	60-64
1906	41-43	47-50	49-53	47-50
1905	42-43	48-64	54-59	51-55
1904	42-48	47-50	47-50	51-55
1903	44-48	44-46	49-53	45-53
1902	56-64	59-65	56-88	57-62
1901	36-38	43-58	43-58	54-60
1900	30-32	36-40	38-45	39-43
1899	35-38	32-35	31-35	31-35
1898	26-28	33-37	32-35	29-31
1897	21-23	23-26	24-29	27-32
1896	25-28	27-30	24-28	19-22
1895	40-46	46-55	41-47	31-36
1894	34-36	36-39	40-46	48-58
1893	40-45	39-45	35-42	37-43
1892	37-39	40-100	47-52	43-49
1891	47-50	55-70	57-66	48-68
1890	28-30	32-35	33-47	44-50
1889	33-36	33-36	34-37	30-34
1888	47-50	54-60	45-51	40-46
1887	35-38	37-39	34-38	40-44
1886	36-37	34-37	34-45	36-41
1885	34-40	44-49	45-48	40-45
1880	36-41	36-38	33-38	39-41
1875	64-70	60-76	67-77	54-62
1874	49-61	55-66	58-80	66-86

Corn Crops of 1909, by States

[Acres and bushels in round thousands]

	Acres	Per Acre	Bushels
New York	682	31	21,142
Pennsylvania	1,505	29	43,645
Texas	6,962	18	125,316
Arkansas	3,081	19	58,539
Tennessee	3,418	23	78,614
West Virginia	819	26	21,294
Kentucky	3,150	28	88,200
Ohio	3,858	40	154,320
Michigan	1,409	37	52,133
Indiana	5,001	38	190,038
Illinois	10,268	35	359,380
Wisconsin	1,718	32	54,976
Minnesota	1,554	38	59,052
Iowa	9,140	35	319,900
Missouri	6,688	28	187,264
Kansas	8,208	19	155,952
Nebraska	8,530	26	221,780
North Dakota	77	33	2,541
South Dakota	2,008	33	66,264
California	44	31	1,364
Oregon	16	35	560
Washington	17	25	425
Oklahoma	3,310	16	52,906
Other	21,287	20	425,740
Total	102,750	26.6	2,741,345
1908	97,687	26.8	2,610,763
1907	97,561	26.2	2,557,844
1906	95,372	31.1	2,962,997
1905	94,124	28.7	2,703,384
1904	92,788	27.7	2,573,863

Oats Crop All Wanted

The Second Billion-Bushel Yield. Home Consumption Market Conditions and Prices. Crop by States

For the second time in the history of the country, the farmers in 1909 turned off practically a billion-bushel oats crop. This grand aggregate was reached in 1905, and almost as much the succeeding year. Thence came a couple of seasons of poor harvest returns. Growers were "all in the dumps" and the question was asked seriously, what is the matter with the American oats crop? In fact, so discouraged had producers become that there was a very notable tendency in the spring of last year to reduce the acreage devoted to this crop. Reasons for the poor returns were varied and uncertain, some attributing the partial failures to unfavorable climatic conditions, some to the impairment in the vitality of seed oats. But the harvest of 1909 satisfactorily answers these questions. A full acreage grown under favorable weather conditions is bound to insure satisfactory returns at the threshing machine, and so it is that the latest crop closely crowds the billion-bushel mark; strictly speaking, 980 millions.

Prices of No 2 Cash Oats at Chicago

[In cents per bushel]

Year	Jan	May	July	Sept
1909	49-51	56-63	44-54	38-48
1908	48-52	53-57	51-61	48-51
1907	33-37	44-49	41-46	51-57
1906	29-32	32-35	30-39	30-34
1905	29-31	29-32	27-35	25-30
1904	36-42	39-45	38-45	29-34
1903	31-34	33-38	33-45	35-38
1902	38-46	41-49	30-56	26-27
1901	23-24	28-31	27-39	33-36
1900	22-23	21-24	21-24	21-22
1809	26-28	24-28	20-25	21-23
1808	21-24	26-32	21-26	20-22
1897	16-17	17-19	17-18	19-21
1896	17-19	18-20	15-19	14-17
1895	27-29	25-31	22-25	18-21
1804	26-29	32-36	29-41	27-31
1893	30-32	29-32	22-30	23-29
1892	28-30	28-34	30-34	31-34
1891	41-44	45-54	27-45	26-30
1890	20-21	24-30	27-35	44-51
1889	24-25	21-24	22-23	19-20
1888	30-32	32-38	28-33	23-25
1885	25-29	31-36	26-33	24-27
1880	32-36	29-34	23-26	27-35
1875	52-53	57-65	48-56	34-40
1873	24-26	30-34	27-30	26-31
1869	45-50	56-63	57-71	42-46

Nor is the crop one bushel too large. Running back a couple of seasons, it was necessary to substitute other grains for feeding purposes, mixing corn and barley with oats for animal feed. The latest crop is a good one, but will be wanted; and while there should be no famine prices, certainly the outturn is easily manageable, with little probability of burdensome surplus. In fact, a study of comparative prices printed herewith in the Hand Book, shows that autumn values, even with the augmented crop, were well up to those of a year ago, and the movement into consumptive channels has been heavy right up to the close of the calendar year 1909. Foreigners are not buying very much, but, so far as that is concerned, they never do except when prices here happen to run very low. This is another way of saying that ordinarily the home requirements are such as to take up the entire oats crop. Prices have not averaged low since 1905. A study of the little table shows that almost without exception oats advanced materially between January and May. But by the time July gets around, values may or may not show a still higher level.

Oats Crop of 1909

	Acres	Per acre	Bushels
New York	1,340,000	31	41,540,000
Pennsylvania	1,237,000	28	34,636,000
Texas	508,000	20	10,160,000
Arkansas	223,000	25	5,575,000
Tennessee	174,000	20	3 480,000
West Virginia	83,000	20	1,660,000
Kentucky	200,000	23	4,600,000
Ohio	1,550,000	31	48.050 000
Michigan	1,230,000	30	36,900,000
Indiana	1,675,000	30	50,250,000
Illinois	4,284,000	33	141,372,000
Wisconsin	2,173,000	36	78,228,000
Minnesota	2,675,000	35	93,625 000
Iowa	4,230,000	29	122,670,000
Missouri	653,000	26	16,978,000
Kansas	1,023,000	28	28,644,000
Nebraska	2,350,000	25	58,750.000
North Dakota	1,413,000	34	48,042,000
South Dakota	1,186,000	35	41,510,000
California	190,000	33	6,270,000
Oregon	305,000	33	10,065,000
Washington	180,000	50	9,000,000
Oklahoma	349,000	30	10,470,000
Other	2,689,000	29	77,981,000
Total	31,920,000	30.7	980,456,000
1908	30,713,000	24.6	756,806,000
1907	27,460,000	24.0	659,596,000
1906	30,261,000	30.7	930,827,000
1905	30,185,000	33,2	1,003,376,000

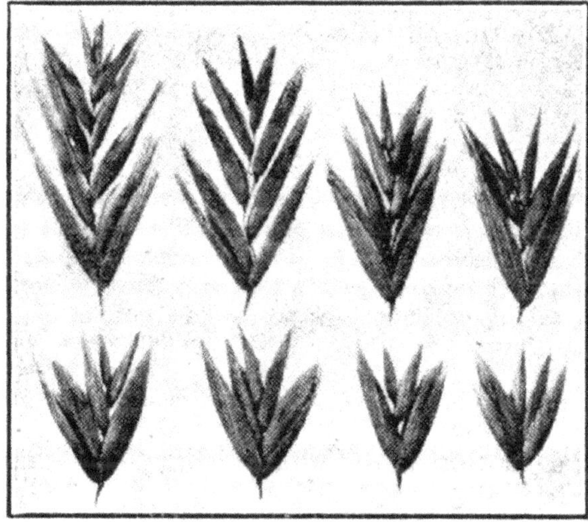

BREEDING UP OATS

Ordinary oats produce only three grains in a panicle. Breeding increases the number to nine and more.

Rye a Useful but Neglected Crop

When it comes to the production of wheat and corn, Uncle Sam's farm is "some punkins." But as to rye, this useful cereal is given scant consideration outside of four or five states, notably Pennsylvania, Michigan, Wisconsin and New York. The total crop of the country is never very much more than 30 million bushels, that of 1909 approximating the figure named; and of this more than half comes from the territory just indicated. Our people simply will not eat rye bread, and the home consumption is therefore very restricted. Eastern Europe is the spot above all others which is always hungry for rye (a few persons may be found both north and south of the Mason and Dixon line that have an abounding thirst for rye).

The insignificance of the home crop will be seen at a glance, comparing it with the world's crop, which is about 1,300 million bushels. Of this vast amount, Russia grows a half, Germany a fifth, while the figures show that the United States produces but little more than 2% of the total. The past year has brought no developments in the rye crop, acreage about standard, rate of yield averaging close to 16 bushels, markets dull and steady, outlet heavy on domestic account with the price always too high to permit export business.

Barley Growing in Popularity

California maintains the lead in barley production nowadays, appropriating very largely the land which at one time was devoted to wheat. In fact, that state has nearly twice as many acres in barley as in wheat. The other leading barley producers are Minnesota, the Dakotas, Wisconsin and Iowa, in the order named. with New York, Wisconsin and Michigan substantial growers. Canada would be only too delighted to ship some of its splendid barley into this country, but the tariff proves a barrier, the duty continuing at 30 cents a bushel. Nearly seven million acres are devoted to barley in the United States. The crop of 1909 was 188 million bushels (average yield 27 bushels), or the largest on record.

Throughout most of the past year the demand was excellent for the cheaper grades of barley to mix with oats for feed purposes. But latterly, with oats softening in price, the demand has been less keen. The malting trade is regarded as in a healthy condition, taking care of practically all the bright barley produced. Exports of this grain seldom amount to much, although in an occasional full-crop year, with attendant low prices, we have sent abroad 20 million bushels or better. Imports have amounted to next to nothing for a good many years. At no time in the past year has it been possible to get much better than 65 cents a bushel for bright barley on the Chicago board of trade. Meanwhile, the low grades suitable for mixing sold reasonably close to bright barleys, ranging from 45 to 55 cents.

A normal crop of buckwheat is about 16 million bushels. Pennsylvania is the leading producer. Considerable quantities are exported each year. In 1909-10 the business was hampered by reason of a good crop in Canada at low prices.

Uniform Grain Inspection

One of the things in the air in the grain trade is uniform inspection. For a good many years each of the leading grain states has had its own inspection department, operating at the big market centers. Naturally there is variableness in the rules. Influential people in the grain trade claim business would be improved, especially the export movement, were there uniform grading or federal inspection. Conferences have been held, looking toward this, and it will probably come. The amount of grain inspected is enormous. Take a good month of crop movement—for example, October. At the one market of Chicago in October, 1909, 14,000 cars of grain were inspected. In some recent year the total for that month has exceeded 20,000 cars.

Imports Grain, Cotton and Other Crops into United States

[In thousands]

Year ended June 30	Flour, bbls	Wheat, bushels	Corn, bushels	Oats, bushels	Rye, bushels	Barley, bushels	Cotton†	Flax tow, tons	Hemp tow, tons	Hay, tons	Flaxseed, bushels	Raw tobacco†
1909	92	41	258	6667	*	3	87	10	5	7	593	42
1908	40	342	20	364	*	199	71	10	6	10	57	32
1907	48	375	11	75	*	38	105	9	9	61	90	40
1906	45	58	10	23	*	18	71	9	5	69	52	37
1905	41	3,102	15	39	20	81	60	8	4	46	296	33
1904	47	7	17	171	33	91	49	10	6	114	213	31
1903	*	1,077	40	137	*	56	75	8	5	293	129	34
1902	*	119	18	25	*	57	99	9	6	48	477	29
1901	*	600	5	21	*	171	47	7	4	143	1,632	27
1900	*	317	2	41	*	190	67	7	3	144	67	21
1899	*	1,871	4	12	*	110	50	6	4	20	82	14
1898	2	2,047	3	9	33	125	53	6	4	4	138	10
1897	2	1,534	6	46	*	1,272	52	9	5	120	105	14
1896	1	2,110	4	48	*	837	55	8	8	303	755	22
1895	2	1,430	17	308	13	2,117	49	7	7	202	4,166	20
1894	*	1,181	2	8	*	791	28	5	2	87	593	20
1893	*	966	2	21	9	1,970	43	7	5	104	112	28
1892	*	2,460	15	20	84	3,146	29	8	5	80	285	22
1891	8	546	2	10	141	5,079	21	6	11	58	1,516	23
1890	1	157	2	21	198	11,333	8	8	37	125	2,391	28
1889	1	131	2	22	*	11,368	8	8	56	105	3,259	20
1888	3	583	37	68	*	10,831	5	6	48	100	1,584	18

*Less than 1,000.
†In millions of pounds.

Increase Hay Profits

Some of the Best Varieties to Raise. Alfalfa to the Front. The Hay Market. The Best Time to Sell It

The crop of tame hay in the United States was smaller in 1909 than in 1908 by nearly 2,500,000 tons. There were 1,474,000 less acres devoted to the crop and the yield was a shade less to the acre.

Best Varieties for Different Sections

In the south Atlantic states wild hay gives the greatest yield and in the western states the smallest yield. The average of wild grasses throughout the entire United States is 1 1-5 tons per acre. Millet and Hungarian give the highest average yield in the north Atlantic and north central states. These grasses usually yield more than 1½ tons per acre. Of all the crops grown for hay, alfalfa gives the highest yield. The average production is above 2½ tons per acre. This crop is mostly grown in the western states and gives the best results there. In irrigated fields four or five and in some cases even more cuttings are made each season.

The largest yields of clovers are also obtained in the western states. Clovers are not very prolific in the south. The yield varies from 1 to 2 tons per acre in the United States. In some sections the grain crops are cut green for hay. This is particularly the case in the west. The yield is generally between 1 and 2 tons per acre.

Alfalfa as Market Hay

Alfalfa is becoming a very prominent hay crop, especially in the west, and considerable is now being marketed in cities. Alfalfa hay is quoted at three important western markets: Kansas City, St Louis and Denver. At Kansas City the receipts of alfalfa in October, 1909, compared with the receipts of timothy hay show that more alfalfa than timothy was sent to that market. In Denver the price of alfalfa is below that of timothy, due to the fact that more alfalfa than timothy is raised in Colorado.

During September and October, 1909, the price of alfalfa averaged $4 per ton less than the price of timothy. The conditions are different in the Kansas City and St Louis markets, however. Alfalfa sells for $1 to $3 per ton more in those markets than does timothy. It is more difficult to secure a high quality of alfalfa hay for marketing than it is of timothy and much trouble has been experienced in baling. If the alfalfa has not been cured just right and is not baled at just the proper time there will be considerable loss from the dropping off of leaves.

Exports Principal Farm Crops From the United States

[In round millions]

Year ended June 30	Flour, bbls	Wheat, bushels	Corn, bushels	Oats, bushels	Rye, bushels	Barley, bushels	Clover seed, lbs	Timothy seed, lbs	Cotton, bales	Apples, barrels*	Hay, tons*	Hops, lbs	Oil cake and meal, lbs	Tobacco leaf, lbs
1909	11	67	36	2	1	7	16	23	9	896	65	10	1970	283
1908	14	100	52	1	2	4	4	26	7	1049	77	23	1691	328
1907	16	77	83	4	†	8	4	19	9	1539	59	17	2064	331
1906	14	35	118	46	1	18	2	11	7	1209	70	13	1918	302
1905	9	4	89	5	†	11	11	16	8	1500	66	15	1895	328
1904	17	44	56	1	1	11	6	13	6	2018	60	11	1503	305
1903	20	114	75	5	5	8	16	18	7	1656	50	8	1671	357
1902	18	155	27	10	3	9	7	6	7	460	153	11	1633	291
1901	19	132	178	37	2	6	12	8	7	884	89	15	1714	307
1900	19	102	209	41	2	24	32	15	6	526	72	13	1627	345
1899	18	139	174	30	10	2	19	16	7	380	65	21	1567	284
1898	15	148	209	69	16	11	31	10	8	605	82	17	1356	263
1897	15	80	177	35	9	19	13	17	6	1495	62	11	1056	315
1896	15	61	100	13	1	8	6	12	5	360	59	17	798	288
1895	15	74	28	1	—	2	23	5	7	819	47	18	734	294
1894	17	88	65	6	—	5	45	10	5	79	54	17	745	269
1893	17	117	46	2	1	3	8	7	4	408	33	11	802	248
1892	15	157	76	9	12	3	20	10	6	930	35	13	826	241
1891	11	55	31	1	—	1	21	9	6	135	28	9	633	237
1890	12	54	102	14	2	1	27	11	5	545	36	7	712	242
1889	9	46	70	1	—	1	34	10	5	942	22	13	588	214
1888	12	66	24	—	—	1	13	2	5	490	18	8	563	249
1887	12	102	40	—	—	1	8	7	4	592	14	—	622	294

*In thousands.
†Less than a million.

The Best Time to Market Hay

The figures of the past five years show that as a rule Boston pays higher prices for hay than any other market in the United States. New York is a close second, Chicago is next and Kansas City fourth. This difference is very logical, because the markets that pay the most are farthest away from the center of production.

There has always been a question as to when is the best time to market the hay crop. In the accompanying table are given the prices at the four leading markets for the past five years and the prices are compared for March 1, June 1, August 1, October 1 and December 1. These figures show that the highest price for hay at all of these markets has been June 1, but the difference in the price June 1 and the price August 1, when new hay is first marketed, is so small that we cannot judge that it is best to hold hay until June 1 to market it; in fact, it is quite plain that there is more profit in selling hay right from the field than there is in holding it over winter.

Experiments have been conducted at the Michigan experiment station which show that under ordinary conditions hay will shrink in weight an average of 15% during the six months in winter. If a man close to the New York market had 20 tons of hay August 1 that was marketable at $18.40 per ton, the total value would be $368. If he held this hay until June 1 of the following year, it would have shrunk so that he would then have but 17 tons to market. At the advanced price of $19.80 June 1 his hay would be worth $336.60, which is $32.40 less than he would have obtained had he marketed the hay from the field.

Of course, there is the very important question of time. Most farmers are very busy in August and do not have the opportunity to market their hay at that time, but the sooner it can be marketed after it is cut the more profitable it will be.

How Hay Is Graded in the Market

Choice timothy hay is the standard grade. This must be properly cured, of a bright natural color, sound, well baled and not mixed with over one-twentieth other grasses. There are three other grades of timothy, varying slightly in value as their quality varies.

No 1 clover hay is medium clover, properly cured, sound, well baled and not mixed with over one-twentieth other grasses. That not good enough to grade No 1 is sold at No 2.

Choice prairie is the standard grade of wild hay.

Alfalfa, though not yet established in the market, is sold at Kansas City in three grades, No 1, No 2 and No 3.

How Alfalfa Is Marketed

Considerable quantities of alfalfa are baled for market in the western states. Nebraska and Colorado ship largely. It is baled from the stack during the winter. Only good, sweet and well colored hay is used. In order to make uniform quality the tops and bottoms of the stacks cannot be used. The third, second and first cuttings are preferred in the order named. The bales weigh 70 to 100 pounds. Two wires are used on each bale. Most of the work is done with the small horse-power presses which require three to four men and two teams to operate. Such an outfit will bale 7 to 10 tons a day. A power outfit will bale 20 to 25 tons a day. The customary price for baling is $2 a ton, the owner of the machine furnishing the wire. The wire costs about 25 cents for enough to bale a ton of hay.

The alfalfa meal companies take much of this hay. If the hay is stacked in good condition there is no particular difficulty in getting it baled right. If stacked too dry it breaks up badly and loses the leaves. If stacked too wet or green there is danger of its being musty, moldy or stack burnt. If it was rained upon while in the windrow the color will be poor.

Hay Prices at Four Main Markets for Five Years

	Chicago					New York					Boston					Kansas City				
	Mch 1	June 1	Aug 1	Oct 1	Dec 1	Mch 1	June 1	Aug 1	Oct 1	Dec 1	Mch 1	June 1	Aug 1	Oct 1	Dec 1	Mch 1	June 1	Aug 1	Oct 1	Dec 1
	$	$	$	$	$	$	$	$	$	$	$	$	$	$	$	$	$	$	$	$
1909...	12½	14½	15	14½	—	17	18	21	19	—	18	19	20	20½	—	10	13½	11	11½	—
1908....	19	16	13	12	14	22	20	17	16	17	22	20	18	15½	17	13½	14	12	10	8½
1907 ..	19	20	20	20	17	22	24	23	23	23	22	24	23	23	23	15	16	18	13	13
1906 ..	13½	15	15	17	18	16½	20	20	20	22	17	20	20	20	22	11	12	14	11	14
1905	13	13½	13½	13½	13½	17	17	16	16½	17	16	16½	16	16½	17	10	10	10	10	10

For Better Forage Crops

The government is spending a lot of time and money in the endeavor to aid farmers in securing new and valuable field seeds adapted to conditions in various parts of this country. The authorities at Washington are equally insistent that seeds imported from Europe or other countries shall be true to name and free from weed or other obnoxious seeds. This work has been pushed throughout the year. As high as 80 different kinds of weed seeds have been found in some samples of imported seeds.

Alfalfa seed is largely imported from western Europe, and the department of agriculture has recently introduced several cold and drouth resistant strains of alfalfa from Turkestan, from Siberia, from Arabia and South America. The secretary of agriculture reports that so great has become the production of alfalfa hay that the crop of a single year is worth a hundred million dollars. While field seeds are imported in large quantities, there is also a substantial export trade, particularly in clover and timothy, as shown in the following tables:

Cost of Timothy Seed
At Chicago, per 100 pounds

Year	Jan 1	Mar 1	Oct 1
1909	$3.85	$3.65	$3.75
1908	4.40	4.85	3.50
1907	4.35	4.60	4.30
1906	2.90	2.70	3.85
1905	2.75	2.95	3.35
1904	2.90	3.15	2.80
1899	2.25	2.40	2.35
1894	4.35	4.10	5.20
1890	2.64	2.71	2.95

Clover Prices Compared
At Chicago, per 100 pounds

Year	Jan 1	Mar 1	Oct 1
1909	$9.20	$8.75	$14.00
1908	16.75	19.50	9.00
1907	13.75	13.00	12.75
1906	13.25	13.00	12.75
1905	12.75	12.60	12.55
1904	11.00	10.90	11.75
1899	7.00	6.10	8.50
1894	10.75	8.85	8.50
1890	5.66	5.33	6.83

This business serves as a supporter of prices of the domestic seed. Clover has been unusually low for a year or more, thus favoring farmers who wish to reseed old meadows or build up new ones. In accompanying tables appear some interesting comparative prices of grass seeds.

Broom Corn Crop

The broom corn crop has always been a variable one. Conditions one year will be favorable and the crop will prove very remunerative. As a result a large number of farmers think they see an opportunity to make a fortune and plant broom corn. The next year conditions change and the crop is light or prices are very small.

The yield in 1908 was comparatively large and the prices were good. Adverse weather conditions in 1909 reduced the yield 20 pounds an acre and this, combined with a decrease in acreage of 37,400 acres, made the total yield 25,535,000 pounds less than the year previous. The prices, however, are very high and those who have broom corn to sell will be well repaid for their year's work.

The accompanying table shows the acres harvested, the pounds per acre, the total number of pounds and the price in the principal broom corn growing states.

Oklahoma still holds the lead in acreage and is second in the yield per acre. As usual, the best quality of brush is in Illinois, and Oklahoma is criticised as usual for poor handling at harvesting. Illinois corn demands the highest price and Oklahoma the next highest. In no state is the price less than $125 per ton, while last year the very best quality corn brought only $100.

Although weather conditions decreased the yield somewhat in 1909, the quality was benefited, and broom makers were willing to pay almost any prices for the 1909 crop.

The Seed and Fodder as Stock Feed

The general movement among farmers to utilize every part of their crops is responsible for the increase in the practice of saving the broom corn seed for

Broom Corn Crop of 1909 with Prices October 15

State	Acres Harvested 1908	Acres Harvested 1909	Lbs Per Acre 1908	Lbs Per Acre 1909	Total Lbs 1908	Total Lbs 1909	Price 1908	Price 1909
Illinois	18,000	18,000	600	500	10,800,000	9,000,000	$95	$200
Kansas	20,000	17,000	300	350	6,000,000	5,950,000	75	140
Oklahoma	100,000	66,000	500	400	50,000,000	26,400,000	75	155
Nebraska	1,500	1,100	350	400	525,000	440,000	85	127
Other	1,000	1,000	300	300	300,000	300,000	75	125
Total	140,500	103,100			67,625,000	42,090,000		

stock and turning cattle into the fields after the brush has been removed to feed on the fodder. The seed weighs 40 to 50 pounds per bushel, but its value is not sufficient to make it worth while raising the crop for the seed only. The fodder is worth, pound for pound, about half as much as the fodder of Indian corn.

A Warning to Prospective Growers

The fair yield and the exceptionally high prices of 1909 should not be taken as a safe guide for raising broom corn. The demand is not sufficient to use up an unlimited supply and although the brush is sought after eagerly this year it may be that next year the prices will be lower than ever. This would surely happen if an extra large number of farmers should raise the crop in 1910.

Cotton Short and Prices High

Cotton has excited the interest of the general public and engaged the closest attention of speculative and manufacturing interests since the crop season of 1909-10 opened. From a year of large production and low prices in 1908, conditions have been reversed. Production is at a very low point considering consumptive demand and prices have been forced up to a level considered prohibitive by the mills.

In self-protection cotton mills uniformly established shorter working hours to reduce output of finished fabrics in proportion to the size of the crop. Some very important interests which are loyal to the south are now advocating increased acreage and larger production of cotton.

The cotton crop in 1908, according to the finally revised statement of the department of agriculture was 13,587,306 bales of 500 pounds each. Final estimates of the 1909 crop are not yet available, but preliminary figures run from 10,500,000 to 12,000,000 bales. The shortage is reflected in the prices. Spot cotton in New York city has sold above the 15½-cent mark compared with 9½ cents a year ago. In 1899 cotton sold under 6 cents.

Here hath been dawning
  Another blue day;
Think, wilt thou let it
  Slip useless away? [Carlyle.

High Prices for Flaxseed

Although the acreage of flax in 1909 was the largest on record and the yield a good one, still the prices were very high at time of harvest and after. The acreage, yield per acre and total number of bushels are shown in accompanying table. This indicates the states that grow the most flax. North Dakota is still far in the lead, and in fact grows nearly two-thirds of the total amount.

Prices were advanced to a high figure early in the season of 1909-10 and some thought speculators were trying to induce the farmers to market their crop early and thus make a shortage later on. This reasoning was incorrect, however, for northwestern farmers are in a financial position to hold their grain and are not easily frightened by bearish market operations. They simply housed their crop and marketed only such amounts as would keep the price at the high average. Growers of flaxseed have had an unprecedented demand for their products during the past two or three years, and have learned to become very independent.

Bearish speculators on the flax crop learned a good lesson this year, and they have cause for being discouraged, for cash purchasers were numerous enough to make a steady demand for the crop. Northwestern farmers are evidently experienced enough to refrain from becoming excited on early marketing.

Flax Crop by States, 1909

	Acres	Per Acre	Bushels
Wisconsin	30,000	12.0	360,000
Minnesota	466,000	10.0	4,660,000
Iowa	27,000	10.0	270,000
Missouri	25,000	8.0	200,000
Kansas	55,000	8.0	440,000
Nebraska	15,000	9.0	135,000
North Dakota	2,009,000	10.0	20,090,000
South Dakota	499,000	9.0	4,491,000
Other	121,000	10.0	1,210,000
Total	3,247,000	9.8	31,856,000

Go not to your doctor for every ail, nor to the lawyer for every quarrel, nor to your pitcher for every thirst.

No man was ever so much deceived by another as by himself.

He who can conceal his joys is greater than he who can hide his griefs.

Paradise is for those who control their anger. [The Koran.

Sugar Beet Industry

Development in Farm and Factory. Cane Sugar Production. Big Imports of Sugar. Sugar Beets a Success.

The sugar beet industry in the United States is thoroughly established. The experimental stage is past. The development has been remarkable. The first sugar beet factory in the United States was established in Northampton, Mass., in 1838. It failed. In 1863 a factory was established in Chatsworth, Ill. This also failed. The first successful plant was built in 1869 in Alvarado, Cal. This is still in operation. It was not until 1890 that the Oxnards and Claus Spreckels became interested in sugar beets, built large factories and demonstrated that sugar beet raising was possible and profitable in the United States. Last year, there were in the neighborhood of 70 factories in successful operation. About $25,000,000 worth of beet sugar was produced in 1909. The leading sugar beet states are Colorado first, Michigan second and California third. So far as total production is concerned, Michigan has the largest number of factories, but the soil and climate of the western states seem better suited to large yields and high percentage of sugar. Sugar beets do exceptionally well in Utah. Wisconsin has four factories, and is making good.

That the industry will continue to develop rapidly is certain. The great obstacle to wider production is undoubtedly the labor problem. At first, it was difficult to get help for cultivating and handling the beets. But during recent years this difficulty has been largely overcome. With an average season the sugar beet farmers net more from their land than grain or even live stock farmers. Furthermore, the growth of beets on the land so improves its mechanical condition that the crops which follow do exceptionally well. The industry, where once established, is very popular with farmers, and is growing more so. In southern Alberta beets do well, but in eastern Canada they are not so profitable. As a whole, the industry is in a satisfactory condition.

The business of making beet sugar is really centered in Europe. The estimate of the European beet sugar crop for 1909-10, according to the *Sugar Trade Journal*, is as follows: Total output 5,911,000 tons. Of this enormous quantity, the factories in Germany are credited with 1,949,000 tons, Austria 1,209,000 tons, France 800,000 tons, Russia 1,100,000 tons, others scattering. The total cane sugar crop of the world is estimated at a little less than 8 million tons and the grand total of cane and beet sugar scant 15 millions. The authority named above estimates that the figures show a slight increase in the world's tonnage over the preceding year.

Cane Sugar

The business in cane sugar has been a large one for a great many years, located mostly in Louisiana and dating back to a period prior to the civil war. Twenty-five years ago the amount of cane sugar produced each year was 150,000 to 200,000 tons. In recent years this has crept up to well on to 400 millions and remains much the same from season to season.

In the fiscal year 1907-8 the total production of cane sugar and beet sugar in the United States was 767,000 tons. This is quite outside of the sugar produced in the islands owned by the United States—Hawaii and Porto Rico.

The domestic production of sugar is far short of domestic wants. In addition to the nearly 800,000 tons of sugar produced at home there is each year imported sugar from foreign countries to the amount of about 2,000,000 tons. United States pays foreigners each year about 100 million dollars for sugar. The per capita consumption of sugar in the United States is very large, owing to the low price. Twenty-five years ago the per capita consumption was about 50 pounds; now it is nearly 70 pounds. Sugar is cheap in England, but elsewhere in Europe very much more expensive than in the United States. Growers of sugar beets here receive $4.50 to $5 a ton for the beets. Most of the sugar brought into this country is in the raw state, an unattractive brown sugar, and this is refined at domestic sugar factories. The rate of duty is a little more than 2 cents a pound. The new law which went into effect in 1909 showed very little change in the rate.

Noble discontent is the path to Heaven. [Higginson.

People can depend only on themselves.—and a good many people can't even do that.

More Rice Grown

None of the small grains can compare with rice in increased production in the United States. From its introduction into this country in 1647 until a few years ago, its development was gradual. Back in 1885 the production of rice in the United States was 4,400,000 bushels for a bumper crop, average around three millions. Since 1901, rice production has made rapid strides, and in 1909 the crop as measured by the United States department of commerce and labor was 13,500,000 bushels. In the face of this rapidly increasing home production imports continue at about the same volume, or a little larger if anything, ranging from 200 million to 217 million pounds annually. A bushel of rice weighs about 45 pounds.

Another peculiar feature of the rice industry is that, although imports change but little, exports increase as the domestic crop increases, reaching 33 million pounds of the home product in 1908.

The world's rice crop is estimated at 175 billion pounds a year. British India is the largest producer, its crop being 60 billions, China is next with 50 to 60 billions, Japan 15 billions, Siam and Java about 6½ billions.

The chief producing states and their percentages of the total crop in the United States are as follows: Louisiana 52.8%, Texas 41.8%, South Carolina, where the industry began, 2.2%, Arkansas 2.1%. Georgia, Alabama, Florida, Mississippi and North Carolina produce the remaining 1.1% of the total crop.

Increased Potato Crop

So important as an article of food and therefore of commerce is the white potato that it might almost be entitled to the appellation "the staff of life." Although it is distinctly an American product, other countries have adopted the indispensable tuber, until the world's production is now in the neighborhood of 4 billion bushels and outweighs the combined wheat crops of all countries. Of this enormous quantity the United States grows on an average a little less than 275 million bushels.

Owing to the high prices which prevailed during 1908 the acreage of potatoes was greatly increased in 1909, nearly 150,000 acres being added to the already large area, making the total 3,129,000 acres, an area almost equal to the entire state of Connecticut. The large producing states became larger producers; Michigan added 5,000 acres. New York increased its potato acreage 18,000 acres, Pennsylvania 7,000 acres, Illinois 7,000, Maine, Missouri, Washington and Kansas each 3,000 acres.

In addition to greater acreage came a larger yield to the acre, estimated by the American Agriculturist weeklies at 88 bushels compared with 84 in 1908. The result in 1909 was a total production of 273,538,000 bushels, exceeded only

Great American Potato Crop

Acreage, given in thousands, is shown by states in the following table; the yield to the acre and total production is given in full in bushels:

	Acres grown				Av. Yield per acre, bush.				Total production, bush.			
	1909	1908	1907	1906	1909	1908	1907	1906	1909	1908	1907	1906
Maine	85	82	80	74	170	210	140	210	14,450	17,420	11,200	17,500
New Hampshire	20	19	20	20	105	110	120	112	2,100	2,090	2,400	2,240
Vermont	25	20	21	21	110	100	100	90	2,750	2,000	2,100	1,890
Massachusetts	26	24	25	24	100	90	110	110	2,600	2,160	2,750	2,640
Rhode Island	6	5	5	5	112	105	100	110	670	525	500	550
Connecticut	26	19	20	20	120	92	95	90	3,120	1,748	1.900	1,800
New York	390	368	355	360	95	82	92	100	37,050	30,000	32,660	36,000
New Jersey	50	45	46	46	92	87	90	95	4,600	3,915	4,140	4,370
Pennsylvania	235	228	212	210	75	80	85	97	17,625	18,240	18,020	20,370
Ohio	165	154	160	168	82	73	75	90	13,530	11,242	12,000	15,120
Michigan		237	250	235	76	65	95	94	20,140	15,405	23,750	22,210
Indiana	265	79	83	86	87	60	98	80	7,395	4,740	8,134	6,880
Illinois	85	133	144	152	78	62	75	87	10,920	8,246	10,800	13,224
Wisconsin	228	216	220	240	70	70	82	77	15,960	15,120	18,040	18,480
Iowa	150	155	160	165	79	87	97	100	11,850	13,485	15,520	16,500
Minnesota	135	123	135	145	92	76	94	90	12,420	9,348	12,690	13,050
Missouri	85	82	84	86	82	80	89	92	6,970	6,560	7,476	7,912
Kansas	88	85	84	87	71	64	58	83	6,248	5,440	4,872	7,221
Nebraska	95	93	91	91	80	88	78	88	7,600	8,184	7,098	7,735
South Dakota	49	45	41	44	95	80	81	90	4,655	3,600	3,321	3,960
North Dakota	25	23	26	24	98	70	86	87	2,450	1,610	2,236	2,088
Colorado	47	46	45	42	130	140	150	135	6.110	6,440	6,750	5,900
California	45	38	40	41	125	125	148	148	5,625	4,750	5,920	6,068
Oregon	40	34	37	36	110	140	150	125	4,400	4,760	5,550	4,500
Washington	34	31	33	27	150	150	175	140	5,100	4,650	5,775	8,780
Other	590	552	540	550	80	75	73	75	47,200	38,640	39,420	41,250
Total	3129	2987	3001	2999	88	84	91	95	273,538	252,231	269,692	283,770

three times in the history of the country. In 1895 the production was 286,350,000 bushels, in 1904 288,664,000 bushels and in 1906 283,770,000 bushels.

Principal Farm Crops by Years

[In round millions]

Crop of	Cotton, bales	Wheat, bushels	Corn, bushels	Oats, bushels	Rye, bushels	Barley, bushels	Potatoes, bushels	Hay, tons
1909	†10.5	720	2741	980	30	187	270	64
1908	13.5	675	2610	757	33	171	252	61
1907	11.4	603	2558	659	33	150	271	52
1906	13.6	776	2963	930	30	148	283	53
1905	10.8	720	2703	1003	31	144	251	58
1904	13.5	554	2474	973	30	144	289	58
1903	10.1	703	2346	823	32	139	255	58
1902	10.7	760	2656	1028	34	138	272	60
1901	10.7	752	1419	700	30	110	183	51
1900	10.4	510	2188	832	24	59	255	52
1899	9.1	565	2208	869	24	73	243	59
1898	11.1	715	1868	799	26	56	284	68
1897	10.0	589	1828	814	—	—	174	67
1896	8.5	470	2288	714	24	70	245	59
1895	7.2	460	2272	904	27	87	286	48
1894	9.5	460	1213	662	27	61	171	55
1893	7.5	396	1619	638	27	70	183	66
1892	6.7	516	1628	661	*	*	*	*
1891	9.0	612	2060	738	*	*	*	*
1890	8.7	399	1490	524	28	*	*	*
1889	7.5	491	2113	751	28	*	*	*
1888	6.9	416	1987	701	28	64	202	47
1887	7.0	456	1456	660	21	57	134	41
1886	6.3	457	1665	624	24	59	168	42
1885	6.6	357	1936	629	27	58	175	45
1884	5.7	513	1795	584	29	61	191	48
1883	5.7	421	1551	571	28	50	208	47
1880	5.7	499	1717	418	25	45	168	32
1875	4.6	292	1321	354	18	37	167	28
1870	3.0	236	1094	247	15	26	115	25
1865	0.3	149	704	225	20	11	101	24
1860	4.9	173	839	173	21	16	111	19

*No estimate for year indicated by asterisk.
†Early estimate of National Ginners' Association.

Sweet potatoes yield far less than white potatoes in bulk. The average yield of sweet potatoes is a little better than 90 bushels to the acre.

Onions and Onion Prices

Onions are one of those farm products which, while adapted to the climate of every state, are a specialized product in certain sections. From a few states the commercial supply of the country is largely obtained. New York and Ohio are the banner onion states. Indiana is a close rival, with Massachusetts not far behind. Other important states are Illinois, Michigan, Wisconsin, Pennsylvania and Connecticut.

Onion Prices, Crops and Movement

In the following table is shown the production of onions in the United States, also imports and exports; the quantities in thousands of bushels:

Crop of	Bushels	Price per bu. at New York: Oct	*Jan	Exports bu	Imports bu
1909	4,175	$.57@$.75	—@—	367	575
1908	4,322	.50@ .80	$.50@$1.83	174	1,275
1907	4,067	.70@ .85	.65@ .85	—	—
1906	3,753	.65@ .99	.70@1.25	257	1,126
1905	3,588	.60@1.00	.65@ .90	205	872
1904	3,341	.75@1.00	1.00@1.25	234	856
1899	4,615	.40@ .50	.40@ .70	171	546
1894	1,944	.60@ .70	.50@ .80	53	—
1891	3,200	.40@ .70	.80@1.00	—	—

*Quotations for January of the year following date given on side of table.

The onion area in these states in 1909

No "Small Potatoes" in Good Old Aroostook

was 14,300 acres, and the yield 4,175,000 bushels, compared with 4,322,000 in 1908 and 4,067,000 bushels in 1907. Texas, of course, is noted for its onions, but the southern crop passes into consumption about the time the big northern crops are harvested. They have not the keeping qualities of the more hardy northern grown bulbs and, therefore, cannot be depended upon for the winter's supply of the country.

Importance of Cigar Leaf

One of the crops to which American Agriculturist weeklies always devote great attention is cigar leaf tobacco. Its importance commercially is very great, but as an agricultural product it engages the attention of only a few northern states, namely, Wisconsin, Ohio, Pennsylvania, New York, Connecticut, Massachusetts and in a very small way New Hampshire and Vermont.

Recently there has been a revival of interest in cigar leaf culture in Texas, but the area there is still small, amounting to 476 acres of field tobacco and 81 acres of shade grown. In Florida, the industry has been waning of late. The area, however, in the Florida-Georgia section, for the tobacco land lies along the border line between the two states, is 4,000 acres, including about 500 acres of tobacco under canvas or slats. The latter method of cultivating is known as half shade, because the slats are placed with a space between them.

Commercial necessities divide cigar leaf into three kinds, filler, binder and wrapper. The greatest filler producing states are Ohio and New York. Pennsylvania and Wisconsin are chiefly binder states; they also furnish a large quantity of filler tobacco. In former years these states grew wrapper leaf, then came the importation of Sumatra; the discriminating taste of American smokers was soon educated to the more expensive wrapper and the domestic industry suffered accordingly. Under protection of a duty of $1.85 per pound, the wrapper growing industry has become entrenched in the Connecticut valley, where the famous Connecticut broad leaf and Havana seed varieties are grown.

Production of cigar leaf tobacco has decreased in recent years, because of the low prices which prevailed. In the early part of the 1909 crop year prices improved.

Magnitude of Tobacco Industry

In the following table, compiled from the report of the commissioners of internal revenue, may be seen the magnitude of the tobacco industry in the United States. The figures show the output of factories using tobacco, for the years ended June 30, together with the internal revenue derived, six naughts (000,000) being omitted:

	1909	1908	1907	1906	1905
Manuf'd tobacco lbs.	417	386	392	377	356
Cigars, millions	7840	7914	8642	8071	7588
Cigarettes, millions	6105	5402	5167	3793	3376
Internal revenue	$50	$50	$52	$48	$45

Crops of Cigar Leaf Tobacco

Cigar leaf tobacco harvested in the United States in 1909 and in previous years is shown in the following table compiled by American Agriculturist. The numbers are for cases of 350 pounds each, 000 omitted.

Crop of	1909	1908	1907	1906	1905	1889
Ohio	104	103	116	131	124	107
Wisconsin	111	115	129	138	122	55
Pennsylvania	83	94	94	102	84	82
New England	91	88	86	91	86	34
New York	21	24	24	24	19	27
Southern	13	33	27	22	16	2
Total	423	458	476	508	451	307

Hop Grower Has His Innings

For several years prior to 1909 American hop growers had reason to complain of small profits, not to mention losses, on their crops. The ebb tide of prices was reached in 1908, resulting in a marked reduction in the acreage of the 1909 crop. Those who stuck to hops did so perhaps because they were more tenacious or had something of the intuition which prompts the gambler to take " just another chance."

The 1909 hop crop throughout the world was marked by decreased production. In the United States the yield to the acre was fairly satisfactory and the smaller crop was due largely to smaller area planted. Generally speaking, the persistent hop grower has had his innings this year. On the Pacific coast, however, a custom has grown up whereby farmers sell their crops under contract long before they are ready for harvest. Those who did so this year were unfortunate, for they ran the risk of losing, in case their crops were ruined by disease, and stood no chance to win by the shortage of supply throughout the world.

The 1909 crop in the United States, as estimated by the American Agriculturist weeklies, was 195,000 bales, compared with 243,000 in 1908, and 363,800 bales in 1906 when the banner crop in the history of the industry was harvested. The yield in 1909 in the various states was as follows: California 64,000 bales, Oregon 67,000, Washington 28,000, New York 46,300. The area in 1909 was 28,900 acres compared with 34,300 in 1908. The largest acreage was in 1906, being 42,700 acres. The world's crop in 1909 according to trade estimates was 980,000 bales compared with 2,027,000 bales in 1908. The extent of the shortage may be appreciated when it is considered that the world's consumption is about 1,700,000 bales annually.

Hop Prices Quarterly

The quarterly range of prices of Pacific Coast hops in New York City is shown in the following table, the figures being for cents per pound:

	March 1	July 1	Oct 1	Dec 1
1909	9@11	13 @14	18 @19	27@30
1908	8@9	8 @ 9	10 @11	10@11
1907	16@18	11 @12	12 @14	11@12
1906	13@14	14 @15	20 @24	20@24
1905	31@32	25 @26	19 @20	15@17
1904	32@34	29 @30	29 @31	35@36
1903	28@30	22 @23	29 @30	25@27
1902	17@18	21 @22	25 @29	30@32
1901	19@20	17½@18½	14 @15	14@15½
1900	13@14	13½@14½	18 @19	19@21
1899	19@20	16 @18	13½@14½	14@15

An acre of hops yielded 992 pounds of cured crop in 1909, against an average of 1,100 pounds for each of the preceding three years.

Before you mount look to the girth.

Field Beans Increase in Popularity

A larger acreage of field beans was raised in 1909 than in the previous year. Weather conditions were unfavorable in some states for the development of the crop and the average outturn was rather small. Drouth did damage in both the important bean states, Michigan and New York. Pods did not fill out and plants were backward in growth. Some rust developed and did more or less damage. The damage by unfavorable conditions just about offset the increased acreage, and the yield was no more than in 1908. The practice of selling beans for future delivery has not yet become universal and many beans are sold on delivery.

The standard variety is the navy bean, which is grown principally in the northern part of the United States and in southern Canada. In California large quantities of lima beans are produced.

Beans Valuable as Rotation Crop

On many general-purpose farms beans are used as a rotation crop and prove very effective in adding nitrogen to the soil. Where they are raised on a large scale special machines are used for harvesting. The vines are cut off with a sickle and allowed to cure in piles, after which they are threshed with a machine or with a flail.

Although the United States raises about 7,000,000 bushels, large quantities are still imported for domestic use. The average yield is 14 to 20 bushels per acre and with fair prices this brings an income of $16 to $20. All white beans are sold by the bushel, figuring 60 pounds to the bushel. Red beans are reckoned at 58 pounds to the bushel.

Castor Beans Are Being Improved

If one needs a dose of castor oil he must either grow the beans and make it himself or must pay whatever price the trust sees fit to ask. Although the industry of raising castor beans is rather small, it has been under control of what is commonly known as a trust for many years. The market is so well handled that a person living at a great distance will find difficulty in making any profit in the selling of his crop. The prices of beans are never very high.

Castor beans are grown commercially only in Oklahoma, Illinois, Missouri and Kansas. Oklahoma produces over half the total product. India furnishes a large supply, and, because of the small profits, the United States' growers are losing interest in the crop, and we depend much on that foreign country.

A systematic breeding of the castor bean for the purpose of increasing its oil-producing quality has been under way in the Oklahoma and Alabama experiment stations. E. Mead Wilcox started these experiments at the Oklahoma experiment station and is continuing them now at the Alabama station.

Most Peppermint from Michigan

Peppermint oil has its uses. Distilled from the peppermint plant, it is produced in England, Japan and Germany. The most extensive culture of the plant, however, is in the United States, and Michigan grows the bulk of the crop. A little is grown in northern Indiana and in

Wayne County, N Y. Probably the principal reason why Michigan is so important as a peppermint growing state is that there is a type of soil there particularly adapted to peppermint. This soil is found in drained swamp lands and marshes and is a black muck.

The work of handling this important little money crop is done mostly by hand, and requires great care at harvest to prevent the loss of leaves. The crop is made into oil at distilleries, and after the oil has been removed the hay is used as fodder for stock or allowed to rot for fertilizer. The price of peppermint oil is exceedingly changeable. It has been as low as 75 cents per pound and as high as $4 and more. During the last few years the price has held pretty close to $2. An ordinary crop will yield 40 to 50 pounds of oil per acre.

The Cranberry Problem

Cranberries, which have been developed to perfection in the United States, and a fruit which is in great favor of the American public, in the light of the increased production in 1909, have become a commercial problem. Until comparatively recent years this attractive berry was grown mainly by men of small means who were willing to live and labor in the unattractive bog lands of the country where cranberries thrive. In recent years the corporation promoters have been attracted by the possibilities in the cranberry and the result has been a largely increased acreage.

Cranberry Production and Prices

In the following table showing the production of cranberries in the United States three naughts (000) are omitted from quantities given:

Crop of	Crops in bushels: N E & N Y	New Jersey	West	Total	Boston price per bushel: Oct	Jan
1909	850	425	50	1,325	$2.00	*$1.75
1908	720	250	90	1,090	2.00	5.50
1907	850	350	80	1,070	2.25	2.75
1906	710	325	135	1,170	2.15	2.50
1905	415	275	125	815	2.25	4.50
1904	775	250	110	1,135	2.00	2.50
1903	425	475	100	1,000	2.25	2.50
1902	410	135	130	675	2.00	3.00
1901	540	300	110	950	2.00	2.00
1900	475	250	75	800	1.75	3.00
1899	600	240	120	960	1.50	2.00
1894	185	200	25	410	2.50	3.00
1889	350	200	70	620	2.00	3.00
1884	130	124	24	280	3.00	4.75
1880	251	129	113	493	2.00	2.00

*Price November 15, 1909.

In 1909, in spite of ruinous frosts, which cut down the Wisconsin crop about 40%, the production in the United States, according to the American Agriculturist weeklies was 1,325,000 bushels, the largest in the history of the industry. The United States government through its consular agencies has been looking for a market abroad for the American surplus product, but unfortunately the European palate is not tickled with the flavor of the American berry. The heavy production is reflected in the market prices which are given in the accompanying table.

Stimulus in Apple Orcharding

As each season for planting rolls around, the question is asked, Will farmers overdo the matter of setting out apple orchards? No. At least there is little danger of overproduction for some years to come. This assertion is made with a full knowledge of the keen interest of the past few seasons in commercial orcharding. The fact of the matter is, many a tender life (plant life) is launched on the seas of uncertainty, and without a guiding hand fails of ultimate maturity and fruition; in this particular case, the apple tree.

A feature of the nursery business of the past year was the difficulty in securing apple trees to fill orders of would-be orchardists. The demand was probably never greater, due directly to the stimulus of great successes in growing apples in recent years. These were most pronounced in the Pacific northwest, in Colorado and to some extent in the older orchard sections of New York and New England. Fruit prices much of the time have ruled high, and really fine fruit commanded fancy figures.

But to run the gamut of prices one must follow along all the way from $6 and $7 a barrel in eastern markets for fancy fruit, downward to 50 cents and $1 a barrel for "just apples." Right here is the difference between success and failure in growing apples. Much of the supply each season is commonplace or worse, due to the inroads made by fungous and insect pests, and only mean prices prevailed. On the other hand, up-to-date methods bring choice or practically faultless fruit salable at a big premium and showing reasonable profits.

Barrels or Boxes?

If one thing in the apple business sticks out more prominently than another just now, it is the controversy between the barrel fellows and the box fellows. One might roughly divide the map into two parts; one of these to take in Colorado and westward, comprising the box apple territory, all east of that the barrel territory. Not that this is a hard and fast division, because a good many apples are packed in boxes in the middle and eastern states. But commercially the advocates of box apples are found mostly in the west, while commission merchants, exporters and dealers generally favor barrels in the eastern sections, with a leaning the last year or two toward the box trade.

Time will tell as to developments in the method of packing and handling apples. The shrewd grower, meanwhile, should keep his ear to the ground. If he does he will probably hear the rumblings of the developing favor in which the box apples are held. Many orchardists are already catering to this business, packing their apples in the so-called bushel box, with the view of catching the popular demand for a package of this or similar size. Naturally it costs somewhat more to pack three bushels of winter apples into three boxes, cubic in form, each holding a bushel, than to pack this same bulk in a barrel holding three bushels. It is a question of just how far the grower and the dealer can pare down the cost of package and in other ways increase the consumption of this splendid fruit.

The Export Trade

The export trade in apples is of more value sentimentally than in any other way. Each year we ship abroad one to two million barrels of the better class of fruit. This is a very small fraction of the total product, as shown in American Agriculturist crop reports each year. In 1904 the exports of apples exceeded two million barrels, but they have never been that large since. Most of the apples go to England. That country, by the way, always gets a good many apples in Canada. France, Belgium and Germany take a few American apples. Dealers on the continent are friendly toward this fruit, but are handicapped by high tariff walls.

Right here is where reciprocity arrangements might be made more effective than they are. The European apple crops are mostly out of the way by November 1. There should be a big outlet every winter for American and Canadian apples. Yet our growers must realize that as a matter of fact apples in Europe, aside from the early consumed home crops, are regarded as luxuries. Taken as a whole, however, the export trade in apples is in reasonably healthy condition.

In the accompanying table, totals covering the domestic apple crops for a series of years are shown. The crops are grouped for convenience, according to relative importance.

Apple Crops by States

[In round thousands of barrels]

	1909 bbls	1908 bbls	1907 bbls	1906 bbls	1905 bbls
New England:					
Maine	750	625	1,700	900	630
New Hampshire	400	500	800	710	500
Vermont	200	375	750	600	350
Massachusetts	360	450	600	700	525
Rhode Island	100	125	100	100	100
Connecticut	200	250	400	275	450
Total	2,010	2,325	4,350	3,285	2,555
Middle:					
New York	3,400	4,500	4,650	5,200	3,330
New Jersey	300	350	400	650	750
Pennsylvania	1,600	2,000	3,000	3,750	2,100
Delaware	150	200	150	180	150
Ohio	1,050	1,600	1,800	2,750	950
Michigan	1,850	1,200	1,900	3,500	1,800
Wisconsin	1,250	250	200	250	100
Total	8,600	10,100	12,100	16,280	9,150
Central West:					
Indiana	450	500	600	1,000	510
Illinois	600	750	850	2,100	525
Missouri	540	400	400	2,275	400
Kansas	275	375	125	450	360
Nebraska	350	200	140	375	200
Iowa	500	425	350	650	365
Arkansas	350	300	300	900	550
Total	3,065	2,950	2,865	7,750	2,910
Far West	2,435	2,975	2,675	2,565	2,195
South	3,625	4,100	4,450	4,900	5,500
All other	3,000	3,000	3,200	3,500	2,000
U S Crop	25,400	25,940	29,540	38,280	24,310

Barrels never cost so much money as now. The prevailing high price of lumber counts. Apple orchardists in harvesting the crop of 1908 were obliged to pay 40 to 45 cents each for new barrels. Pork barrels of ash and oak cost the packers about $1 each.

Standard Grafting Wax

Melt together four parts (by weight) of resin, two parts of beeswax and one part tallow. Pour this mixture into a pail or tube of cold water. As the mass begins to cool so that it can be handled, grease the hands with tallow and pull and work the lump of wax until it becomes quite light in color. Form into balls or sticks for convenient use. This wax will keep in good condition indefinitely.

Every man owes himself a living, and it's up to him to get busy.

The Milk Business

Problems of Milk Making and Marketing Successfully Met. Middleman Gets Too Much. The Market. Standards

The towns and smaller cities have their milk problems. They, however, are seldom serious, and when trouble comes it usually affects but a single individual, the one who unfortunately may distribute disease in supplying his customers. But, thanks to the bacteriologist, the secret of this has been revealed so completely that there is no reason now for typhoid, diphtheria, scarlet fever and other disagreeable disorders being thus scattered if dairy producers and health authorities do their work conscientiously and faithfully. In the larger cities, like New York, Philadelphia, Boston, Baltimore, St Louis, Chicago and Pittsburg, these sanitary problems assume gigantic proportions and give rise to constant contention between boards of health, milk dealers and dairy producers. And until sanitation is completely understood and practiced wherever milk or butter is made or handled these problems will be paramount.

But sanitation is not the only problem that faces the milk maker or the milk user. A problem just as big, just as important, just as vigorously discussed, is that having to do with the shipping and marketing of milk. For let it be understood at the outset that if milk costs the consumer much money no charge of extortion can be laid at the farmers' door. No, indeed. The price the latter gets is so small as not to meet the cost of production on thousands of farms where dairying is the dominant work. So long as the producer deals with the consumer direct, as is possible and the custom in most cities, neither does the consumer pay an unreasonable price, nor does the producer labor at wages insufficient to support himself and family. It is only when the milk middlemen step in that trouble begins. As a result of this division of labor the producer only, as a rule, suffers.

The middleman takes his tolls from the men who make the milk. It is out of the question to state here the story of the rise of the milk middlemen. Suffice it to say they were at first humble, content with an honest part of the returns for their efforts in moving and marketing the milk. But, as has been the case with all of their kind, in steel or lumber or paper or oil or sugar or meat or any necessary commodity, as soon as the taste of money got fixed in their mouths they licked their chops for more, until they were content only when the lion's share became their own. Hence the great problem is here: In the division of the consumers' dollars in a righteous way how much should go to the producer and how much to the seller?

The situation at present gives the odds to the middlemen. They have become rich and powerful—and organized. While several independent companies are usually to be found in every large city, a single, strong competitor usually controls and dominates all of them. Thus, in New York there are many dealers; even a milk exchange exists and fixes a price, but the prices as fixed are as certainly fixed and adjusted by the milk trust as are oil prices raised or lowered by the oil trust, or steel prices by the steel trust, or meat prices by the meat trust.

The milk situation can be righted, however, whenever the milk farmers will co-operate and unite with the single purpose of securing prices that are just and in keeping with the increased cost of producing this food commodity. The old Five States Milk Producers' Association, which came into existence a few years ago, died because its rank and file were weaned away by temporary better prices, by the suave words of the emissaries who, like wolves in sheep's clothing, roamed about in all directions, picking away a member here, another there, until dissolution and impotency faced the organization. Since those days when the dairy

Freight Zones and Rates for New York Milk

	ZONES			
	A	B	C	D
Miles from market	40	41 to 100	101 to 190	Over 190
Freight rate per can of 40 quarts	$0.23	$0.26	$0.29	$0.32
Add for ferriage on milk delivered on west side of the Hudson, per can	.05	.05	.05	.05
Total cost of getting milk to market from west side of river	.28	.31	.34	.37
Suppose exchange price at New York is, per can	1.31	1.31	1.31	1.31
Deducting freight and ferriage leaves presumable net price at farmers' stations, per can	.98	1.00	.97	.94
Equal to cents per quart	2.45c	2.5c	2.425c	2.35c

farmers had partially exposed their strength the association has passed off into a sleep from which there is no awakening.

Its successor, a vigorous organization now, is full of promise, providing dairymen join its membership body and remain faithful to its tenets and aims. We refer to the Dairymen's League, an incorporated body, with J. Y. Gerow of Washingtonville, N Y, as president, and Albert Manning of Otisville, N Y, as secretary. Branch leagues are being installed wherever dairy farmers live. The league is worthy of support and could be a great power in securing equitable prices if milk farmers would rally to its support. By organization only will just prices be made; by organization only will the dairymen be freed from the mire of low returns and dairy slavery.

Range of Milk Prices at New York

By glancing at the table below the milk prices for each month since 1868 are seen. With no material changes the prices today are just about what they were a quarter of a century ago. And the cost of living, of feed, of labor, of tools and implements have greatly increased—some 50, some 100 and some 400 fold!

Milk Prices at New York

[In cents per quart]

Year	April	June	Aug	Oct	Dec
1909	3[illegible]	2[illegible]	3	4	4½
1908	3[illegible]	2[illegible]	3	3[illegible]	4
1907	3[illegible]	2[illegible]	3[illegible]	4	4
1906	2[illegible]	2[illegible]	2[illegible]	3[illegible]	3[illegible]
1905	2[illegible]	2	2[illegible]	3	3[illegible]
1904	2[illegible]	2	2[illegible]	2[illegible]	3[illegible]
1903	3[illegible]	2[illegible]	2[illegible]	3	3[illegible]
1902	2[illegible]	2[illegible]	2[illegible]	3	3[illegible]
1900	2[illegible]	2[illegible]	2[illegible]	3	3[illegible]
1899	2[illegible]	2	2[illegible]	2[illegible]	3[illegible]
1898	2[illegible]	1[illegible]	2[illegible]	2[illegible]	3
1896	2[illegible]	1[illegible]	2[illegible]	2[illegible]	2[illegible]
1895	2[illegible]	2	2[illegible]	3	3
1893	2[illegible]	2	2[illegible]	3	3
1892	2[illegible]	2	2[illegible]	3	3[illegible]
1891	2[illegible]	2	2[illegible]	3	3[illegible]
1889	2½	2	2	2½	3[illegible]
1888	3	2	2[illegible]	3	3[illegible]
1881	3	2	2[illegible]	4	4[illegible]
1878	3	2	2[illegible]	2½	3[illegible]
1876	3	2[illegible]	3	3½	4
1874	3[illegible]	2[illegible]	3	3[illegible]	4[illegible]
1870	4	3	4	6	6
1868	4½	3	4	5	7

A slight turn in the tide was noticed, however, last October. The price was advanced enough to secure not a quarter to a half cent more than customary for the following six months. Helpful as the increase was, it was still unjust when the real value of the milk, on the basis of cost, was at the very moment between 5 and 6 cents a quart. And the New York case is quite similar to what has happened in every large city in the land. It is the story of the dairymen's struggle against organized capital in control of the city milk markets.

How the Milk is Shipped

Milk is brought to receiving stations along the railroads in cans and sent direct to the receiving points of the cities. In New York the cans hold 40 quarts and the cans are furnished by the shippers. Instead of a uniform rate of 32 cents a can for freight, as was once the case (except for short bottles at 25 cents a can) the Interstate Commerce Commission decreed in March, 1897, a 23-cent rate for all stations in the zone within 40 miles of the terminal at New York city, Jersey City, etc; between 40 and 100 miles, 26 cents; beyond 190 miles, 32 cents. The exchange price is based on zone B; thus \$1.31 a can, less freight 26 cents and ferriage 5 cents, nets the producer \$1 a can, or 2½ cents a quart. Hence, \$1.31 a can is said to make the exchange price 2½ cents a quart. In November, 1909, the retail price to families in New York city was advanced to 9 cents.

Instead of shipping direct to New York and other city dealers, many farmers sell to creameries operated by city dealers at the local railroad station. They often agree in such cases to take ¼ to ½ cent less than the exchange quart rate.

These independent butter and cheese factories have been the saving factors in the milk traffic. Many of them are co-operative and owned by farmers. Once let them disappear or be absorbed by the city dealers and no substitute for short prices will be open. The small creameries should be kept open and in business health, with support and patronage, and prices at the city end for milk shipped will be further advanced. The officers of the Five States Co-operative Creameries' Association are: President, D. C. Markham of Port Leyden, N Y, and secretary William C. Hunt of Great Bend, Pa.

The Philadelphia Shippers' Union

The Philadelphia Milk Shippers' Union is the farmers' organization, with headquarters at Odd Fellows' Temple, corner of Broad and Cherry streets, Philadelphia, Pa. The officers are: President, Charles S. Atkinson of New Hope, Pa; secretary, A. B. Huey of Lenape, Pa.

The dealers' organization is the Philadelphia Milk Exchange. President, Louis D. Sloan; secretary, Joseph H. Gravenstine, 1537-39 North 23d street. The monthly prices for milk at Philadelphia will be found below.

The Problem of Milk Inspection

In most cities, milk is now inspected by officers under the authority of the board of health. Not only are the wagons and depots under observation, but circulars on various topics incidental to

Monthly Philadelphia Milk Prices, per Quart

Year	Jan	Feb	Mar	Apr	May	June	July	Aug	Sept	Oct	Nov	Dec	Av Mo
1909	4	4	4	4	3½	3½	3½	4	4	4½	—	—	
1908	4½	4	4	4	*4	3½	3½	3½	3½	4	4	4	3.77
1907	4½	4½	4½	4½	4	4	4	3½	4	4½	4½	5	4.31
1906	4½	4	4	4	4	3½	4	3½	3½	4½	4½	4½	4.00
1905	4	4	4	4	4	3½	4	3½	3½	4½	4½	4½	3.95
1904	4	4	4	4	4	3½	3½	3½	3½	4	4½	4½	3.91
1903	4	4	4	6	4	3½	4	3½	3½	4½	4½	4½	4.00
1902	4	4	4	4	4	4	4	3½	3½	4	4½	4½	4.00
1901	3½	3½	3½	3½	3½	3	3	3	4	4	4	4	3.54
1900	4	3½	3½	3½	3½	3½	3½	3½	3½	3½	4	4	3.70
1899	3½	3½	3½	3½	2½	2½	3	3	3½	3½	4	4	3.33

*Freight is included in these prices and averages about ½ cent per quart.

CONTAMINATION IN MILK FROM A SINGLE HAIR

This is from a photograph, much enlarged, of a petrous dish on which was laid a hair from a cow's udder. The various shadows and forms that have grown out from the hair indicate the germs of filth and possibly of disease that this single hair contained. The drawing, therefore, shows quite graphically the contamination which might come from a hair falling into the milk at milking time. Not one dairyman in a thousand realizes that each hair in milk can be found such a source of filth and possible disease. This striking picture is furnished us by E. H. Webster, chief of the United States dairy division of the department of agriculture. A careful study of some of these essentials in handling the up-to-date dairy will go far toward attaining the best kind of success.

healthful milk are issued from time to time that those who consume milk may be kept advised as to the best methods of keeping it, of using it and the best means of sanitation as applied to milk.

In some cities the work of inspection is carried still further. For instance, the New York board of health sends its inspectors throughout the districts in which the milk is produced. Inspectors are sent out by the state department of agriculture at no charge for their services, as the state pays all expenses. Whenever inspection is desired the farmer should apply direct to the commissioner of agriculture at Albany, N Y.

As an aid to improve milk handling, both on the farms and at every point on the route to the final consumer, whether in New York city or in other cities of the state, various agencies have been at work interesting all parties in the sanitary making, hauling and use of milk. Not only the state and city boards have joined in this work, but country boards, physicians, the press and many classes of citizens.

The inspection work, while it is a reasonable undertaking, has not been fraught with the greatest good, because of the kind of inspectors sent out. Some of the men were good and tactful in doing what was expected of them. In too many cases, however, incompetent inspectors were charged with the work. The ignorance of the problems and methods of milk making, their lack of sympathy and complete incompetency, aroused the anger and disgust of hundreds of farmers and delayed a program, which, if it had been wisely carried out, would have secured admirable results. The burden of the matter is on the city boards and their first duty is to obtain competent inspectors.

Milk Middlemen's Organization

The New York city milk exchange is composed of a few of the larger dealers and "fixes the price of milk shipped to the New York market" monthly or oftener. The officers of the consolidated milk exchange are: John A. McBride, president; Wm B. Conklin, vice-president; and Joseph Laemmle, secretary and treasurer. The principal office is at Morgan and Warren streets, Jersey City, with a branch office at 6 Harrison street, New York.

The Boston Milk Situation

For 20 years and more, New England farmers shipping milk to Boston have kept up a steady warfare in behalf of reasonable and living prices for their product. As generally known, the Boston wholesale and pretty much of the retail markets are controlled by a group of half a dozen milk contractors who own or control the milk cars in which farmers ship their milk and who control the market end. A farmers' union was first organized long years ago to offset the evils of the so-called milk trust. Farmers paid $1 a year and this worked reasonably well for a number of years, they even going so far at one time as to call a milk strike, which resulted in boosting the price several cents a can.

A few years ago, the farmers' organization was made a company and incorporated and shares sold at $6 each, payable in installments of $2 annually. This supplied funds for a time, but last year, 1909, the treasury was in so depleted a condition that another plan had to be devised. It was decided to put the entire business on a commission basis, each milk producer being taxed a half mill for each can of 8½ quarts shipped to the Boston market. That is the plan now being worked out, and it promises well. This money is used to defray expenses of the farmers' company.

*Milk Prices at Boston

Season	Summer, April 1 to October 1	Winter, October 1 to April 1	—Yearly average— Per can, 8½ quarts	Per quart
1909–10	—c	44½c		
1908–9	37½	44½		
1907–8	37½	42½	40¾c	4.79c
1906–7	35½	38½	37	4.35
1905–6	35½	37½	36½	4.3
1904–5	35½	37½	36½	4.3
1903–4	37½	37½	37½	4.4
1899–0	31	33	32	3.8
1890–1	32	36	33	3.9
1887–8	30	36	33	3.9
1882–3	35	43	38	4.5

*Prices are Boston basis, subject to zone rates which are high or low according to distance from Boston. In the middle zone the rate is 9 cents per can.

In general, prices have been as good, or better, at Boston as at other milk marts. The price paid during the winter season of 1909-10 was 44½ cents per can of 8½ quarts. This is Boston basis, and to get the price the farmer receives at his shipping station subtract the rate corresponding to the zone from which he ships. Thus, the middle zone has a 9-cent rate (that is, it costs 9 cents for freight to Boston) and this taken from the Boston price leaves 35½ cents a can for the farmer in that zone. The trade made between Boston dealers and representatives of the farmers' company for last winter resulted in favor of the latter. Two extra months—September and April—were placed on the winter schedule during which producers receive 7 cents more a can than for summer shipment. This, in the aggregate, amounted to several thousand dollars for New England farmers, which would not have been given except for the Boston Co-operative Milk Producers' Company, the official title of the farmers' organization. Prices for several years past are given in accompanying table.

Milk and Cream Standards

As might be expected, legal standards for milk and cream by states vary somewhat. Several states require no standard in this connection, but the tendency is for each state to establish some specific regulation for the increasing use of these commodities. The 1909 legislatures of Tennessee and Indiana each created new milk and cream standards, and there were occasional changes and modifications of existing laws in other states.

The Pennsylvania legislature last year repealed its milk standard law passed in 1878 and placed the sale of milk and cream under the regulations of two separate acts. One prohibits the addition to milk or cream of any compound or substances for the purpose of preserving or coloring the same. The other act prohibits the addition of water to milk or the removal of butter fat therefrom, unless in the latter case the article be sold as skim milk. It fixes specifically no standard of composition for milk, but does fix for cream a minimum of 15% butter fat. New York has had standards regulating sale of milk for some time, but not until 1909 did the legislature establish a specific standard for cream, which is now 18% butter fat. Delaware has no standard as to composition of milk and cream, but the legislature of 1909 created an act calling for the sale of all milk by liquid or wine measure, which must contain 231 cubic inches to the gallon. It is further provided that milk, skim milk or cream may be sold by weight or percentage of butter fat. The state standards are given in the accompanying table.

Milk and Cream Standard

State	% Total Solids	% Solids not Fat	% Fat	% Fat in Cream
California	11.5	8.5	3.00	18
Colorado	—	—	3.25	18
Connecticut	11.75	8.5	3.25	—
District of Col	12.5	9.00	3.5	20
Florida	11.75	8.5	3.25	—
Georgia	11.75	8.5	3.25	18
Hawaii	11.5	—	2.5	—
Idaho	11.00	9.00	3.00	18
Illinois	11.5	8.5	3.00	18
Indiana	—	8.5	3.25	18
Iowa	12.5	9.5	3.00	15
Kansas	11.75	8.5	3.25	18
Maine	12.00	9.00	3.00	18
Massachusetts	12.15	—	3.35	15
Michigan	12.5	—	3.00	—
Minnesota	13.00	9.5	3.5	20
Missouri	12.00	8.75	3.25	18
Montana	12.00	9.00	3.00	15
Nebraska	—	—	3.00	18
New Jersey	12.00	9.00	3.00	16
New Hampshire	*13.00	†9.5	‡3.5	—
New York	12.00	9.00	3.00	18
North Carolina	—	—	3.25	18
Ohio	12.00	—	3.00	—
Pennsylvania	—	—	—	15
Porto Rico	12.00	9.00	3.00	—
Rhode Island	12.00	—	2.5	—
South Dakota	12.5	9.5	3.00	18
Tennessee	11.75	8.5	3.25	18
Texas	12.5	9.00	3.00	—
Utah	12.00	8.80	3.2	18
Vermont	12.5	9.25	3.25	—
Wisconsin	—	8.5	3.00	18
Wyoming	§12.00	9.6	2.4	—

*April to September 12%.
†April to September 9%.
‡April to September 3%.
—No regulation.
§Except May and June, 11.5 total solids.

Reorganizing the Chicago Milk Trade

During the earlier months of 1909 an interesting development in the Chicago milk situation arose. Prior to 1909, producers had very little to say concerning the price of milk, or the details of handling it. The Chicago city council passed several ordinances requiring special handling of milk distributed in the city. They demanded that the barns be cleaner, that cows be tuberculin tested and that milk from non-tuberculin tested cows be pasteurized. This entailed greater expense in the production of milk and the dairy farmers demanded a higher price for their product. This was not granted.

The dairy farmers then organized the Milk Producers' Protective Association, with J. P. Grier of Ashland block, Chicago, as secretary. They attempted to secure as members every man who ships milk to Chicago, and have been quite successful. They fixed a scale of prices considerably above that established every six months by the old Milk Shippers' Union. The milk dealers in Chicago at once attempted to counteract this movement, and started out to secure milk contracts directly from the farmers at the old prices. A great many of the members of the new association refused to sign contracts with the dealers, but some of them fell by the wayside. The dealers then determined to refuse to handle milk produced by members of the protective association.

This association then began the establishment of independent distributing centers in Chicago. These are still new, but promise to be successful. The situation is still unsettled, but promises interesting developments during coming months. The prices for 1909, as well as for several years previous, are noted below. It is the understanding that if the movement to advance the retail price of milk from 7 to 8 cents proves thoroughly successful, the price per eight-gallon can to the farmers will be advanced 12½ cents. This is the tentative arrangement of the old Milk Shippers' Union with the farmers, but has nothing to do with the effort of the milk producers' protective association to secure even a higher price.

Chicago Milk Per Eight-Gallon Can

Month	1909	1908	1907	1906	1905	1904
Jan	$1.30	$1.45	$1.20	$1.10	$1.15	$1.15
Feb	1.30	1.45	1.15	1.10	1.10	1.15
March	1.25	1.30	1.10	1.05	1.10	1.15
Apr	1.25	1.25	1.10	1.05	1.05	1.05
May	1.00	.95	.90	.80	.80	.75
June	.95	.90	.85	.80	.80	.75
July	1.00	1.00	1.00	.90	.85	.85
Aug	1.10	1.10	1.05	.90	.85	.85
Sept	1.15	1.10	1.10	1.00	.95	.95
Oct	1.15	1.15	1.10	1.00	.95	.95
Nov	1.45	1.35	1.45	1.20	1.15	1.15
Dec	1.45	1.35	1.45	1.20	1.15	1.15
Av per can	1.20	1.20	1.12	1.00	.99	.99
Av per qt	.038	.038	.035	.031	.03	.03

Grind your scythe on cloudy days, and you will be ready to make hay when the sun shines.

Butter and Cheese Keep Pace

Another year has served to emphasize the fact that production of butter and cheese is not keeping pace with home consumption. In spite of the improved machinery for making butter and cheese, reducing the waste and the loss to a minimum, in the face of more economic production, the insufficiency of the home supply is more pronounced each year and prices are steadily advancing. An examination of the accompanying tabular statements shows that exports have decreased as the prices have advanced. And in spite of the duty of 6 cents per pound on butter and cheese imports of these two products are increasing.

The higher price of feed products has had a tendency to reduce the number of dairy cows, whereas the growing centers of population, such as New York, Chicago, Philadelphia and Boston, make the demand for milk so urgent that the butter and cheese factories compete with difficulty for their share of the milk supply. Milk producers are protected by a duty of 2 cents a gallon on milk and 5 cents per gallon on cream.

Range of Butter Prices

The range of butter prices at Chicago and New York for the years indicated are shown in the following table, quotations being for western extra creamery butter:

Year	Chicago	New York
1909........	*24 @32	*25 @33
1908........	20 @34	21 @35
1907........	22 @33	23 @34
1906........	17 @31	19 @32
1905........	18 @34	19½@35
1904........	17 @28	17½@28
1903........	18½@28½	19 @29
1902........	19 @28	20 @29
1901........	18 @24	19 @25
1900........	18 @26	16 @27
1899........	17 @26	18 @27
1898........	16 @22	17 @23
1897........	14 @23	14 @24
1896........	15 @24	15 @26
1895........	16 @25	17 @28
1894........	15 @27	17 @28
1893........	19 @33	20 @35
1892........	17 @31	17 @32
1891........	17 @35	†22 @26
1890........	14 @29	†20 @23
1889........	‡16	†21 @23
1888........	‡18	†24 @26
1887........	‡15	†23 @25
1886........	‡15½	†25 @27
1885........	16 @40	†20 @24
1884........	‡18	†20 @25
1883........	‡18	†20 @26
1882........	‡19	†28 @32
1881........	‡19	†24 @27
1880........	18 @37	

*January 1 to December 1.
†Average for western extra creameries.
‡Represents average price for all.

Cheese Prices Compared

In the following table are shown the range of prices of cheese in New York and Chicago for last year and previous years, quotations being in cents per pound for full cream cheese:

Year	Chicago	New York
1909........	*12½@17	*13 @17½
1908........	10 @15½	10½@16
1907........	11 @15	11½@15½
1906........	9 @14	9½@14½
1905........	9½@14½	9 @14½
1904........	7 @12½	6½@12½
1903........	10 @14½	9½@15½
1902........	9 @13	9 @13½
1901........	9 @12	8 @12½
1900........	7 @12½	9 @13½
1899........	8 @13	7½@13
1898........	8 @11	7 @11
1897........	7 @11	7 @12
1896........	6 @10	6 @11
1895........	7 @11	6 @12
1894........	8 @13	9 @12
1893........	7 @12	9 @12
1892........	8 @12	9 @13
1891........	7 @12	†10 @11
1890........	7 @11	†9 @10
1889........	†9	†10 @11
1888........	†9	†10 @11
1887........	†9	†11 @12
1886........	†8	†9 @11

*January 1 to December 1.
†Average price for the year.

Butter Imports and Exports

Exports and imports of butter for the years ending June 30:

Year	Exports, pounds, millions and tenths	Average value, cents	Imports, pounds	Average value, cents	Rate of duty, cents
1909	5.9	21.2	646,280	21.9	6
1908	6.4	21.8	780,608	23.4	6
1907	12.5	19.5	441,755	26.7	6
1906	27.3	18.0	196,642	29.0	6
1905	10.0	16.3	593,104	20.9	6
1904	10.7	16.5	153,536	22.6	6
1899	20.2	16.1	23,700	16.7	6
1894	11.8	17.5	144,000	16.2	6
1889	15.5	16.6	179,000	13.7	4
1885	21.7	16.8	187,000	18.7	4

Should Brace Up on Poultry

Of the many sources of farm revenue none perhaps is conducted in such a shiftless manner as the poultry department. Of course, the establishments devoted exclusively to poultry raising are not included in this indictment. The machinery of commerce provides ample means for the proper care and handling of poultry, both live and dressed, and of eggs. After these products have passed from the farmers' hands, the neglect and waste complained of are chiefly in eggs.

That it pays to give care and provide proper means for handling eggs on the farm can be demonstrated to any farmer who will note the difference in quotations, in large distributing centers, between the miscellaneous lots, which comprise the bulk of eggs shipped from American farms, with prices which the consuming public pays willingly for eggs of guaranteed freshness and uniformity of size and color.

The difference between a so-called fancy hennery egg and an egg picked at random from a crate of "miscellaneous" is not due to great scientific acumen on the part of the owner of the fancy hennery, but to proper feeding of the fowls, and to care and promptness in crating and shipping.

The past year has witnessed a re-

A $50 Barred Plymouth Rock Pullet

markably steady egg market. The scarcity of high-class eggs was a little more pronounced, the price going nearly to 60 cents in some of the large centers, while miscellaneous eggs, just as good to start with, perhaps, as the fancy hennery, were selling at 26 to 27 cents per dozen, because they were not properly handled.

Egg Prices in Large Cities

Prices of eggs in the large distributing centers at the three important times in the year follow:

(All prices in cents)

Year	New York Apr 1	Sept 1	Dec 1	Chicago Apr 1	Sept 1	Dec 1	Boston Apr 1	Sept 1	Dec 1
1909	23	26	53	19	21½	28½	20	32	48
1908	17	30	52	16	21	29	20	31	48
1907	17½	22	38	16	19	28	18	23	40
1906	21	25	40	18	20	30	22	26	42
1905	19	26	39	16	21	27	19	27	39
1904	19	24	38	18	21	27	19	25	38
1899	14½	21	24	13	16½	20	13½	17	25
1894	12	19	27	10	15	21	13	22	30
1889	14½	16½	29	10½	14½	24	15	22	32

Foreign Trade in Eggs

Imports and exports of eggs in thousand dozens and the average value per dozen stated in cents are shown in the following table:

Year	Exports Dozens	Exports Avg val cents	Imports Dozens	Imports Avg val cents	Duty cents
1909	5,207	23.0	289	12.8	5
1908	7,591	20.3	232	11.1	5
1907	6,968	22.0	231	11.4	5
1906	4,952	20.9	241	8.8	5
1905	2,475	21.9	352	10.9	5
1904	1,776	22.3	496	12.4	5
1898	2,754	15.9	166	——	5
1893	143	23.1	3,318	11.8	5
1890	380	15.4	15,062	13.7	free
1883	360	20.8	15,279	17.4	free

Wisdom is the education that a man gets after he comes to the end of his school days.

It takes a mighty big man to do right when he knows he will be accused of cowardice therefor.

Greatness is nothing but the ability to meet the unexpected just as though you had expected it.

It is easy enough to be good when there is nothing to gain by being otherwise.

The more a man believes in his fellowmen the more apt they are to believe in him.

Success is mighty apt to come to the man too busy with today to waste time worrying about tomorrow.

The more a man is really accomplishing, the less necessary he finds it to talk about it.

New Live Stock Epoch

Heavy Decrease in Exports of Animals and Meat. Statistics Explained. Higher Prices for Cattle, Hogs and Sheep

In the live stock branch of agriculture, the year 1909 marks a new epoch. When pasture lands were almost unbounded, when even the cattle belonged to the man who caught and branded them, the matter of obtaining beef at a low price was not much of a problem. In the early days it was largely a question of transportation. After railroads had relieved the heavy loss of the old trails, from the ranches to the markets, conditions were greatly improved. No attempt will be made here to theorize on present conditions of serious shortages in some lines of live stock supply. It is only desired to set forth some of the facts of record. Chief among these is the heavy decrease in exports of meat, whether on the hoof or dressed.

Values of Live Stock Exports

For the nine months ended September 30, 1909, and for the corresponding period in 1908, the export values of live stock and other commodities allied to the live stock industry were as follows:

	1909	1908
Cattle	$11,797,366	$19,161,530
Hogs	70,959	218,623
Sheep	207,463	512,168
Canned Beef	1,169,706	1,250,?15
Dressed Beef	7,508,494	12,116,866
Cured Beef	2,525,462	2,439,590
Tallow	2,517,068	3,316,894
Bacon	17,964,043	20,944,470
Hams	17,400,842	18,884,903
Pork	4,178,767	8,077,626
Lard	38,279,719	39,756,194
Mutton	109,978	104,486
Total	$103,729,867	$126,883,665

Bearing on the international movement of live stock, note may be made of the following comparison of import values for the nine months ended September 30; these, of course, including breeding animals of all kinds:

	1909	1908
Cattle	$1,444,927	$942,960
Sheep	306,749	214,618
Other live animals	289,652	446,739
	$2,041,328	$1,604,317

Live Animal Imports

Cattle are divided into two general classes, the beef breeds and the dairy breeds. The chief dairy states are Wisconsin, Michigan, New York and the New England states. In the production of

Foreign Trade in Cattle

Imports and exports of live cattle for the years ended June 30 were as follows:

CATTLE IMPORTS

Year ended June 30	No	Value
1909	129,184	$1,999,422
1908	92,356	1,507,310
1907	32,404	565,122
1906	29,019	548,430
1905	27,855	464,572
1904	16,056	310,737
1903	66,166	1,161,548
1902	96,027	1,608,722
1901	146,022	1,931,433
1900	181,006	2,257,694
1899	199,752	2,320,362
1898	291,589	2,913,223
1897	328,977	2,589,857
1896	217,826	1,509,856
1895	149,781	765,853
1894	1,592	18,704

EXPORTS OF CATTLE

Year	No	Value
1909	207,542	$18,046,976
1908	349,210	29,339,134
1907	423,051	34,577,392
1906	584,239	42,081,170
1905	567,806	40,598,048
1904	593,409	42,256,291
1903	402,178	29,848,936
1902	392.884	29,902,202
1901	459,218	37,566,980
1900	397,286	30,535,153
1899	389,490	30,516,833
1898	439,255	37,827,500
1897	392,200	36,357,451
1896	372,461	34,560,672
1895	331,722	30,603,796
1894	359,278	33,461,922

beef cattle, the ranges of Texas, Colorado, Wyoming, Montana, the Dakotas, Nebraska and Kansas have long played an important part. In production of so-called native cattle, Illinois, Iowa and Indiana are leading states. Ohio, Iowa, Missouri, Kansas, Nebraska, Kentucky and a part of Pennsylvania are prominent in the breeding and raising of beef cattle.

The old range method of production has not kept up with the increasing population and export demand. It is now the opinion of best informed live stock men that production of beef animals must proceed along well-organized, scientific lines of breeding.

More Dairy Cattle Needed

Since the demand for milk in the large cities is reaching the stage of a serious problem and the consumption of butter has encroached closely upon the total volume of production, the necessity of more extensive breeding of dairy animals is quite as evident as it is that more beef cattle are needed.

The entire cattle raising industry appears to be reaching a much higher plane. Animals of indifferent condition are no longer acceptable in the large distributing centers. Packing house investigations, the establishment of more stringent government inspection and the activities of health authorities all combine to educate the public to a higher standard of meat supply. It remains to be seen how soon the agricultural interests will respond to the public needs, or to what extent circumstances will permit this response from agricultural interests.

The past year saw prices of beef cattle go to the highest level in the history of stock yards. For many weeks the well-established quotation for prime steers in the Chicago stock yards was $9.25 per 100 pounds. Cattle that sold at that price were not show animals shipped for exhibition at some live stock exposition and then placed upon the market, but animals raised simply to compete in the open market as beef cattle.

Cattle Statistics Misleading

It is the custom in many stock yards to classify calves with cattle in the daily reports of receipts, and the reports of the year's movement is therefore misleading. The tendency during the last few years has been to draw upon the future for meat supply by shipping a large number of calves to market. In the fiscal year ended June 30, 1907, 7,621,717 cattle were slaughtered in 708

Exports of Domestic Animals and Meat Products

[Stated in round millions]

Year ended June 30	Cattle, *No	Hogs, *No	Horses and Mules, *No	Sheep, *No	Canned beef, lbs	Fresh beef, lbs	Salted beef, lbs	Tallow, lbs	Bacon, lbs	Hams, lbs	Pickled pork, lbs	Lard, lbs	Oleomargarine, lbs	Oleo oil, lbs	Butter, lbs	Cheese, lbs	Eggs, *doz
1909	208	19	25	68	15	123	44	53	245	212	52	529	3	180	6	7	5207
1908	349	31	26	101	23	201	47	91	241	221	150	603	3	213	6	8	7590
1907	423	24	40	135	16	282	64	128	250	209	166	628	5	195	13	17	6970
1906	584	59	47	143	65	268	81	98	361	194	142	742	11	210	27	17	4952
1905	567	44	40	268	67	237	56	63	262	203	119	610	8	153	10	10	2476
1904	593	6	46	301	57	299	57	76	249	194	112	561	6	165	11	23	1776
1899	389	33	52	143	38	282	47	107	563	226	137	711	6	142	20	38	3693
1894	359	2	7	132	56	194	63	55	417	87	64	448	4	123	12	74	163
1889	206	45	7	129	51	138	55	78	357	43	64	318	2	28	16	35	549

*Expressed in thousands.

Cattle Movement in the United States

As Told by the Records of Stock Yards

In the following tables, compiled from reports and data furnished by courtesy of the various stock exchanges, receipts of cattle, stated in round thousands, are given for 1909 and for previous years:

AT FOUR LEADING WESTERN POINTS

	1909	1908	1907	1906	1905	1904	1903	1902	1901	1900	1899	1897
Chicago	†2943	3393	3305	3329	3410	3259	3432	2942	3031	2729	2514	2557
Kansas City	*2301	2458	2384	2296	2180	1996	2137	2083	2000	1970	1912	1818
Omaha	*975	1037	1158	1079	1026	944	1071	1011	818	828	838	811
St. Louis	*1039	1145	1133	1121	1124	1074	1140	1113	892	698	684	803

*January 1 to November 15. †January 1 to November 24.

IN CITIES OF THE MIDDLE WEST

	1909	1908	1907	1906	1905	1904	1903	1902	1901	1900	1899	1895
Cincinnati	*270	296	245	242	232	198	198	183	172	169	164	169
Indianapolis	*358	407	378	350	300	275	250	213	211	140	137	148
Cleveland	—	—	†45	68	—	—	80	39	38	32	27	21

*January 1 to November 15. †January 1 to November 1.

EASTERN LIVE STOCK CENTERS

	1909	1908	1907	1906	1905	1904	1903	1902	1901	1900	1899	1897
New York	*521	576	—	584	587	558	573	572	634	640	955	479
Boston	*167	193	249	240	211	202	161	160	180	178	189	229
Buffalo	*314	357	†212	265	220	611	599	520	640	620	500	707
Pittsburg	‡598	722	*538	663	577	545	561	405	367	—	—	263

*January 1 to November 17. †January 1 to November 1. ‡January 1 to November 30.

IN OTHER IMPORTANT TRADE CENTERS

	1909	1908	1907	1906	1905	1904	1903	1902	1901	1900	1899	1897
St. Paul	—	*410	459	487	489	352	308	259	159	171	166	179
Sioux City	*372	385	410	374	402	326	379	399	308	300	348	306
St. Joseph	*506	585	558	554	502	588	581	494	542	380	286	51
New Orleans	*161	183	‡53	50	47	49	44	42	45	53	—	123
Denver	†318	420	558	329	165	265	249	324	227	240	283	251

*January 1 to November 15. †January 1 to October 31. ‡Year ended September 1

government inspected establishments; during the same period 1,763,564 calves were slaughtered. In 787 establishments in 1908 the number of cattle slaughtered was 500,000 head less than the previous year in a less number of establishments, whereas the number of calves slaughtered increased 230,000. In 1909 the inspected establishments were 876. The number of cattle slaughtered was 7,325,337, or less than the previous two years, whereas calves numbered 2,046,713, nearly 300,000 greater than the year previous.

At the bottom of the whole live stock business, of course, is the problem of feeding and this brings up the subject of hog raising. The United States, with its great corn crop for years, has boasted of its hog production. High prices of corn in 1908, however, were followed by a short supply of hogs in 1909. The smaller movement will be noted in the reports of receipts of various distributing centers printed herewith in the American Agriculturist Hand Book. On the last Saturday in November, 1909, receipts of hogs at the six leading stock yards of the west were 15,422,000 head, compared with 18,411,000 head the corresponding period in 1908. The other live stock receipts showed a slight increase in movement. Cattle and calf receipts at the same distributing centers and for the same period were 7,736,000 head, compared with 7,589,000 last year. The sheep receipts were 8,872,000 head, compared with 8,567,000 in 1908, or an increase of 305,000 head.

Range of Cattle Prices at Chicago

Year	Native steers 1200 to 1800 lbs	Dry butcher cows and heifers	Stockers and feeders	Western range cattle
1909*	$6.00@9.25	$3.15@6.00	$2.75@5.50	$4.50@7.60
1908	5.50@8.40	3.25@6.10	2.25@5.75	3.15@6.25
1907	3.95@8.00	2.35@6.25	2.00@5.35	3.00@6.75
1906	3.85@7.40	1.85@6.25	2.00@5.00	2.50@5.85
1905	3.60@7.00	1.80@6.00	1.75@5.40	2.15@5.15
1904	3.75@7.00	2.00@5.75	2.00@5.10	2.25@5.00
1903	4.00@6.65	2.75@4.75	2.50@5.00	2.50@4.65
1902	3.60@9.00	3.25@8.25	1.90@6.00	2.00@7.40
1901	3.60@9.30	3.20@8.00	1.65@5.15	1.50@5.75
1900	3.90@8.50	3.20@6.00	2.10@5.25	3.20@5.35
1899	4.00@8.25	3.50@6.85	2.50@5.40	3.75@5.70
1898	3.80@6.25	3.20@5.40	2.40@4.75	3.25@5.00
1897	3.25@6.50	1.50@4.50	2.25@4.50	2.25@4.60
1896	3.40@6.50	1.25@4.50	1.90@4.10	2.10@5.50
1895	3.60@6.60	1.50@5.75	1.75@5.15	1.90@5.75
1894	3.00@6.60	1.00@4.40	1.75@4.15	1.50@5.50
1893	4.00@6.75	1.25@5.00	2.00@4.90	1.75@6.05
1892	3.75@7.00	1.00@4.00	1.50@4.10	1.50@5.20

*Prices for January 1 to December 1.

High Prices for Hogs

Hog prices, as well as those of cattle, have recorded high prices in 1909. For months heavy hogs have been quoted in Chicago well above the $8 mark, $8.60 being recorded at one time, and the average price, including all grades, was above the $8 mark during the last half of 1909, an advance of fully $1 over values of the previous year.

Some of the decrease in exports of hogs may be attributed to increased production in foreign countries. Germany and Ireland especially have led in late years in swine production. Statistics, however, which appear in this connection, indicate very strongly that the exports have suffered more on account of the shortage of production in the United States than to the increased production

Iowa Champion Berkshire Barrow

Live Hog Traffic in the United States

As Told by the Various Stock Yard Records

Hog receipts from January 1, 1909, together with complete returns for previous years are shown in the following tables compiled from official statistics of the stock yards. The figures are in round thousands:

AT FOUR LEADING WESTERN POINTS

	1909	1908	1907	1906	1905	1904	1903	1902	1901	1900	1899	1897
Chicago	†5865	8131	7201	7275	7726	7239	7325	7895	2890	8109	8178	8364
Kansas City	*2704	3715	2924	2676	2508	2227	1969	2279	3716	3094	2959	3351
Omaha	*1938	2425	2253	2394	2294	2299	2231	2247	2414	2201	2216	1611
St. Louis	*2107	2560	2301	1923	2026	1955	1700	1330	1924	1792	1801	1627

*January 1 to November 15. †January 1 to November 24.

AT THE HOG MARKETS OF THE MIDDLE WEST

	1909	1908	1907	1906	1905	1904	1903	1902	1901	1900	1899	1897
Cincinnati	*747	1171	938	860	948	870	736	722	*767	815	869	875
Indianapolis	*1530	2484	1955	1869	—	1669	1530	1251	1487	1323	1546	1253
Cleveland	—	—	†883	1102	—	—	885	926	846	989	1098	652

*January 1 to November 15. †January 1 to November 9.

IN THE HOG MARKETS OF THE EASTERN STATES

	1909	1908	1907	1906	1905	1904	1903	1902	1901	1900	1899	1897
New York	*1465	1966	1802	1750	1822	1878	1518	1349	1681	1825	1825	1578
Boston	*1076	1461	1300	1358	1312	1371	1266	1448	1401	1275	1681	1420
Buffalo	*1310	1932	†1523	1752	2279	2384	2440	2227	2040	2032	2160	5621
Pittsburg	‡2056	2859	†2197	2696	1194	1868	2008	1745	1125	—	—	1894

*January 1 to November 15. †January 1 to November 9. ‡January 1 to November 30.

STOCK CENTERS, SOUTH AND WEST

	1909	1908	1907	1906	1905	1904	1903	1902	1901	1900	1899	1897
St. Paul	—	*940	868	860	855	882	759	659	609	495	365	225
Sioux City	*968	1381	1289	1158	1209	1114	1008	1008	960	833	568	350
St. Joseph	*1464	2351	1923	1908	1900	1657	1700	1699	1105	1679	1402	400
New Orleans	*19	33	†16	†19	†18	†17	‡11	11	17	19	—	18
Denver	‡211	280	†218	193	162	162	117	87	109	116	120	75

*January 1 to November 15. †Year ended September 1. ‡January 1 to October 31.
†January 1 to November 9.

abroad. Of course, tariffs and the exactions of certain European states also enter into the question of shipping our pork into foreign countries. Since swine are more quickly raised than cattle, a year of ample corn supply may be followed by larger swine production.

Range of Hog Prices at Chicago

Year	Heavy packing 260 to 460 lbs	Mixed packing 200 to 250 lbs	Light bacon 150 to 200 lbs
1909...	*$5.75@8.60	$5.35@8.55	$5.25@8.55
1908...	4.20@7.65	5.10@7.40	5.00@7.40
1907...	3.75@7.25	3.70@7.25	3.70@7.20
1906...	4.25@7.00	4.40@7.10	4.25@7.05
1905...	3.85@6.40	3.80@6.30	3.60@6.25
1904...	3.75@6.30	3.70@6.20	3.50@6.10
1903...	3.90@7.87½	3.85@5.70	3.90@7.55
1902...	5.70@8.25	5.65@8.20	5.40@7.95
1901...	4.80@7.37½	4.85@7.30	4.75@7.20
1900...	4.05@5.85	4.05@5.82½	4.00@5.75
1899...	3.35@4.80	3.40@5.00	3.30@5.00
1898...	3.10@4.80	3.10@4.70	3.10@4.65
1897...	2.50@4.50	2.90@4.60	3.00@4.65
1896...	2.40@4.45	2.75@4.45	2.80@4.45
1895...	3.25@5.45	3.25@5.55	3.25@5.70
1894...	3.90@6.75	3.90@6.65	3.50@6.45
1893...	3.80@8.75	4.25@8.65	4.40@8.50
1892...	3.70@7.00	3.65@6.70	3.60@6.85
1891...	3.25@5.70	3.25@5.75	3.15@5.95

*Prices for January 1 to December 1.

Sheep Raising and the Tariff

Sheep raising has had the sustaining influence of good demand in the mutton trade and a revival in the wool industry. Sheep owners also escaped the disturbing element of a change in the wool tariff schedule. Last year the leading sheep markets of the United States were well and evenly supplied with sheep and lambs. During the early spring season, owing to the shortage of beef and pork, consumption turned naturally to lamb and there was a temporary advance in prices to very high levels. Values soon assumed a more normal basis and, generally speaking, the market has been without pyrotechnical features. The sheep raising industry has now become permanently established and identified with the states of Montana, Wyoming, Colorado, Utah and New Mexico in the west; Michigan, Ohio, New York, Pennsylvania and Kentucky in the east. Other states are more or less productive. It is the opinion of live stock men and wool dealers that by proper tariff regulation the raising of sheep can be encouraged until home demand will be fairly well supplied.

Live freight costs more than dead freight in ocean transportation. A trans-Atlantic liner demands anywhere from $75 to $500 to carry one passenger from New York to Liverpool. A bushel of shelled corn may be carried from Philadelphia to Antwerp for 5 cents; but it gets no perquisites with its passage ticket.

If you would climb, start from where you stand now.

Receipts of Sheep at the Leading Stock Yards

Receipts of sheep in the following tables are stated in round thousands of heads. Figures for 1909 were furnished by the stock yards and are for varying periods of the calendar year. Statistics for previous years were compiled from the official reports of the yards:

AT FOUR LEADING WESTERN MARKETS

	1909	1908	1907	1906	1905	1904	1903	1902	1901	1900	1898
Chicago	†3961	4352	4218	4805	4737	4505	4583	4516	4044	3549	3589
Kansas City	*1477	1641	1582	1617	1319	1004	1152	1154	980	860	980
Omaha	*1907	2106	2038	2165	1970	1754	1864	1743	1315	1277	1085
St. Louis	*702	679	630	579	688	688	528	523	520	416	436

*January 1 to November 15. †January 1 to November 24.

SHEEP TRADE OF THE MIDDLE WEST

	1909	1908	1907	1906	1905	1904	1903	1902	1901	1900	1899	1897
Cincinnati	*345	330	305	324	323	370	394	356	332	283	387	469
Indianapolis	*96	112	72	77	—	90	101	103	126	67	65	98
Cleveland	—	—	†243	294	—	—	194	187	143	130	96	73

*January 1 to November 15. †January 1 to November 9.

IN THE EASTERN STATES STOCK MARKETS

	1909	1908	1907	1906	1905	1904	1903	1902	1901	1900	1899	1897
New York	*1960	2088	1759	1532	1394	1761	1944	2038	2162	1953	1762	1631
Boston	*300	353	357	342	313	528	426	476	450	367	375	559
Pittsburg	†918	1143	a898	1301	1113	1295	1229	—	—	—	—	1011
Buffalo	*1330	1400	a1232	1775	1689	2464	2440	1129	2061	1668	1712	1878

*January 1 to November 15. aJanuary 1 to November 9. †January 1 to November 30.

IN GROWING CENTERS SOUTH AND WEST

	1909	1908	1907	1906	1905	1904	1903	1902	1901	1900	1899	1897
St. Paul	—	*301	568	735	818	773	876	601	331	486	382	300
Sioux City	*61	59	65	64	57	28	42	61	67	61	36	10
St. Joseph	*568	593	765	826	981	794	599	561	526	390	258	14
New Orleans	*3	5	†4	†5	†7	†6	‡6	13	12	12	—	13
Denver	**445	675	660	826	519	519	318	317	226	306	221	306

*January 1 to November 15. †Year ended September 1. ‡Year ended July 1.
**January 1 to October 15.

Sheep and Lamb Prices at Chicago During 1909 and Previous Years

[Poor to best, per 100 pounds live weight]

Year	Native sheep	Native lambs	Western sheep	Tex and Mex sheep and lambs
1909*	$4.00@7.75	$4.25@11.00	$4.00@7.65	$4.25@ 9.65
1908	2.50@7.25	3.50@12.50	2.50@7.00	3.50@10.00
1907	2.30@7.00	4.00@ 8.60	2.00@7.25	4.00@ 9.25
1906	2.75@6.50	4.50@ 8.75	3.00@6.40	2.75@ 7.85
1905	2.50@6.35	4.00@ 8.60	2.75@6.30	2.50@ 7.50
1904	2.25@6.00	3.50@ 7.10	2.50@5.50	2.40@ 7.25
1903	2.25@7.00	2.50@ 8.00	2.75@3.75	2.50@ 7.50
1902	1.25@6.50	2.00@ 7.25	1.25@6.30	2.50@ 7.60
1901	1.40@5.25	2.00@ 6.25	1.50@5.25	2.75@ 5.90
1899	2.25@5.65	3.50@ 7.45	2.50@5.55	4.00@ 7.00
1898	2.00@5.25	3.50@ 7.10	3.00@5.25	3.75@ 6.75
1895	1.75@5.50	1.75@ 6.35	1.50@5.35	1.00@ 5.15
1894	1.50@5.40	1.00@ 6.00	1.10@5.40	1.00@ 4.50
1892	2.25@6.90	3.00@ 8.25	3.00@6.75	2.25@ 6.35
1891	2.00@7.00	3.25@ 8.50	3.25@6.85	2.05@ 5.75

*Prices for January 1 to December 1.

THE CLYDESDALE FOR THE FARM

More Horses

Horse breeding in recent years has received a decided impetus. The usefulness of this animal has by no means been curtailed by the increased use of mechanical motive power. According to the government figures the number of horses in the United States increased 648,000 head from January 1, 1908, to January 1, 1909. During the same period the average price per head increased from $93.41 to $96. Statistics also indicate that the supply of horses is furnishing a surplus for the export trade.

For the year ended June 30, 1908, exports of American horses were 14,517 head. In 1909 the exports were 17,987 head. But this decrease in the home supply of about 3,500 head of horses was partly offset by larger imports. In 1908 5,487 horses were imported and in 1909 7,084. These imports, however, indicate a development of the horse industry rather than a decline, since a large percentage of animals has been brought to this country for breeding purposes.

The steady increase in the value of horses in spite of the larger production is an interesting feature of our agricultural commerce. The lowest average price for horses is recorded in 1897, the figure being $31.51. The highest price was in 1907, being $106.30.

Number of Farm Animals in Each State

According to a report of the department of agriculture the number and average price of farm animals in the several states on January 1, 1909, were as follows:

[Number and total value expressed in thousands, three ciphers being omitted. Average value expressed in full, cents being given only for sheep and swine.]

	HORSES			MILCH COWS			OTHER CATTLE			SHEEP			SWINE		
	Number '09	Av value per head '09	Av value per head '08	Number '09	Av value per head '09	Av price per head '08	Number '09	Av value per head '09	Av value per head '08	Number '09	Av value per head '09	Av value per head '08	Number '09	Av value per head '09	Av value per head '08
Maine	117	$107	$106	179	$29	$31	145	$15	$16	262	$3.10	$4.09	66	8.50	$8.75
New Hampshire	59	98	101	124	32	32	97	18	17	76	3.30	3.87	52	9.50	9.25
Vermont	93	103	101	288	30	30	214	13	14	227	3.60	4.16	98	8.25	8.15
Massachusetts	83	116	111	194	40	40	90	16	17	45	4.00	4.49	69	9.25	10.25
Rhode Island	14	126	121	26	43	42	10	18	19	9	4.00	4.40	13	10.00	10.00
Connecticut	61	123	118	137	38	37	83	17	19	34	4.40	4.75	47	11.00	10.50
New York	710	114	113	1,789	34	33	898	16	17	1,165	4.30	4.81	669	8.50	8.90
New Jersey	102	124	113	190	45	43	82	20	21	44	5.00	4.99	158	9.25	10.00
Pennsylvania	619	116	114	1,152	37	36	965	18	18	1,135	4.50	4.62	990	8.50	7.80
Delaware	37	100	99	38	36	36	22	19	20	12	4.40	4.64	46	8.00	7.50
Maryland	158	100	94	158	33	32	141	20	20	163	4.60	4.55	287	6.60	6.35
Virginia	314	100	97	294	29	28	578	18	19	517	3.80	4.00	806	5.50	5.75
West Virginia	195	102	102	247	32	33	538	21	22	709	4.00	4.40	375	6.00	5.75
North Carolina	192	110	107	294	25	24	454	11	12	222	2.40	2.62	1,308	6.30	5.60
South Carolina	85	121	118	139	27	27	225	11	12	58	2.20	2.17	685	6.25	5.70
Georgia	140	116	111	311	23	25	680	9	11	258	1.90	2.01	1,615	5.50	5.50
Florida	54	104	104	93	26	29	691	10	10	99	1.90	1.97	447	4.00	3.75
Ohio	958	113	111	947	38	36	998	22	21	3,110	4.10	4.48	2,380	6.75	6.50
Indiana	830	107	105	680	35	33	,052	21	21	1,215	4.50	5.06	3,033	6.10	6.20
Illinois	1,623	109	107	1,220	37	35	2,056	23	22	793	4.80	5.01	4,438	7.00	6.60
Michigan	739	110	105	891	35	34	993	16	16	2,130	3.90	4.46	1,332	7.00	6.60
Wisconsin	662	107	105	1,462	34	30	1,114	15	13	1,044	3.80	4.15	1,834	8.25	7.00
Minnesota	752	100	98	1,092	30	28	1,253	12	12	468	3.50	3.79	1,153	7.75	7.10
Iowa	1,419	103	99	1,586	34	30	3,842	22	21	747	4.60	4.97	7,908	8.00	6.50
Missouri	995	90	88	984	31	28	2,232	21	20	997	3.90	4.36	3,270	5.25	5.15
North Dakota	678	101	97	235	30	27	642	17	16	621	3.60	3.56	226	8.00	7.50
South Dakota	594	93	86	643	30	27	1,397	18	18	821	3.50	3.63	894	7.90	7.00
Nebraska	1,035	91	87	897	31	29	3,200	20	19	409	3.50	3.76	3,904	7.25	6.25
Kansas	1,152	89	87	744	33	29	3,505	21	20	248	4.00	4.15	2,397	6.50	5.90
Kentucky	399	95	95	402	31	27	700	18	18	1,071	3.80	4.22	1,236	4.75	4.60
Tennessee	324	103	97	334	24	23	595	12	12	351	3.20	3.39	1,487	5.00	4.65
Alabama	168	88	89	289	22	21	544	8	8	184	1.90	1.94	1,238	5.20	4.60
Mississippi	265	78	77	330	20	20	595	8	8	176	1.90	1.80	1,290	4.60	4.50
Louisiana	233	65	66	196	23	24	480	10	10	182	1.80	1.79	680	4.75	4.50
Texas	1,342	71	65	1,126	27	26	7,668	13	12	1,853	2.70	2.74	3,304	5.60	5.25
Oklahoma	781	73	73	338	26	26	1,760	16	16	102	3.20	2.88	1,588	5.15	5.33
Arkansas	293	72	68	388	19	18	674	8	8	253	2.10	2.13	1,150	4.00	3.80
Montana	304	65	73	75	44	36	905	22	20	5,634	3.30	3.90	68	10.00	10.00
Wyoming	135	65	60	25	40	38	872	23	24	6,591	3.40	4.15	19	7.00	9.25
Colorado	275	72	71	158	35	37	1,454	19	20	1,695	3.10	3.33	165	7.00	8.00
New Mexico	130	41	42	28	36	38	939	16	17	4,978	3.00	3.45	32	6.75	7.00
Arizona	111	53	53	24	45	43	639	19	17	1,052	3.30	3.62	22	7.25	8.00
Utah	125	72	71	85	31	31	327	17	17	3,115	3.30	3.88	62	7.65	7.50
Nevada	96	70	77	18	40	45	404	19	20	1,554	3.00	3.79	15	9.50	10.00
Idaho	158	82	75	76	35	32	347	18	17	3,897	3.40	3.55	143	7.25	7.00
Washington	320	101	98	195	40	37	381	18	18	799	3.40	3.73	197	7.50	7.75
Oregon	299	92	96	169	36	35	743	17	17	2,634	3.10	3.58	290	6.25	6.25
California	412	90	94	430	36	36	1,155	17	19	2,325	2.80	3.47	562	6.50	7.20
United States	20,640	96	93	21,720	32	31	49,379	17	17	56,084	3.43	3.88	54,147	6.55	6.05

Compared with January 1, 1908, the following changes are indicated: Horses have increased 648,000; mules (not included in above table) increased 184,000; milch cows increased 526,000; other cattle decreased 694,000; sheep increased 1,453,000; swine decreased 1,937,000. The total value of all animals enumerated above on January 1, 1909, was $4,525,259,000, as compared with $4,331,230,000 on January 1, 1908, an increase of $194,029,000, or 4.5 per cent.

Hides Hit by the Tariff

Hides were one of the farm products disturbed by the tariff revision. A duty of 15% ad valorem, which had prevailed for years, was entirely removed and hides are now on the free list. The hide business is in the hands of strong financial interests and is conducted in such a manner that public opinion is seldom attracted toward it.

The United States, although a large producer of hides, has also always been a large importer. The year ended June 30, 1909, saw the largest imports in the history of the country. Cattle hide imports amounted to 192,000,000 pounds, valued at $23,795,602. The imports in 1908 were 98,000,000 pounds, valued at $12,000,000.

In addition to cattle hides, were the hides of other animals and fur skins, amounting to 104,000,000 pounds for the year ended June 30, 1909, and valued at $26,000,000 compared with 63,000,000 pounds in 1908 valued at $17,000,000. Notwithstanding the removal of the tariff, hides have advanced in price 1 to 2 cents per pound.

More Wool Wanted

Not Enough Grown. Home Production Far Short of the Demand. Prices Advance. Good Opportunity for Expansion

Wool manufacturers in this country pay 25 to 50 million dollars annually for foreign wool to work up into clothing, carpets and other fabrics. Nor is there any sign of domestic supply overtaking demand. It is generally agreed that certain classes of coarse wools not grown in this country must always come from foreign parts. But the fact remains that a large part of the annual purchases consists of fine wools such as can be grown so successfully in Ohio, Indiana, Kentucky, Michigan and the west. During the last fiscal year, 1909, wool imports were the heaviest on record, with a single exception. Total purchases abroad in the 12 months indicated were 266 million pounds, worth more than 45 million dollars. These were very largely Australian wools, assembled and shipped to London, the world's great distributing market, thence sold to buyers in England, on the continent and in the United States. South America furnishes large quantities of wool clothing and China ships heavily to this country of carpet wools.

It is still a mooted question as to just how the tariff revision of 1909 will affect the woolen industry. The low tariff people maintain that the new law heavily increases rates in the wool and woolen schedule; while the manufacturers brand this a falsehood, claiming the schedule will average no higher and perhaps show some reduction. Imports of manufactures of wool are 20 to 50 million dollars annually. It will appear, therefore, that there is ample opportunity for the domestic wool industry to further expand. But as this great staple is so largely considered a by-product, sheep being grown for mutton purposes, the wool deficit will probably continue for a long time to come. One reason why more sheep are not kept, particularly in the older middle and eastern states, can be answered in the single word "dogs." State laws are very largely inadequate to protect sheep farmers from the ravages of dogs. On account of this, development of the sheep and wool business over vast areas of cheap land, well calculated to support this business, is retarded. The annual wool crop of the United States is 300 to 350 million pounds, with Wyoming, Montana, Oregon and New Mexico leaders in production in about the order named.

Prices Show Gain

Wool prices showed a considerable gain during 1909, perhaps 20% over the preceding year. Best of all, producers secured the full benefit of the upward movement. Too often the price of a farm product advances sharply after it has left first hands and is under the control of middlemen. Last year, however, the wool market began to advance early in the season when contracting was only well begun. The output of woolen mills has grown to record-breaking proportions, and a feature of the year was the construction of a large number of mills, the most important in several years.

The average consumption of wool in the United States for the past 16 years is said to be 465 million pounds, in the manufacture of woolen fabrics; add to this the requirements of worsted mills, another 150 millions, and it suggests a total consumption of raw wools each year of 615 million pounds. Home production of the raw staple, therefore, is just about half enough for home requirements.

Prices of Fleece Wool

Wholesale prices of fleece wool at New York City, in cents per pound, follow. The Ohio wools are washed clothing, the Kentucky and Indiana are unwashed.

	January			July		
Year	Ohio X and XX	Ohio, medium ¼ and ⅜	Ky and Ind ¼ and ⅜	Ohio X and XX	Ohio, medium ¼ and ⅜	Ky and Ind ¼ and ⅜
1909	34	29	27	37	35	35
1908	35	34	35	33	26	25
1907	34	40	34	34	39	31
1906	35	39	34	34	38	34
1905	34	38	33	35	40	35
1904	33½	32	25	34½	33	30
1899	26½	29	21½	28½	31	23
1894	23	24	19	20	20	17

Forestry Doings

The Great System of National Forests. How It Is Made to Serve the People. Timber, Grazing and Special Uses

CONGRESS authorized the President to establish national forests in 1891. They were called " forest reserves " then, and in fact they were " reserves," for congress did not at that time make provision for the use of their great resources, which are estimated to be worth over $2,000,000,000. A law was passed in 1897, however, which made it possible to use and to protect their resources. To give them a name in better accord with their object, the reserves were renamed " national forests " by congress in 1907. Now there are nearly 195,000,000 acres of national forests, including about 27,000,000 acres in Alaska and Porto Rico.

The object of the administration of the national forests is to use them in such a way that they will yield all their resources to the fullest extent without exhausting them, for the benefit primarily of the home builder. The controlling policy is serving the public while conserving the forests.

The Men on the Ground

The administration of the forests by men actually on the ground is secured by grouping the 150 forests in six districts, with headquarters in the districts — at Missoula, Denver, Albuquerque, Ogden, San Francisco and Portland. This arrangement also guarantees dispatch in business and prompt payments. Only matters of exceptional importance are referred to the forester in Washington.

Each of the district offices has at its head a district forester and an assistant district forester. A chief of grazing has charge of range matters. A chief of products handles the preservative treatment and strength tests of timber, and studies market conditions. A chief of silviculture has charge of timber sales, planting and silvical experiments. A chief of operation supervises the personnel of the forests; the permanent improvement work, through an engineer in charge; the accounts of the district; and the routine business. The forest service never passes on the land titles themselves; this matter rests always with the general land office of the department of the interior.

Each of the chiefs and assistant chiefs of office spends about half of his time in the field on forest work.

Every forest is immediately under the charge of a forest supervisor. The supervisor may be a trained forester, but in any case, he is always selected for his wide practical knowledge of the west and of lumbering and grazing in particular. If not a trained forester himself, he has such a man as an assistant.

It is the business of the forest supervisor and his forest assistant gradually to bring their forest under practical, conservative management—to make every square rod of forest land produce tall, straight timber trees of the best quality. Each step, from the care and protection of the young growth to the lumbering of the mature forest, must be carefully planned and as carefully executed. Permanence is the ideal striven after; the forest must go on producing trees as long as trees are needed.

Practical Men

For each of the many lines of work carried on in the national forests men with practical experience are employed. The planting assistant, who prepares and tends the nurseries, must be well practiced in raising and caring for young trees. The lumberman, who cruises and estimates timber, helps to plan logging operations, and sees that the scaling is correctly done and that rules for logging are properly observed, must be an experienced and capable woodsman.

The forest ranger patrols his district of the forest to see that fire and trespass are prevented, that the range is not overgrazed, that logging regulations are enforced, and that the permits granted for the use of the various forest resources are not abused; and he also must be hard-headed, practical and thoroughly honest, an able-bodied citizen of the west, with plenty of experience in all the problems with which he may have to deal. The forest assistant is usually a college graduate with a technical training in forestry. In addition to his scientific training, the American forester must have abundant practical experience in the woods, on the range and in the mills, for he must thoroughly understand all conditions before attempting to work out a system of good business management for any forest.

Following is the number of forest officers on duty on December 31, 1908:

Supervisors	106
Deputy forest supervisors	70
Forest assistants	117
Forest planting assistants	11
Lumbermen	17
Forest rangers	188
Deputy forest rangers	420
Assistant forest rangers	413
Forest guards	151
Total	1,493

The Business Side of National Forests

The following tables show the growth of the timber sale and grazing business of the national forests from 1904 to 1908, inclusive (fiscal years):

Timber Sales

	Timber Sold Board feet	Timber Cut Board feet	Receipts from Sales
1904..	$112,773,710	$58,425,000	$58,436.19
1905..	113,661,508	68,475,000	73,270.15
1906..	328,230,326	138,665,000	245,213.49
1907..	1,044,855,000	194,872,000	686,813.12
1908..	386,384,000	392,792,000	773,182.33

Grazing Business

	No of Cattle and Horses	No of Sheep and Goats	Receipts
1904.......	610,091	1,806,722	....
1905.......	692,124	1,709,987	....
1906.......	1,015,148	5,763,100	$514,692.87
1907.......	1,200,158	6,657,083	863,920.32
1908.......	1,380,145	7,085,311	962,829.40

The uses to which the resources of the forests are put are classified as follows: (1) Timber sales, (2) free use of timber, (3) grazing, and (4) special uses, the most important of which is the development of water.

Sales of Timber

All timber within the national forests which can be cut safely, and for which there is actual need is for sale. Green timber may be sold except where its removal would make a second crop doubtful, reduce the timber supply below the point of safety, or injure the streams. The limited supply on some forests prevents sales except for local use. All dead timber is for sale.

Timber cut from national forests may be handled and shipped like any other timber, except that it will not be sold for shipment from regions where local consumption requires the entire supply, or is certain to do so in the future. The law prohibits export from South Dakota of any timber from the Black Hills national forest, unless cut from dead or insect-infested trees.

Anyone except a trespasser may purchase timber upon the national forests. There is no limit but the capacity of the forest to the quantity which may be sold to one purchaser, except that monopoly to the disadvantage of other users of forest products will not be tolerated.

Purchases of less than $50 worth of timber can be arranged with the nearest forest officer. Larger sales, up to the limit set by the forester, are handled by the supervisor of the forest, while sales for amounts above the limit set for supervisor's sales require the approval of the district forester. In all sales involving $100 or more, advertisement is made for competitive bids, on the basis of a minimum stumpage price, and the timber is sold to the highest bidder.

Trees are carefully marked for cutting in each sale as local forest and market considerations dictate. The provisions of the timber-sale contracts cover such essentials of good forest work as care against injury to young growth; low stumps; full utilization of the tree; the removal of inferior trees and often of undesired species; and the proper disposal of brush—in piles for burning or scattered evenly, as the case demands. A marked improvement in forest conditions attests the success of the silvicultural treatment under these limitations.

Free Use

Forest officers are authorized to grant permits without charge for $20 worth of timber during any one year to persons who may not reasonably be required to purchase. This amount may be increased in cases of great and unusual need, or to assist enterprises of a public or benevolent character. Under these regulations timber is taken from every national forest for fuel, fencing and building material required by settlers, for mining timbers needed in developing mineral claims, and for such community uses as the construction and maintenance of schools, churches and bridges. More than 30,714 free-use permits were issued in 1908, in which year about one-fourth of all the timber cut from the national forests was under free-use permits.

The purpose of this free-use privilege is to make the forests contribute most effectively to the public welfare.

Grazing

In the national forests grazing is regulated in the interest of the stockmen, who pay for permits. The leading objects of the grazing regulations are: (1) The protection and conservative use of all national forest land adapted for grazing; (2) the permanent good of the live-stock industry through proper care and improvement of the grazing lands; and (3) the protection of the settler and home builder against unfair competition in the use of the range.

There are many open parks in the forests and many areas of high altitude above the timber line which produce valuable crops of forage grasses and plants. A large portion of the forested land also produces a good crop of forage in addition to a crop of timber.

These lands have been occupied by the stockmen ever since the first settlement of the country, and the live-stock industry is largely dependent upon them. Some portions of the range have been greatly overstocked, and serious damage has been done. Overgrazing has destroyed the grasses in some localities and serious erosion of the soil has followed. It is in order to stop this damage and protect the forests in a way which will accomplish the objects for which they are created that grazing is regulated.

Special Uses

All uses of national forest lands and resources, except those which relate to timber and grazing, are known as "special uses," among which are included the following: Residences, farms, pastures, drift fences, corrals apiaries, dairies, schools, churches, roads, trails, telephone and telegraph lines, stores, mills, factories, hotels, stage stations, sanitariums, camps, summer resorts, wharves, miner's and prospector's cabins, windmills, dipping vats, tanks, dams, reservoirs, water conduits of all kinds, power houses, power transmission lines, aerial tramways and cable conveyors, railroads, tramroads and the purchase of sand, stone, clay, gravel, hay and other national forest products except timber.

For such permits a reasonable charge may be made. This charge is based chiefly upon the value of that which is actually furnished to the permittee by the forest service, including advantageous location and other indirect benefits, and not directly upon the profits or the magnitude of the business which is to be carried on.

By far the most important of the special uses of forest resources are those involving the commercial use of water for power. The national forests include the great mountain chains of the west. The rain and melting snow of these ranges feed the mountain streams. The forest cover on the steep slope acts like a mighty sponge, absorbing the excess of rainfall in the wet season and giving it out to the thirsty lands in the dry season. It is for the express purpose of thus "securing favorable conditions of water flows" that congress has authorized the creation of national forests and expends money for their administration and maintenance.

Fighting Fires

The methods of controlling forest fires on national forests consist in: (a) Constant patrol of the areas included with the national forest boundaries by a picked force of rangers and guards. (b) The construction of roads and trails in order to provide rapid means of travel between the various parts of the national forests and to facilitate the massing of large forces of men to fight fire, as well as to furnish vantage points from which fire may be fought successfully; and of telephone lines connecting ranger stations with the headquarters of the forest in order that fires may be quickly reported and effective measures taken promptly to extinguish them. (c) The equipment of the national forest with fire-fighting tools, canteens and other supplies necessary for fire-fighting crews.

The Lumber Crop

Lumber is one of the chief freight commodities produced by land. Its weight per acre surpasses corn, barley, oats, wheat and rye.

The quantity of freight produced by a crop depends upon soil, region and kind of crop. Railroads figure it from that point of view. Their profit depends upon tonnage and class, and they want to know what crop pays the carrier best. Many averages in many localities are necessary to reach reliable results.

An acre is credited with an average yield as follows:

	Pounds
Cabbage	21,000
Onions	19,950
Potatoes	4,680
Lumber	3,000
Hay	2,710
Corn	1,728
Barley	1,219
Oats	886
Tobacco	877
Rye	848
Wheat	792

As the list shows, the three heaviest freight producing crops are cabbage, onions and potatoes. Lumber is fourth. Up to the present time timber has been cut almost exclusively from wild lands, without much regard to the acres gone over. But the time is coming when the yield of wood per acre will be calculated as carefully as the yield of corn, and as much thought will be given to growing it, though not as much work. How much wood grows on an acre in a year?

Some of the abused, burnt, washed and neglected lands are producing only little. It has been estimated that the typical hardwood regions of Tennessee, where fire is kept out, are growing about 3,000 pounds of wood yearly per acre. Good stands of young pines in other parts of the country are probably doing as well, or better. But this is not the limit, for foresters say woodland can do much better under forestry methods. Good timber must be selected, the poor cut out, just as the farmer plants the best kinds of corn and rejects the poor. In Europe where they raise crops of trees they get, under favorable conditions, an annual growth of 4,500 pounds to 6,500 pounds of wood per acre. This country can do at least as well.

Trees grow on rough land where agriculture cannot profitably be carried on, and the freight and other returns from such regions are largely clear gain, since such land would otherwise be producing little or nothing.

The surest test of a great man is his ability to see great things done by others.

In this world the hardest knocks we get are delivered by our supposed friends.

The Bankruptcy Law

Extracts Which Explain Procedure Under the United States Bankruptcy Act of July 1, 1898. Duties

Who May Become Bankrupts

SEC 4. (a) Any person who owes debts, except a corporation, shall be entitled to the benefits of this act as a voluntary bankrupt.

(b) Any natural person (except a wage-earner or a person engaged chiefly in farming or the tillage of the soil), any unincorporated company, and any corporation engaged principally in manufacturing, trading, printing, publishing or mercantile pursuits, owing debts to the amount of $1,000 or over, may be adjudged an involuntary bankrupt upon default or an impartial trial, and shall be subject to the provisions and entitled to the benefits of this act. Private bankers, but not national banks or banks incorporated under state or territorial laws, may be adjudged involuntary bankrupts.

Duties of Bankrupts

SEC 7. (a) The bankrupt shall (1) attend the first meeting of his creditors, if directed by the court or a judge thereof to do so, and the hearing upon his application for a discharge, if filed; (2) comply with all lawful orders of the court; (3) examine the correctness of all proofs of claims filed against his estate; (4) execute and deliver such papers as shall be ordered by the court; (5) execute to his trustee transfers of all his property in foreign countries; (6) immediately inform his trustee of any attempt, by his creditors or other persons, to evade the provisions of this act coming to his knowledge; (7) in case of any person having to his knowledge proved a false claim against his estate, disclose the fact immediately to his trustee; (8) prepare, make oath to and file in court within ten days, unless further time is granted, after the adjudication of an involuntary bankrupt, and with the petition of a voluntary bankrupt, a schedule of his property, showing the amount and kind of property, the location thereof, its money value in detail, and a list of his creditors, showing their residences, if known (if unknown, that fact to be stated), the amount due each of them, the consideration thereof, the security held by them, if any, and a claim for such exemptions as he may be entitled to, all in triplicate, one copy of each for the clerk, one for the referee and one for the trustee; and (9) when present at the first meeting of the creditors, and at such other times as the court shall order, submit to an examination concerning the conducting of his business, the cause of his bankruptcy, his dealings with his creditors and other persons, the amount, kind and whereabouts of his property, and in addition, all matters which may affect the administration and settlement of his estate; but no testimony given by him shall be offered in evidence against him in any criminal proceedings.

Providing, however, that he shall not be required to attend a meeting of his creditors, or at or for any examinations at a place more than 150 miles distant from his home or principal place of business, or to examine claims except when presented to him, unless ordered by the court, or a judge thereof, for cause shown, and the bankrupt shall be paid his actual expenses from the estate when examined or required to attend at any place other than the city, town or village of his residence.

Marriage Laws

Licenses

Marriage licenses are required in all the states and territories except Alaska, New Jersey (required for non-residents), New Mexico and South Carolina. California and New York require prospective bride and groom to appear and be examined under oath. The legal age at which marriage may be contracted without consent of parents in most of the states having laws on the subject is 21 years for men; in California, Delaware, Idaho and North Dakota, 18 years; in Tennessee, 16 years. For women the legal age is 21 years in Florida, Iowa, Kentucky, Louisiana, Minnesota, Montana, Nebraska, North Carolina, Pennsylvania, Rhode Island, South Carolina, Kansas, South Dakota, Utah, Virginia, West Virginia, Wisconsin and Wyoming; 18 years in all other states having laws on the subject, except Delaware, District of Columbia,

THE AUTOMOBILE ON THE FARM

A common sight today is the farm automobile with a crated calf, or pig, with crated fruit piled high, or with bags of feed from town. It insures quick delivery. It leaves the horses working at home or enjoying a needed rest.

Idaho, Maryland, New York and Tennessee, where it is 16 years, and California and North Dakota, 15 years.

Prohibited Marriages

Marriage is prohibited and punishable between whites and persons of negro descent in Alabama, Arizona, Arkansas, California, Colorado, Delaware, Florida, Georgia, Idaho, Indiana, Kentucky, Louisiana, Maryland, Mississippi, Missouri, Nebraska, North Carolina, Oklahoma, Oregon, South Carolina, Tennessee, Texas, Utah, Virginia and West Virginia. Marriages between whites and Indians are void in Arizona, North Carolina, Oregon and South Carolina and between whites and Chinese in Arizona, California, Mississippi, Oregon and Utah. Marriage between first cousins is forbidden in Alaska, Arizona, Arkansas, Illinois, Indiana, Kansas, Missouri, Nevada, New Hampshire, North Dakota, Ohio, Oklahoma, Oregon, Pennsylvania, North Dakota, Washington and Wyoming. In some of these states such marriage is declared void. Marriage with step relatives of near degree is forbidden in all states except Florida, Hawaii, Iowa, Kentucky, Minnesota, New York, Tennessee and Wisconsin. The marriage of an epileptic imbecile or feeble-minded woman under 45 years of age is prohibited in Connecticut and Minnesota. The marriage of lunatics is void in the District of Columbia, Kentucky, Maine, Massachusetts and Nebraska; also of persons having sexual diseases in Michigan.

Progress of Prohibition

We present the accompanying map to show the present condition of the United States with reference to the liquor traffic. The shaded states have a license system without any local option features. The black territory has saloons under local option license. All of the white territory is dry, either by virtue of local option vote or state prohibition. State prohibition laws are in effect in Maine, South Carolina, Georgia, Alabama, Mississippi, Tennessee, Oklahoma, Kansas and North Dakota, and will soon be in effect in Arkansas. As will be seen from the map, by virtue of local option, no-license prevails almost all of Vermont, Ohio, Indiana, Kentucky and Wyoming, and much more than half of New Hampshire, Massachusetts, Connecticut, Florida, Louisiana, Illinois, Iowa, Missouri, South Dakota and Oregon are dry.

In contrast with this condition of things, a similar map of the country 16 years ago would show that there was prohibition in Maine, New Hampshire, Vermont, North and South Dakota, Kansas and Indian Territory. Local option for the most part permitting saloons, prevailed in southern New England and about half of the southern and central states, while all the rest of the country was license without local option.

It is better not to want a thing than it is to get it and wish you hadn't.

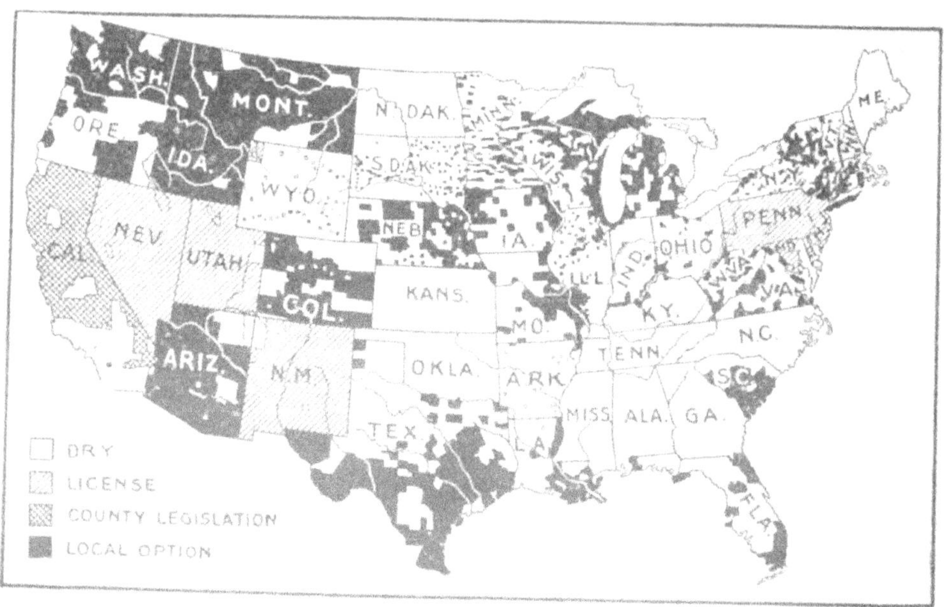

Liquor Traffic Map of the United States

How To Get a Patent

Details of Procedure to Protect Your Rights as an Inventor. The Red Tape of the Patent Office and the Fees

PATENTS are issued in the name of the United States, and under the seal of the Patent Office, to any person who has invented or discovered any new and useful art, machine, manufacture, or composition of matter or any new and useful improvement thereof, or any new original and ornamental design for an article of manufacture, not known or used by others in this country before his invention or discovery thereof, and not patented or described in any printed publication in this or any foreign country, before his invention or discovery thereof or more than two years prior to his application, and not in public use or on sale in the United States for more than two years prior to his application, unless the same is proved to have been abandoned; upon payment of the fees required by law and other due proceedings had.

Every patent contains a grant to the patentee, his heirs or assigns, for the term of 17 years, except in the case of design patents, of the exclusive right to make use, and vend the invention or discovery throughout the United States and the territories referring to the specification for the particulars thereof.

If it appear that the inventor, at the time of making his application, believed himself to be the first inventor or discoverer, a patent will not be refused on account of the invention or discovery, or any part thereof, having been known or used in any foreign country before his invention or discovery thereof, if it had not been before patented or described in any printed publication.

Joint inventors are entitled to a joint patent; neither can claim one separately. Independent inventors of distinct and independent improvements in the same machine cannot obtain a joint patent for their separate inventions; nor does the fact that one furnishes the capital and another makes the invention entitle them to make application as joint inventors; but in such case they may become joint patentees.

No person otherwise entitled thereto will be debarred from receiving a patent for his invention or discovery, by reason of its having been first patented or caused to be patented by the inventor or his legal representatives or assigns in a foreign country, unless the application for said foreign patent was filed more than twelve months prior to the filing of the application in this country, and four months in cases of designs, in which case no patent shall be granted in this country.

Applications

Applications for a patent must be made in writing to the commissioner of patents. The applicant must also file in the Patent Office a written description of the invention or discovery, and of the manner and process of making, constructing, compounding and using it, in such full, clear, concise and exact terms as to enable any person skilled in the art or science to which it appertains, or with which it is most nearly connected, to make, construct, compound, and use the same; and in case of a machine, he must explain the principle thereof, and the best mode in which he has contemplated applying that principle, so as to distinguish it from other inventions, and particularly point out and distinctly claim the part, improvement or combination which he claims as his invention or discovery. The specification and claim must be signed by the inventor and attested by two witnesses.

When the nature of the case admits of drawings, the applicant must furnish a drawing of the required size, signed by the inventor or his attorney in fact, and attested by two witnesses. In all cases which admit of representation by model the applicant, if required by the Patent Office, shall furnish a model of convenient size to exhibit advantageously the several parts of his invention or discovery.

The applicant shall make oath that he verily believes himself to be the original and first inventor or discoverer of the art, machine, manufacture, composition or improvement for which he solicits a patent; that he does not know and does not believe that the same was ever before known or used, and shall state of what country he is a citizen and where he resides, and whether he is the sole or joint inventor of the invention claimed in his applications. In every original application the applicant must distinctly state under oath that the invention has not been patented to himself or to others with his knowledge or consent in this or any foreign country for more than two years prior to his application, or on an application for a patent filed in any foreign country by himself or his legal representatives or assigns more than 12 months prior to his application in this country, or four months in cases of designs.

If any application for patent has been filed in any foreign country by the applicant in this country or by his legal representatives or assigns, prior to his application in this country, he shall state the country or countries in which such application has been filed, giving the date d'affaires, consul or commercial agent holding commission under the government of the United States, or before any notary public, judge or magistrate having an official seal and authorized to administer oaths in that country whose authority shall be proved by a certificate of a diplomatic or consular officer of the United States, except that no acknowledgment may be taken by any attorney appearing in the case.

On the filing of such application and the payment of the fees required by law, if, on examination, it appears that the applicant is justly entitled to a patent

PRESIDENT TAFT'S JERSEY COW

The President bought her soon after he moved into the White House for the benefit of himself and family. The cow is Coomassie Oxford Torment, a high bred animal from New Hampshire. The picture shows her with her first calf.

of such application, and shall also state that no application for patent has been filed in any other country or countries than those mentioned; that to the best of his knowledge and belief the invention has not been in public use or on sale in the United States nor described in any printed publication or patent in this or any foreign country for more than two years prior to his application in this country.

Such oath may be made before any person within the United States authorized by law to administer oaths, or, when the applicant resides in a foreign country, before any minister, chargé under the law, and that the same is sufficiently useful and important, the commissioner will issue a patent therefor.

Every patent or any interest therein shall be assignable in law by an instrument in writing; and the patentee or his assigns or legal representatives may, in like manner, grant and convey an exclusive right under his patent to the whole or any specified part of the United States.

Reissues

A reissue is granted to the original patentee, his legal representatives, or the assignees of the entire interest when, by reason of a defective or insufficient specification, or by reason of the patentee claiming as his invention or discovery more than he had a right to claim as new, the original patent is inoperative or invalid, provided the error has arisen from inadvertence, accident or mistake, and without any fraudulent or deceptive intention. Reissue applications must be made and the specifications sworn to by the inventors, if they be living.

Caveats

A caveat, under the patent law, is a notice given to the office of the caveator's claim as inventor, in order to prevent the grant of a patent to another for the same alleged invention upon an application filed during the life of a caveat without notice to the caveator.

Any person who has made a new invention or discovery, and desires further time to mature the same, may, on payment of a fee of $10, file in the Patent Office a caveat setting forth the object and the distinguishing characteristics of the invention, and praying protection of his right until he shall have matured his invention. Such caveat shall be filed in the confidential archives of the office and preserved in secrecy, and shall be operative for the term of one year from the filing thereof. The caveat may be renewed, on request in writing, by the payment of a second fee of $10, and it will continue in force for one year from the payment of such second fee.

The caveat must comprise a specification, oath, and, when the nature of the case admits of it, a drawing, and, like the application, must be limited to a single invention or improvements.

Fees

Fees must be paid in advance, and are as follows: On filing each original application for a patent, $15. On issuing each original patent, $20. In design cases: For three years and six months, $10; for seven years, $15; for fourteen years, $30. On filing each caveat, $10. On every application for the reissue of a patent, $30. On filing each disclaimer, $10. For certified copies of patents and other papers in manuscript, 10 cents per 100 words and 25 cents for the certificate; for certified copies of printed patents, 80 cents. For uncertified printed copies of specifications and drawings of patents, 5 cents each. For recording every assignment, agreement, power of attorney, or other paper, of 300 words or under, $1; or over 300 and under 1,000 words, $2; for each additional 1,000 words, or fraction thereof, $1. For copies of drawings the reasonable cost of making them.

The Patent Office is prepared to furnish positive photographic copies of any drawing, foreign or domestic, in the possession of the office, in sizes and at rates as follows: Large size, 10x15 inches, 25 cents; medium size, 8x12½ inches, 15 cents. Fee for examining and registering trade mark, $10, which includes certificate. Stamps cannot be accepted by the Patent Office in payment of fees. Stamps and stamped envelopes should not be sent to the office for replies to letters, as stamps are not required on mail matter emanating from the Patent Office.

The Top of the States

Highest Point in Each State and Territory. Some Disputed Altitudes

Among the interesting debated questions is, What are the highest points in each state? The United States Geological Survey has furnished most of the data for the table which we present. In some states the highest points have not been measured and therefore are somewhat uncertain.

The highest points in Delaware are two rounded summits, one a mile east of Brandywine, and another just south of Centerville, both of which are slightly over 440 feet. The point given in the table as the highest in Maryland is in the narrow disputed strip lying along the West Virginia line. If this belongs to the latter state the highest point in Maryland will be a 3,340-foot peak a mile northeast of the 3,400 one.

There is some doubt as to the highest points in the central states, notably in Michigan, where it is claimed that Huron mountains, in Marquette county, are higher than Porcupine mountain. It is possible also that there are higher points in Minnesota and Wisconsin than those given, but they have not been measured.

In Florida the land north of Mount Pleasant probably is slightly higher than at the railroad station. In Louisiana the elevation is slightly more than 400 feet in Kisatchie hills, the Sabine Parish; in some hills in the southeast corner of Claiborne Parish, and in some ridges in

Vernon Parish, all in the western part of the state, but their hights have not been accurately determined.

Arkansas has two peaks of nearly the same altitude. Magazine mountain, about 2,800 feet, and a peak on Fourch mountain, in the southern part of Scott county, which has been determined as 2,800.

The precise locations and hights of the highest points in Nebraska, Oklahoma, Kansas, and North Dakota have not been ascertained. A high ridge north of Kenton, Oklahoma, rises to 4,700 feet or higher. The highest point in Kansas is near where the west boundary is intersected by the Greeley-Wallace county line. Its altitude is about 4,135 feet. The highest point in North Dakota is in Bowman county, near the southern boundary on the divide east of the Little Missouri. The highest place in Nebraska is on the plains near the southwest corner of the state, where an altitude of about 5,300 feet is attained.

Highest Altitudes of the United States

Alabama, Che-aw-ha Mountain	2,407
Alaska, Mount McKinley	20,300
Arizona, San Franciso Peak	12,611
Arkansas, Magazine Mountain (?)	2,800
California, Mount Whitney	14,501
Colorado, Mount Elbert	14,436
Connecticut, Bear Mountain	2,355
Delaware, 2 summits near Brandywine	440
District of Columbia, Fort Reno, Tenley	421
Florida, near Mount Pleasant Station	301
Georgia, Brasstown Bald Mountain	4,768
Idaho, Hyndman Peak	12,078
Illinois, Charles Mound	1,670
Indiana, near summit, Randolph County	1,285
Iowa, 5 miles southeast of Sibley	1,670
Kansas, west boundary, north of Arkansas river	4,135
Kentucky, The Double, Harlan County	4,100
Louisiana, summits in western parishes	400
Maine, Mount Katahdin (west)	5,268
Maryland, Backbone Mountain	3,400
Massachusetts, Mount Greylock	3,505
Michigan, Porcupine Mountain (?)	2,023
Minnesota, Misquah Hills, Cook County	2,230
Mississippi, near Holly Springs	602
Missouri, Tom Sauk Mountain	1,800
Montana, Granite Peak	2,834
Nebraska, Plains in southwest corner	5,300
Nevada, Wheeler Peak	13,058
New Hampshire, Mount Washington	6,290
New Jersey, High Point	1,809
New Mexico, peak 2 miles north of Truchas Peak	13,306
New York, Mount Marcy	5,344
North Carolina, Mount Mitchell	6,711
North Dakota, south part Bowman County	3,500
Ohio, 1 1-2 miles east of Bellefontaine	1,540
Oklahoma, southwest corner near Kenton	4,700
Oregon, Mount Hood	11,225
Pennsylvania, Blue Knob	3,136
Rhode Island, Durfee Hill	805
South Carolina, Sassafras Mountain	3,548
South Dakota, Harney Peak	7,240
Tennessee, Mount Guyot	6,636
Texas, El Capitan, Guadaloupe Mountain	8,690
Utah, Mount Emmons	13,428
Vermont, Mount Mansfield	4,406
Virginia, Mount Rogers	5,719
Washington, Mount Rainier	14,363
West Virginia, Spruce Knob	4,860
Wisconsin, Rib Hill (?)	1,940
Wyoming, Mount Gannett	13,785

When Melindy Sings

G'way an' quit dat noise, Miss Lucy—
Put dat music book away;
What's de use to keep on tryin'?
Ef you practice twell you're gray,
You cain't sta't no notes a-flyin'
Lak do ones dat rants and rings
F'om de kitchen to de big woods
When Malindy sings.

You ain't got de nachel o'gans
Fu' to make de soun' come right,
You ain't got de tu'ns an' twistin's
Fu' to make it sweet an' light.
Tell you one thing now, Miss Lucy,
An' I'm tellin' you fu' true,
When hit comes to real right singin'
'T ain't no easy thing to do.

Easy 'nough fu' folks to hollah,
Lookin' at de lines an' dots,
When dey ain't no one kin sence it,
An' de chune comes in, in spots;
But fu' real melojous music,
Dat jes' strikes you' hea't an' clings,
Jes' you stan' an' listen wif me
When Malindy sings.

Ain't you nevah hyeahd Malindy?
Blessed soul, tek up de cross!
Look hyeah, ain't you jokin', honey?
Well, you don't know whut you los'.
Y' ought to hyeah dat gal a-wa'blin'
Robins, la'ks an' all dem things,
Heish dey maufs an' hides dey faces
When Malindy sings.

Fiddlin' man jes' stop his fiddlin',
Lay his fiddle on de she'f;
Mockin'-bird quit tryin' to whistle,
'Cause he jes' so shamed hisse'f.
Folks a-playin' on de banjo
Draps dey fingahs on de strings—
Bless you' soul—fu'gits to move 'em,
When Malindy sings.

She jes' spreads huh mouf and hollahs,
"Come to Jesus," twell you hyeah
Sinnahs' tremblin' steps and voices,
Timid-lak a-drawin' neah;
Den she tu'ns to "Rock of Ages,"
Simply to de cross she clings,
An' you fin' yo' teahs a-drappin'
When Malindy sings.

Who dat says dat humble praises
Wif de Master nevah counts?
Heish you mouf, I hyeah dat music,
Ez hit rises up an' mounts—
Floatin' by de hills an' valleys,
Way above dis buryin' sod,
Ez hit makes its way in glory
To de very gates of God!

Oh, hit's sweetah dan de music
Of an edicated band;
An' hit's dearah dan de battle's
Song o' triumph in de lan'.
It seems holier dan evenin'
When de solemn chu'ch bell rings,
Ez I sit an' ca'mly listen
While Malindy sings.

Towsah, stop dat ba'kin', hyeah me!
Mandy, mek dat chile keep still;
Don't you hyeah de echoes callin'
F'om de valley to de hill?
Let me listen, I can hyeah it,
Th'oo de bresh, of angel's wings,
Sof' an' sweet, "Swing Low, Sweet Chariot,"
Ez Malindy sings.

—Paul Laurence Dunbar.

All the average man wants is fair play, but he also wants to act as umpire.

All helpful service is born of sympathy.

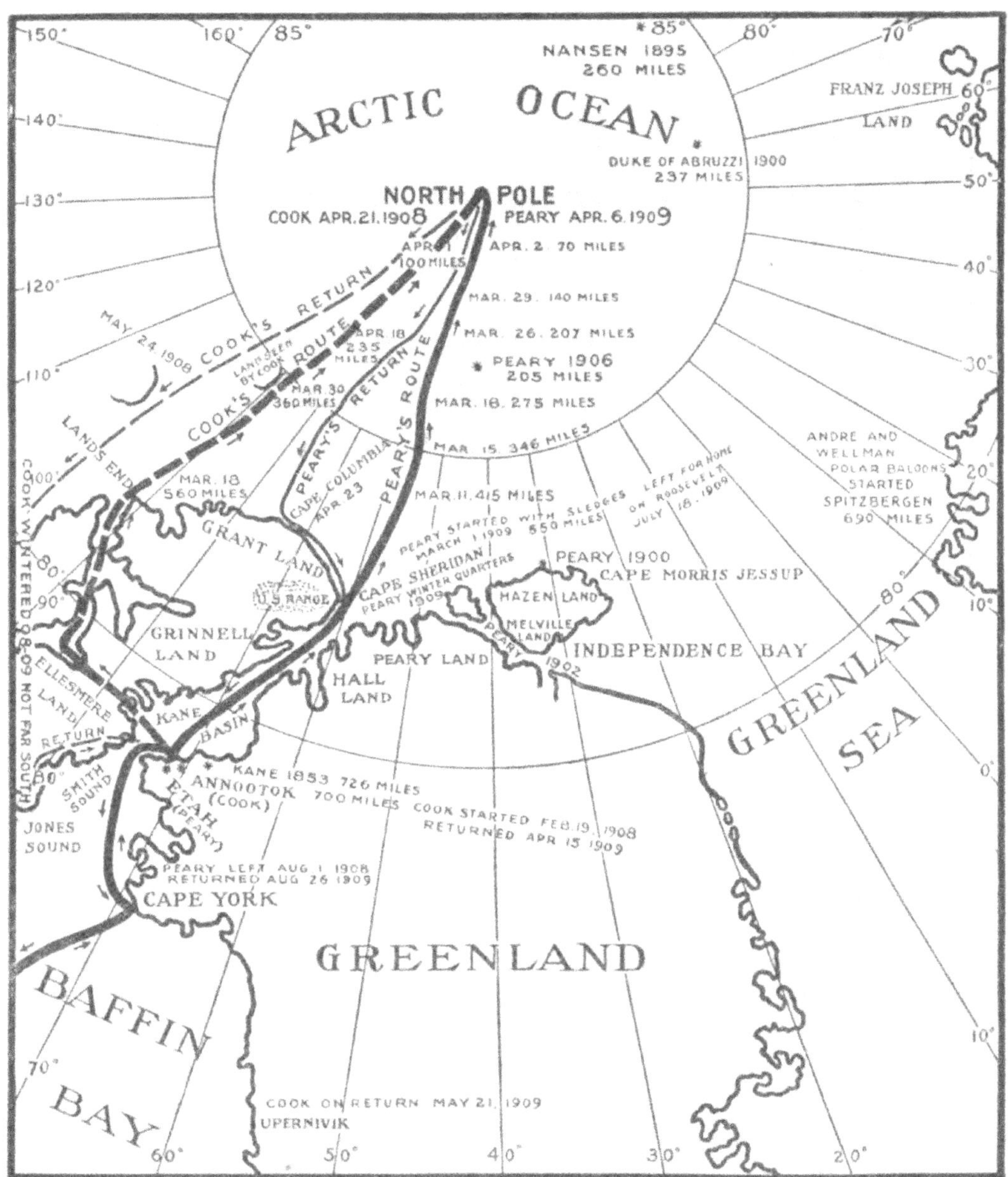

THE TRAILS THAT LED TO THE POLE

The map shows the route that Dr Frederick A. Cook claims he passed over, reaching the north pole April 21, 1908; also the route that Capt Robert E. Peary claims he passed over, reaching the pole April 6, 1909. If their claims are true, they have both succeeded in attaining a goal for which explorers of many nations have striven in vain for centuries. Both are Americans and carried the stars and stripes. Both returned from the far north in September, 1909.

Folks who expect failure seldom are disappointed.

Patience with lesser lives is born of the larger life.

The man who has too little confidence in himself is apt to have too much in other people.

It's hard to stay blue when you are brightening the lot of another.

Fear of dirt and a little hurt has kept many a man from reaching success.

If the world will approve of what a man is doing, he manages to let himself get caught doing it.

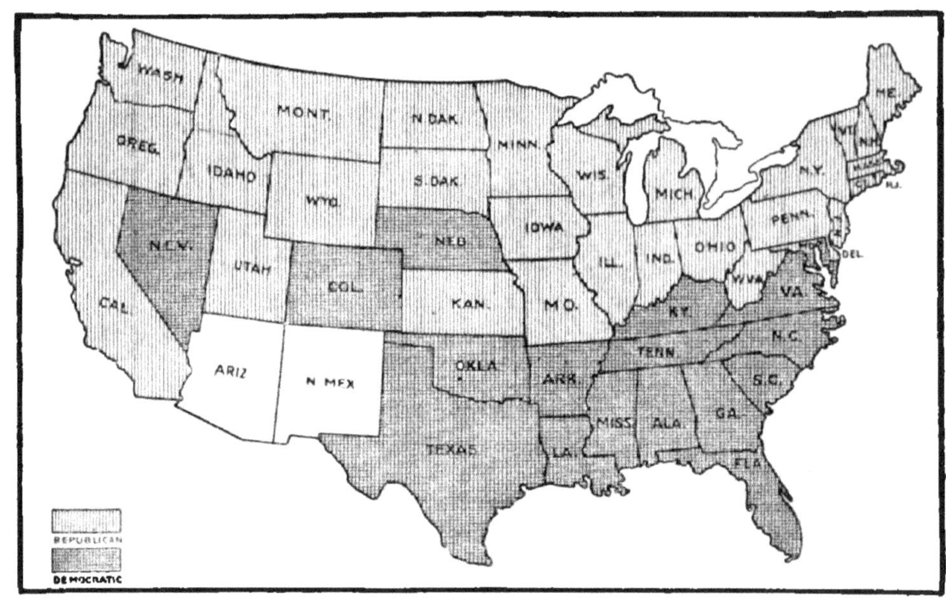

POLITICAL MAP OF THE UNITED STATES IN 1908

The dark states were carried by Bryan, the light shaded ones by Taft. The electoral vote of Maryland was divided, although Taft had a plurality of the popular vote of the state.

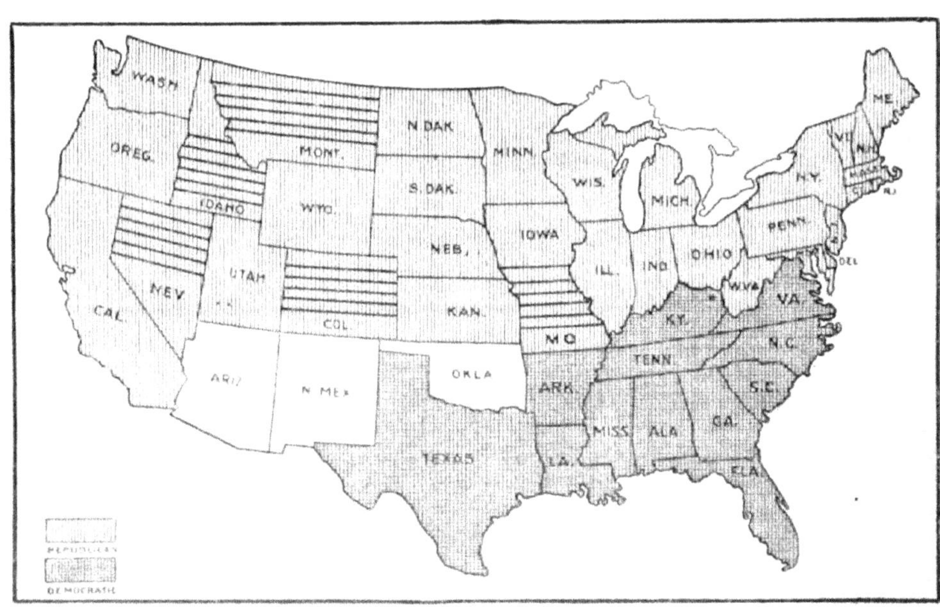

POLITICAL MAP OF THE UNITED STATES IN 1904

The dark states were classed as democratic. Parker carried all of them in 1904, while the light shaded states were all carried by Roosevelt. The states marked with heavy parallel lines—Colorado, Idaho, Missouri, Montana and Nevada—were carried by Bryan in 1900 and lost by Parker in 1904. Oklahoma had not been admitted to the union in 1904, and so had no electoral vote.

The National Elections of 1908

Electoral and Popular Votes Tabulated and Compared—Ups and Downs of the Minor Parties—Interesting Changes in Various States

The Popular Vote for President by States

STATES	Taft (Rep.)	Bryan (Dem.)	Debs (Soc.)	Hisgen (Ind.)	Chafin (Pro.)	Watson (Pop.)	Gilhaus (Soc. L.)	Pres. plurality in 1904 Rep.	Pres. plurality in 1904 Dem.
Alabama	25,308	74,374	—	495	665	1,565	—	—	57,385
Arkansas	56,947	87,043	5,000	500	1,000	500	—	—	17,574
California	182,064	107,770	18,736	4,377	6,443	—	—	115,822	—
Colorado	123,700	126,649	7,974	—	5,559	—	—	34,582	—
Connecticut	112,815	68,255	5,113	728	2,380	—	608	38,180	—
Delaware	25,200	22,134	75	50	650	—	—	4,354	—
Florida	10,654	31,104	3,747	553	1,356	1,946	—	—	18,732
Georgia	41,692	72,350	584	77	1,059	16,965	—	—	59,469
Idaho	50,091	34,609	6,305	207	1,704	—	—	29,303	—
Illinois	629,932	450,810	39,711	7,724	29,364	633	1,680	305,039	—
Indiana	348,993	338,262	13,476	514	18,045	1,193	—	93,944	—
Iowa	275,210	200,771	8,287	404	9,837	261	—	158,766	—
Kansas	197,166	161,209	12,240	—	5,032	—	—	126,093	—
Kentucky	235,711	249,092	4,000	200	5,887	333	404	—	11,893
Louisiana	9,958	63,568	2,538	73	—	—	—	—	42,542
Maine	66,987	35,463	1,758	790	1,487	—	—	36,791	—
Maryland	111,253	111,117	2,500	450	3,000	—	643	51	—
Massachusetts	265,966	155,543	10,659	19,237	4,374	—	1,011	92,076	—
Michigan	333,313	174,313	11,527	734	16,705	—	1,086	227,715	—
Minnesota	195,786	109,433	14,469	523	10,114	—	—	161,454	—
Mississippi	4,463	64,250	1,408	—	—	1,309	—	—	50,189
Missouri	346,915	345,884	15,398	397	4,222	1,165	867	—	—
Montana	32,333	29,326	5,855	443	827	—	—	13,159	—
Nebraska	126,608	130,781	3,524	—	—	5,179	—	86,682	—
Nevada	10,214	10,655	2,029	415	—	—	—	2,885	—
New Hampshire	53,144	33,655	1,299	584	905	—	—	20,185	—
New Jersey	265,298	182,522	10,249	2,916	4,930	—	2,916	80,598	—
New York	870,070	667,468	38,451	35,817	22,667	—	3,877	175,552	—
North Carolina	114,887	136,928	345	—	—	—	—	—	41,679
South Dakota	57,771	32,909	2,405	38	1,453	—	—	38,322	—
Ohio	572,312	502,721	33,795	439	11,402	160	721	255,421	—
Oklahoma	110,550	123,907	21,752	274	—	434	—	—	—
Oregon	62,350	38,049	7,430	289	2,682	—	—	42,934	—
Pennsylvania	745,779	448,785	39,913	1,057	36,394	—	1,222	505,519	—
Rhode Island	43,942	24,706	1,365	1,005	1,016	—	—	16,766	—
South Carolina	3,847	62,289	101	43	—	—	—	—	50,009
South Dakota	67,466	40,266	2,846	88	4,309	—	—	50,114	—
Tennessee	118,287	135,630	1,878	332	360	1,081	—	—	26,284
Texas	69,229	227,264	8,524	164	1,792	1,042	3,361	—	115,958
Utah	61,028	42,601	4,895	87	—	—	—	29,033	—
Vermont	39,552	11,496	820	804	799	—	—	30,682	—
Virginia	52,573	82,946	255	51	1,111	105	25	—	32,708
Washington	106,062	58,383	14,777	248	4,700	—	—	73,442	—
West Virginia	137,869	111,418	3,676	46	5,107	—	—	31,765	—
Wisconsin	248,673	166,707	28,146	—	11,579	—	—	156,057	—
Wyoming	17,708	12,772	1,396	63	—	—	—	11,559	—
Totals	7,637,676	6,393,182	448,471	83,186	241,452	33,871	15,421	3,069,992	524,482

All candidates, 14,852,239

AT MAPLE GROVE STOCK FARM IN MAINE

The farm contains 200 acres. Cows, horses, fowls and dogs are among the profitable products of this farm.

Electoral Vote

	1908		1904		1900	
	Taft	Bryan	Roosevelt	Parker	McKinley	Bryan
Alabama	—	11	—	11	—	11
Arkansas	—	9	—	9	—	8
California	10	—	10	—	9	—
Colorado	—	5	5	—	—	4
Connecticut	7	—	7	—	6	—
Delaware	3	—	3	—	3	—
Florida	—	5	—	5	—	4
Georgia	—	13	—	13	—	13
Idaho	3	—	3	—	—	3
Illinois	27	—	27	—	24	—
Indiana	15	—	15	—	15	—
Iowa	13	—	13	—	13	—
Kansas	10	—	10	—	10	—
Kentucky	—	13	—	13	—	13
Louisiana	—	9	—	9	—	8
Maine	6	—	6	—	6	—
Maryland	6	2	1	7	8	—
Massachusetts	16	—	16	—	15	—
Michigan	14	—	14	—	14	—
Minnesota	11	—	11	—	9	—
Mississippi	—	10	—	10	—	9
Missouri	18	—	18	—	—	17
Montana	3	—	3	—	—	3
Nebraska	—	8	8	—	8	—
Nevada	—	3	3	—	—	3
New Hampshire	4	—	4	—	4	—
New Jersey	12	—	12	—	10	—
New York	39	—	39	—	36	—
North Carolina	—	12	—	12	—	11
North Dakota	4	—	4	—	3	—
Ohio	23	—	23	—	23	—
Oklahoma	—	7	—	—	—	—
Oregon	4	—	4	—	4	—
Pennsylvania	34	—	34	—	32	—
Rhode Island	4	—	4	—	4	—
South Carolina	—	9	—	9	—	9
South Dakota	4	—	4	—	4	—
Tennessee	—	12	—	12	—	12
Texas	—	18	—	18	—	15
Utah	3	—	3	—	3	—
Vermont	4	—	4	—	4	—
Virginia	—	12	—	12	—	12
Washington	5	—	5	—	4	—
West Virginia	7	—	7	—	6	—
Wisconsin	13	—	13	—	12	—
Wyoming	3	—	3	—	3	—
Totals	325	158	336	140	292	155

Total electoral vote, 1908 483
Necessary for choice 242
Taft's plurality over Bryan 167

Politics of Governors in 1910

Republican

California
Connecticut
Delaware
Idaho
Illinois
Iowa
Kansas
Kentucky
Maine
Massachusetts
Michigan
Minnesota
Missouri
New Hampshire
New Jersey
New York
Oregon
Pennsylvania
Rhode Island
South Dakota
Utah
Vermont
Washington
West Virginia
Wisconsin
Wyoming

Total, 26.

Democratic

Alabama
Arkansas
Georgia
Indiana
Louisiana
Maryland
Mississippi
Montana
Nebraska
Nevada
Colorado
Florida
North Carolina
North Dakota
Ohio
Oklahoma
South Carolina
Tennessee
Texas
Virginia

Total, 20.

The more a man has to do in a limited time, the more apt he is to get it all accomplished.

Watch your works and your wings will take care of themselves.

Legislatures and Elections

The following table shows when the next sessions of the various state legislatures begin and the time of the next state election. Sessions of legislatures are held biennially except where *, indicating annually, follows date of next session, and Alabama's, whose sessions are quadrennial.

State	Next Session Begins	Next State Election
Alabama	Jan. 9, 1911	Nov. 8, 1910
Arizona	Jan. 16, 1911	Nov. 8, 1910
Arkansas	Jan. 10, 1911	Sept. 12, 1910
California	Jan. 2, 1911	Nov. 8, 1910
Colorado	Jan. 10, 1911	Nov. 8, 1910
Connecticut	Jan. 4, 1911	Nov. 8, 1910
Delaware	Jan. 3, 1911	Nov. 8, 1910
Florida	April 7, 1911	Nov. 8, 1910
Georgia	June 28, 1910*	Oct. 7, 1910
Idaho	Jan. 2, 1911	Nov. 8, 1910
Illinois	Jan. 4, 1911	Nov. 8, 1910
Indiana	Jan. 5, 1911	Nov. 8, 1910
Iowa	Jan. 9, 1911	Nov. 8, 1910
Kansas	Jan. 10, 1911	Nov. 8, 1910
Kentucky	Jan. 4, 1910	Nov. 8, 1910
Louisiana	May 9, 1910	April 19, 1910
Maine	Jan. 4, 1911	Sept. 12, 1910
Maryland	Jan. 5, 1910	Nov. 8, 1910
Massachusetts	Jan. 5, 1910*	Nov. 8, 1910
Michigan	Jan. 4, 1911	Nov. 8, 1910
Minnesota	Jan. 3, 1911	Nov. 8, 1910
Mississippi	Jan. 4, 1911	Nov. 8, 1910
Missouri	Jan. 4, 1911	Nov. 8, 1910
Montana	Jan. 2, 1911	Nov. 8, 1910
Nebraska	Jan. 3, 1911	Nov. 8, 1910
Nevada	Jan. 14, 1911	Nov. 8, 1910
New Hampshire	Jan. 4, 1911	Nov. 8, 1910
New Jersey	Jan. 4, 1910*	Nov. 8, 1910
New Mexico	Jan. 16, 1911	Nov. 8, 1910
New York	Jan. 5, 1910*	Nov. 8, 1910
North Carolina	Jan. 4, 1911	Nov. 8, 1910
North Dakota	Jan. 3, 1911	Nov. 8, 1910
Ohio	Jan. 4, 1911	Nov. 8, 1910
Oklahoma	Jan. 3, 1911	Nov. 8, 1910
Oregon	Jan. 3, 1911	June 6, 1910
Pennsylvania	Jan. 3, 1911	Nov. 8, 1910
Rhode Island	Jan. 11, 1910*	Nov. 8, 1910
South Carolina	Jan. 4, 1910*	Nov. 8, 1910
South Dakota	Jan. 2, 1911	Nov. 8, 1910
Tennessee	Jan. 2, 1911	Nov. 8, 1910
Texas	Jan. 10, 1911	Nov. 8, 1910
Utah	Jan. 9, 1911	Nov. 8, 1910
Vermont	Oct. 5, 1910	Sept. 6, 1910
Virginia	Jan. 12, 1910	Nov. 8, 1910
Washington	Jan. 9, 1911	Nov. 8, 1910
West Virginia	Jan. 11, 1911	Nov. 8, 1910
Wisconsin	Jan. 12, 1911	Nov. 2, 1910
Wyoming	Jan. 11, 1911	Nov. 1, 1910

Population and Area of States

Figures for population based on latest census reports and official estimates, in round numbers.

States and Territories	Area sq. miles	Population
Alabama	52,250	2,250,000
Alaska	590,884	125,000
Arizona	113,020	180,000
Arkansas	52,850	1,750,000
California	158,360	2,000,000
Colorado	163,925	700,000
Connecticut	4,990	1,000,000
Delaware	2,050	195,000
District of Columbia	70	330,000
Florida	58,680	650,000
Georgia	59,874	2,600,000
Idaho	84,800	300,000
Illinois	56,650	5,350,000
Indiana	36,350	2,778,000
Iowa	56,025	2,216,000
Kansas	82,080	1,675,000
Kentucky	40,400	2,386,000
Louisiana	48,720	1,550,000
Maine	33,040	730,000
Maryland	12,210	1,500,000
Massachusetts	8,315	3,097,000
Michigan	58,915	2,655,000
Minnesota	83,365	2,050,000
Mississippi	46,810	1,750,000
Missouri	69,415	3,896,000
Montana	146,080	275,000
Nebraska	77,510	1,225,000
Nevada	110,700	65,000
New Hampshire	9,305	433,000
New Jersey	7,815	2,196,000
New Mexico	122,580	302,000
New York	49,170	8,067,000
North Carolina	52,250	2,100,000
North Dakota	70,795	475,000
Ohio	41,060	4,500,000
Oklahoma	70,430	1,850,000
Oregon	96,030	550,000
Pennsylvania	45,215	6,900,000
Rhode Island	1,250	480,000
South Carolina	30,570	1,400,000
South Dakota	77,650	485,000
Tennessee	42,050	2,220,000
Texas	265,780	3,600,000
Utah	84,970	332,000
Vermont	9,965	340,000
Virginia	42,450	1,930,000
Washington	69,180	900,000
West Virginia	24,780	1,151,000
Wisconsin	56,040	2,275,000
Wyoming	97,890	120,000
Total	3,616,484	87,884,000

Largest Cities of the Earth

Population According to the Latest Official Census

Cities	Census Year	Population
London	1901	4,536,541
New York	1905	4,014,304
Paris	1901	2,714,068
Tokio, Japan	1908	2,085,160
Berlin	1906	2,040,148
Chicago	1900	1,698,575
Vienna	1901	1,674,957
Canton	est.	1,600,000
Peking	est.	1,600,000
St. Petersburg	1905	1,429,000
Philadelphia	1900	1,293,697
Constantinople	est.	1,125,000
Osaka	1908	1,117,151
Calcutta	1901	1,026,987
Moscow	1902	1,092,360
Buenos Ayres	1905	1,000,250
Rio de Janeiro	1906	811,265
Hamburg	1906	802,793
Bombay	1901	776,006
Warsaw	1901	756,426
Glasgow	1901	735,906
Budapest	1901	732,322
Liverpool	1901	702,247
Brussels	1905	612,401
Bangkok	est.	600,000
Manchester, England	1901	606,751
Boston	1905	595,083
St. Louis	1900	575,238
Cairo, Egypt	1897	570,062
Naples	1901	563,541
Amsterdam	1905	557,614
Madrid	1900	539,835
Munich	1905	538,983
Barcelona	1900	533,090
Birmingham, England	1901	522,182
Dresden	1905	516,996
Madras	1901	509,346
Baltimore	1900	508,957
Leipzig	1905	504,672
Melbourne	1901	496,079
Milan	1901	491,460
Marseilles	1901	491,161
Sydney	1901	481,830
Copenhagen	1901	476,806
Breslau	1905	470.904
Rome	1901	462,783
Lyons	1901	459,099
Odessa	1900	449.673
Haidarabad	1901	448 466
Leeds	1901	428 953
Cologne	1905	428,722
Sheffield	1901	409 070
Cleveland	1900	381.768
Kioto	1903	380 568
Shanghai	est.	380,000
Buffalo	1905	376,618
Rotterdam	1905	370,390
Lisbon	1900	356,009
Lods	1897	351,570
Belfast	1901	349.180
Kobe, Japan	1908	345 952
Mexico City	1900	344.721
San Francisco	1900	342 782
Bristol, England	1901	339 042
Turin	1901	335 656
Frankfort-on-Main	1905	334 978
Santiago, Chile	1904	326 035
Yokohama	1903	326 035
Cincinnati	1900	324,902
Pittsburgh	1900	320 616
Alexandria, Egypt	1897	319,766
Kiev	1897	319,000
Stockholm	1905	317 964
Edinburgh	1901	316 479
Palermo	1901	309,694
Montevideo	1904	298.127
Nuremberg	1905	294,426
Antwerp	1905	291.949
Dublin	1901	290 638
Nagoya	1903	288,639
New Orleans	1900	287.104
Detroit	1900	285 704
Milwaukee	1900	285 315
Hong Kong	1901	285,905
Newark	1905	283 289
Teheran	est.	280 000
Bradford	1901	279 809
Washington	1900	278 718
Bucharest	1900	276,178
Bavana	1902	275 000
Montreal	1901	267,730
West Ham, England	1901	267,308
Lucknow	1901	264 049
Bordeaux	1901	257 638
Riga	1897	256 197
Dusseldorf	1905	253 274
Hanover, Germany	1905	250 024
Tunis	est.	250 000
Stuttgart	1905	249 286
Newcastle	1901	247.025
Chemnitz	1905	244 927
The Hague	1905	242 054
Magdeburg	1905	240 6[illegible]
Hull	1901	240 618
Nottingham	1901	239 753
Charlottenburg, Prussia	1905	239 559
Rangoon	1901	234.881
Genoa	1901	234,710
Jersey City	1905	232 699
Essen, Germany	1905	231 360
Christiania	1900	227.626
Damascus	est.	225.000
Stettin	1905	224,119
Konigsberg	1905	223.770
Salford	1901	220,956
Manila	1904	219,928
Bremen	1905	214,861
Valencia	1900	213,530
Leicester	1901	211,574
Lille	1901	210,696

LARGEST CITIES—CONTINUED

Cities	Census Year	Population
Benares	1901	209,331
Delhi	1901	208,575
Toronto	1901	208,040
Florence	1901	205,589
Louisville	1900	204,731
Minneapolis	1900	202,718
Prague	1901	201,589
Smyrna	est.	201,000
Providence	1905	198,635

Population of Earth by Races

Race	Location	Number
Indo-Germanic or Aryan (white)...	Europe, Persia, etc.	625,000,000
Mongolian or Turainian (yellow or brown)	Greater part of Asia	630,000,000
Semitic or Hamitic (white)	North Africa, Arabia	65,000,000
Negro and Bantu (black)	Central Africa	150,000,000
Hottentot and Bushman (black)	South Africa	150,000
Malay and Polynesian (brown)	Australia and Polynesia	35,000,000
American Indian (red)	North and South America	15,000,000
Total		1,520,150,000

Population by Continents

Continental Divisions	Area in Sq. Miles	Inhabitants. Number	Per Sq. Mile
Africa	11,514,000	127,000,000	11.00
America, North	6,446,000	115,000,000	17.80
America, South	6,847,000	45,000,000	6.50
Asia	14,710,000	850,000,000	57.70
Australia	3,288,000	5,200,000	1.58
Europe	3,555,000	380,200,000	106.90
Polar Region	4,888,000	300,000	0.07
Total	51,238,000	1,522,700,000	29.60

Occupations in the United States

Number of Persons Engaged in Principal Specified Occupations.

Occupation	Number
Agricultural pursuits	10,438,219
Professional service	1,264,737
Domestic and personal service	5,691,746
Trade and transportation	4,778,233
Manufacturing and mechanical pursuits	7,112,987
Total	29,285,922

Products of Alaska

The following table presents, in concise form the values of what may be called Alaska's contributions to the wealth of the world, it being confined entirely to export shipments from Alaska:

	Furs	Fisheries	Minerals	Totals
1868-1870	$2,904,064	$908,302	None	$3,812,384
1871-1880	20,918,041	1,864,298	$20,000	22,802,339
1881-1890	25,765,320	10,006,736	4,666,714	40,438,770
1891-1900	11,730,696	30,989,932	28,798,742	71,519,370
1901-1908	9,110,708	65,380,380	114,587,245	180,078,333
Aggregate	70,428,829	109,149,666	148,072,701	327,651,196

This table illustrates the general trend of Alaskan products, and the consequent development of special industries. In total values of $328,000,000, furs have contributed 21 per cent; fish, 34 per cent, and minerals 45 per cent. As indicative of the importance of the fisheries, it is pointed out that it was not until 1899 that their values became subordinate to those of the minerals.

Legal Holidays

Our Only Fixed Legal Holidays Are State Holidays, No National Holidays Having Been Established. State Holidays

ALABAMA

January 1, New Year's Day.
January 19, Robert E. Lee's Birthday.
February 22, Washington's Birthday.
April 13, Jefferson's Birthday.
April 26, Memorial Day.
June 3, Jefferson Davis's Birthday.
July 4, Independence Day.
First Monday in September, Labor Day.
Thanksgiving Day.
December 25, Christmas Day.

ALASKA

January 1.
February 22.
May 30, Memorial Day.
July 4.
First Monday in September.
Thanksgiving Day.
December 25.

ARIZONA

May 30.
July 4.
General Election Day.
Thanksgiving Day.
December 25.

ARKANSAS

Second Monday in September of Even Years, General Election.
November of Even Years, Congressional and National Election.
December 25.

CALIFORNIA

January 1.
February 12, Lincoln's Birthday.
February 22.
May 30.
July 4.
September 9, Admission Day.
First Monday in September.
October 12, Discovery Day or Columbus Day.
December 25.

COLORADO

January 1.
February 12.
February 22.
May 30.
July 4.
August 1, Colorado Day.
First Monday in September.
October 12, Columbus Day.
General Election Day.
Thanksgiving Day.
December 25.

CONNECTICUT

January 1.
February 12.
February 22.
May 30.
July 4.
First Monday in September.
October 12.
December 25.

DELAWARE

January 1.
February 12.
February 22.
May 30.
July 4.
First Monday in September.
General Election Day.
Thanksgiving Day.
December 25.

DISTRICT OF COLUMBIA

January 1.
February 22.
May 30.
July 4.
First Monday in September
December 25.

FLORIDA

January 1.
January 19, Robert E. Lee's Birthday.
February 22.
Good Friday.
April 26.
June 3, Jefferson Davis's Birthday.
July 4.
First Monday in September.
General Election Day.
Thanksgiving Day.
December 25.

GEORGIA

January 1.
February 12, Georgia Day.
April 26.
June 3.
July 4.
First Monday in September.
Thanksgiving Day.
December 25.

HAWAII

January 1.
February 22.
May 30.
June 11, Kamehameha Day.
July 4.
First Monday in September.
Third Saturday in September, Regatta Day.
December 25.

IDAHO

January 1.
February 22.
May 30.
July 4.
First Monday in September.
Thanksgiving Day.
December 25.

ILLINOIS

January 1.
February 12.
February 22.
May 30.
July 4.
First Monday in September.
October 12.
General Election Day.
Thanksgiving Day.
December 25.

INDIANA

January 1.
February 22.
May 30.
July 4.
First Monday in September.
Thanksgiving.
General Election Day.
December 25.

IOWA

January 1.
February 12.
February 22.
May 30.
July 4.
First Monday in September.
General Election Day.
Thanksgiving Day.
December 25.

GOOD TYPE OF ANGORA GOAT

Kansas

January 1.
February 12.
February 22.
May 30.
July 4.
First Monday in September.
Thanksgiving Day.
December 25.

Kentucky

January 1.
February 22.
May 30.
July 4.
First Monday in September.
Thanksgiving Day.
December 25.

Louisiana

January 1.
February 22, Washington's Birthday.
Shrove Tuesday, Mardi-Gras in Orleans parish.
Good Friday.
June 3, Confederate Memorial Day.
July 4.
First Monday in September, Labor Day in Orleans parish.
November 1, All Saints' Day.
General Election Day.
Thanksgiving Day.
December 25.

Maine

January 1.
February 22.
April 19, Patriot's Day.
May 30.
July 4.
First Monday in September.
General Election Day.
National Election Day.
Thanksgiving Day.
December 25.

Maryland

January 1.
February 22.
Good Friday.
May 30.
July 4.
September 12, Defenders' Day.
October 12.
Thanksgiving Day.
General Election Day.
Congressional Election Day.
December 25.

Massachusetts

February 22.
April 19, Patriot's Day.
May 30.
July 4.
First Monday in September.
Thanksgiving Day.
December 25.

Michigan

January 1.
February 12.
February 22.
May 30.
July 4.
First Monday in September.
October 12.
Thanksgiving Day.
December 25.

Mississippi

January 1.
February 22.
April 26.
June 3.
July 4.
First Monday in September.
Thanksgiving Day.
December 25.

Missouri

January 1.
February 22.
May 30.
July 4.
First Monday in September.
October 12.
General Election Day.
Thanksgiving Day.
December 25.

Minnesota

January 1.
February 12.
February 22.
Good Friday.
May 30.
July 4.
First Monday in September.
General Election Day.
Thanksgiving Day.
December 25.

Montana

January 1.
February 12.
February 22.
May 30.
July 4.
First Monday in September.
October 12.
Thanksgiving Day.
December 25.

Nebraska

January 1.
February 22.
April 22, Arbor Day.
May 30.
July 4.
First Monday in September.
Thanksgiving Day.
December 25.

Nevada

January 1.
February 22.
May 30.
July 4.
First Monday in September.
October 31, Admission Day.
Thanksgiving Day.
December 25.

New Hampshire

January 1.
February 22.
Fast Day.
May 30.
July 4.
First Monday in September.
Election Day.
Thanksgiving Day.
December 25.

New Jersey

January 1.
February 12.
February 22.
Good Friday.
May 30.
July 4.
First Monday in September.
October 12.
General Election Day.
Thanksgiving Day.
December 25.

New Mexico

January 1.
February 12.
February 22.
Second Friday in March, Arbor Day.
May 30.
July 4.
First Monday in September.
Thanksgiving Day.
December 25.

NEW YORK

January 1.
February 22.
May 30.
July 4.
First Monday in September.
October 12.
Thanksgiving Day.
December 25.

NORTH CAROLINA

January 1.
January 19, Lee's Birthday.
February 22.
April 12, State Independence Day.
May 10, Confederate Memorial Day.
May 20, Anniversary of the Signing of the Mecklenburg Declaration of Independence.
July 4.
First Monday in September.
Thanksgiving Day.
December 25.

NORTH DAKOTA

January 1.
February 12.
February 22.
Arbor Day, Day set by Governor.
May 30.
July 4.
First Monday in September.
Election Day.
Thanksgiving Day.
December 25.

OHIO

January 1.
February 22.
May 30.
July 4.
First Monday in September.
Thanksgiving Day.
December 25.

OKLAHOMA

January 1.
February 22.
May 30.
July 4.
First Monday in September.
Thanksgiving Day.
General Election Day.
December 25.

OREGON

January 1.
February 22.
May 30.
July 4.
First Monday in September.
Election Day.
Thanksgiving Day.
December 25.

PENNSYLVANIA

January 1.
February 12.
Third Tuesday in February, Election Day.
February 22.
Good Friday.
May 30.
July 4.
First Monday in September.
October 12.
General Election Day.
Thanksgiving Day.
December 25.

PHILIPPINE ISLANDS

January 1.
February 22.
Holy Thursday and Good Friday.
May 1.
May 30.
July 4.
August 13, Occupation Day.
Thanksgiving Day.
December 25.
December 30, Rizal Day.

PORTO RICO

January 1.
February 22.
March 22.
Good Friday.
May 30.
July 4.
July 25.
First Monday in September.
December 25.

RHODE ISLAND

January 1.
February 22.
Second Friday in May.
May 30.
July 4.
First Monday in September.
General Election Day.
Thanksgiving Day.
December 25.

SOUTH CAROLINA

January 1.
January 19, Lee's Birthday.
February 22.
May 10, Confederate Memorial Day.
June 3, Jefferson Davis's Birthday.
July 4.
First Monday in September.
Thanksgiving Day.
December 25.
Thursday of Fair Week.

SOUTH DAKOTA

January 1.
February 12.
February 22.
May 30.
July 4.
First Monday in September.
Thanksgiving Day.
December 25.

TENNESSEE

January 1.
February 22.
June 3.
July 4.
First Monday in September.
Election Day.
December 25.

TEXAS

January 1.
February 22.
March 2, Texas Independence Day.
April 21, Anniversary of the Battle of San Jacinto.
June 3.
July 4.
First Monday in September.
General Election Day.
Thanksgiving Day.
December 25.

UTAH

January 1.
February 22.
April 15, Arbor Day.
May 30.
July 4.
July 24, Pioneer Day.
First Monday in September.
December 25.

VERMONT

January 1.
February 22.
May 30.
July 4.
August 16, Bennington Battle Day.
First Monday in September.
Thanksgiving Day.
December 25.

VIRGINIA

January 1.
January 19, Lee-Jackson Day.
February 22.
May 30, Confederate Memorial Day.

July 4.
First Monday in September.
General Election Day.
Thanksgiving Day.
December 25.

WASHINGTON

January 1.
February 12.
February 22.
May 30.
July 4.
First Monday in September.
General Election Day.
December 25.

WEST VIRGINIA

January 1.
February 12.
February 22.
May 30.
July 4.
First Monday in September.
Thanksgiving Day.
December 25.

WISCONSIN

January 1.
February 22.
May 30.
July 4.
First Monday in September.
General Election Day.
Thanksgiving Day.
December 25.

WYOMING

January 1.
February 12.
February 22.
Arbor Day.
May 30.
July 4.
First Monday in September.
General Election Day.
Thanksgiving Day.
December 25.

May 18, International Peace Day, is gradually coming to be observed, to celebrate the anniversary of the opening of the first Peace Conference of The Hague in 1899.

June 14, Flag Day, is not a legal holiday, but its observance, especially in the public schools, is urged by several governors and various patriotic societies, to stimulate devotion to the flag and patriotism. All anniversaries of important historical events attended by patriotic observance in any state should be observed as Flag Days in the public schools of that state by the display of the national flag. June 14 is the anniversary of the day in 1777 when the Continental Congress adopted the United States flag with 13 stripes and 13 stars, symbolic of the original states. Since 1818 a star has been added for each state admitted to the Union, until now there are 46.

Only a fool would waste any time trying to argue with a man who is in love.

When a man brags about himself it's a sign that others merely tolerate him.

Arbor Days

Alabama—February 22.

Arizona—Friday following first day of April, also Friday following first day of February.

Arkansas—First Saturday in March.

California—Observed by separate counties, but not generally.

Colorado—Third Friday in April.

Connecticut—Date fixed by governor, last Friday in April or first in May.

Delaware—Date fixed by governor, usually first Friday in April.

Florida—First Friday in February.

Georgia—First Friday in December.

Idaho—Last Monday in April.

Illinois—Date fixed by governor and superintendent of public instruction, usually latter part of April.

Indiana—Last Friday in October.

Iowa—Date fixed by governor, usually last Friday in April.

Kansas—Date fixed by governor, usually first Friday in April.

Kentucky—Date fixed by governor, usually first Friday in April.

Maine—Date fixed by governor, usually early in May.

Maryland—Date fixed by governor, usually about the middle of April.

Massachusetts—Last Saturday in April.

Michigan—Last Friday in April.

Minnesota—Date fixed by governor, usually last of April or first of May.

Missouri—Friday after first Tuesday in April.

Mississippi—December 10.

Montana—Second Tuesday in May.

Nebraska—April 22.

Nevada—Date fixed by governor, usually in April.

New Hampshire—Date fixed by governor, usually last of April or first of May.

New Jersey—First Friday in May.

New Mexico—Second Friday in March.

New York—Friday after first of May.

North Carolina—October 12 usually observed.

North Dakota—Date fixed by governor, usually fourth Friday in April.

Ohio—Date fixed by governor, usually second or third Friday in April.

Oklahoma—Friday following second Monday in March.

Oregon—Second Friday in April.

Pennsylvania—Date fixed by superintendent of instruction, in October.

Rhode Island—Second Friday in May.

South Carolina—Third Friday in November.

South Dakota—Date fixed by governor, usually last of April.

Tennessee—Date fixed by governor, usually in November.

Texas—February 22.

Utah—April 15.

Vermont—Date fixed by governor, latter part of April or first of May.

Virginia—Not regularly observed.

Washington—Date fixed by governor; different dates east and west of the Cascades, usually in April.

West Virginia—Third Friday in April and third Friday in November.

Wisconsin—Date fixed by governor, usually first Friday in May.

Wyoming—Date fixed by governor, usually last Friday in April.

Postal Rates

Domestic

First class.—Letters, postal cards, and matter wholly or partly in writing, whether sealed or unsealed (except manuscript copy accompanying proof-sheets of the same), and all matter sealed or otherwise closed against inspection.

Rate.—Two cents per ounce or fraction thereof. Postal cards, 1 cent each. On "drop" letters, 2 cents per ounce or fraction thereof, when mailed at letter-carrier office; and 1 cent per ounce or fraction thereof at other offices.

Second class.—Newspapers and publications issued at stated intervals as often as four times a year, bearing a date of issue and numbered consecutively, issued from a known office of publication, and formed of printed sheets, without board, cloth, leather, or other substantial binding. Such publications must be originated and published for the dissemination of information of a public character, or devoted to literature, the sciences, art, or some special industry. They must have a legitimate list of subscribers, and must not be designed primarily for advertising purposes, or for free circulation at nominal rates.

Rate.—One cent per pound or fraction thereof when sent by publisher thereof and from office of publication, including sample copies, or when sent from news agency to actual subscribers or other news agents.

One cent for each 4 ounces or fraction thereof on newspapers and periodical publications of second class, when sent by other than publisher or news agent. One cent each on newspapers (excepting weeklies) and periodicals not exceeding 2 ounces in weight, when deposited in letter-carrier office for delivery by carrier, 2 cents each on periodicals weighing more than 2 ounces.

One cent per pound on newspapers, other than weeklies, and periodicals when deposited by publisher or news agent in letter-carrier office for general or box delivery; 1 cent for 4 ounces or fraction thereof when deposited by other than publishers or news agents for general or box delivery. One cent per pound or fraction thereof on weekly newspapers deposited by publisher or news agent in letter-carrier office for letter or box delivery, or delivery by carrier; free when one copy is sent to each actual subscriber residing in county where same are printed, in whole or in part, and published; but at rate of 1 cent per pound when delivered at letter-carrier office, or distributed by carriers.

Third class.—Books, circulars and pamphlets, and matter wholly in print (not included in second class), proof-sheets, corrected proof-sheets and manuscript copy accompanying the same.

"Printed matter" is the reproduction upon paper, by any process, except that of handwriting, of any words, letters, characters, figures, or images, or of any combination thereof, not having the character of an actual and personal correspondence.

A "circular" is a printed letter, which, according to internal evidence, is being sent in identical terms to several persons. It is permissible to write, in circulars, the date, the name of the person addressed, or of the sender, and to correct mere typographical errors.

Seeds, bulbs, roots, scions and plants are also mailable at the rate of third-class postage, such as samples of wheat or other grain in its natural condition, seedling potatoes, beans, peas, acorns, etc. Cut flowers and botanical specimens go as fourth class.

Rate.—One cent for each 2 ounces or fraction thereof.

Fourth class.—Merchandise; namely, all matter not embraced in the other three classes, and which is not in its form or nature liable to destroy, deface, or otherwise damage the contents of the mail bag, or harm the person of any one engaged in the postal service, and not above the weight provided by law. Includes artificial flowers, cut flowers, dried plants, botanical and geological specimens, samples of flour or other manufactured grain for food purposes, blank address tags or labels, queen bees when properly packed, dried fruit.

Rate.—One cent per ounce or fraction thereof.

Foreign Postage

To Canada, Newfoundland and Mexico the rates are similar to the United States domestic postage, except on second-class matter to Canada. The latter is now 1 cent for each 4 ounces, or fraction thereof, in bulk for publishers, which is the same as the rate for single periodicals mailed by the general public. Letters cost 2 cents per ounce; merchandise not exceeding 4 pounds 6 ounces, 1 cent per ounce.

To Great Britain and Ireland, France and Germany the letter rate is 2 cents per ounce or fraction thereof.

In the Universal Postal Union, which includes nearly all the countries of the world, rates are as follows: Letters, 1 ounce or fraction thereof, 5 cents; each succeeding ounce or fraction thereof, 3 cents; postal cards, each, 2 cents; newspapers and other printed matter per 2 ounces, 1 cent; samples of merchandise, same as printed matter, except that lowest rate is 2 cents.

Unsealed packages of mailable merchandise may be sent by parcel post to most countries in the postal union at the rate of 12 cents for not exceeding 1 pound in weight, and 12 cents for each additional pound or fraction thereof. The limit of weight is 4 pounds 6 ounces, to certain parts of Mexico and to all of Germany, Norway, Hong Kong, Japan, Belgium, Great Britain and Ireland, Australia, Denmark, Sweden and China. In other countries the maximum weight allowed is 11 pounds.

The registration fee on foreign or domestic mail is 10 cents.

Foreign money orders cost about the same as domestic post-office money orders, except that the minimum fee is 8 cents to some countries and to others 10 cents. Domestic rates apply to money orders for Canada, Cuba, Newfoundland, Jamaica and several other less important places.

International response coupons, exchangeable in any country in the postal union for the equivalent of the United States 5-cent stamp, are purchasable at post-offices for 6 cents each. The purpose of these coupons is to enable persons to send return postage to foreign countries, or small sums without the expense of buying a money order.

SILVER LACED WYANDOTTE

Everyone likes the Wyandotte for its good size, good laying qualities, good motherhood, good foraging and good looks. It is the greatest rival of the famous Plymouth Rock.

There's a lot of difference between forgetting what we ought to know and knowing what we ought to forget.

The proof of a fool lies in the consistency of his refusal to change his opinion.

It isn't until a man lives to learn that he really learns to live.

Besides gathering no moss, a rolling stone gravitates down hill.

It is never too late to mend, but it is sometimes too late to realize it.

Who rises every time he falls will some time rise to stay.

Most couples would be happily married if neither one of them had any relatives.

Weights and Measures

The More Familiar Tables of Arithmetic Supplemented by the Less Familiar Ones of Special Value to the Farmer. Equivalents of the Metric System

Table of Solids

128 solid feet (4x4x8) make 1 cord.

40 solid feet of round timber make 1 ton.

50 solid feet of hewn timber make 1 ton.

1 11-45 solid feet of shelled corn make 1 bushel.

6 2-9 solid feet of shelled corn make 1 barrel.

2 22-45 solid feet of ear corn make 1 bushel.

12 4-9 solid feet of ear corn make 1 barrel.

$27\frac{7}{8}$ solid inches make 1 wine pint.

231 solid inches make 1 wine gallon.

282 solid inches make 1 beer gallon.

268 4-5 solid inches make 1 gallon, dry measure.

1828 solid inches make 1 bushel unslaked lime, coal or coke.

A bucket or other cylindrical vessel 7 inches in diameter and 6 inches deep holds 1 gallon, wine measure, and a similar vessel 7 inches in diameter and 7 1-3 inches deep holds 1 gallon, beer measure.

Box Measure

A box 24 inches by 16 inches square, and 28 inches deep, will contain a barrel, or 10,752 cubic inches.

A box 24 inches by 16 inches square, and 14 inches deep, will contain $\frac{1}{2}$ barrel, or 5,376 cubic inches.

A box 16 inches by 16.8 inches square, and 8 inches deep, will contain a bushel, or 2,150.4 cubic inches.

A box 14x14x$13\frac{3}{4}$ inches in the clear holds 1 bushel.

A box 14x7x$13\frac{3}{4}$ inches in the clear holds $\frac{1}{2}$ bushel.

A box 12 inches by 11.2 inches square, and 8 inches deep, will contain $\frac{1}{2}$ bushel, or 1,075.2 cubic inches.

A box 7x7x$13\frac{3}{4}$ inches in the clear holds 1 peck.

A box 8 inches by 8.4 inches square, and 8 inches deep, will contain 1 peck, or 537.6 cubic inches.

A box 8 inches by 8 inches square, and 4.2 inches deep, will contain $\frac{1}{2}$ peck, or 268.8 cubic inches.

A box 7 inches by 4 inches square, and 4.8 inches deep, will contain $\frac{1}{2}$ gallon, or 134.4 cubic inches.

A box 4 inches by 4 inches square, and 4.2 inches deep, will contain 1 quart, or 67.2 cubic inches.

Weights

Apothecaries' weight. 20 grains=1 scruple, 3 scruples=1 dram, 8 drams=1 ounce, 12 ounces=1 pound.

Avoirdupois weight (short ton). 27 11-32 grains=1 dram, 16 drams=1 ounce, 16 ounces=1 pound, 25 pounds=1 quarter, 4 quarters=1 hundredweight, 20 hundredweights=1 ton (2,000 pounds).

Avoirdupois weight (long ton). 27 11-32 grains=1 dram, 16 drams=1 ounce, 16 ounces=1 pound, 112 pounds=1 hundredweight, 20 hundredweights=1 ton (2,240 pounds).

Troy weight. 24 grains=1 pennyweight, 20 pennyweights=1 ounce, 12 ounces=1 pound.

Diamond weight. 4 carat grains or 3 1-6 troy grains=1 carat.

Iron, lead, etc. 14 pounds=1 stone, $21\frac{1}{2}$ stone=1 pig, 8 pigs=1 fother.

Measures

Dry measure. 2 pints=1 quart, 8 quarts=1 peck, 4 pecks=1 bushel.

Liquid measure. 4 gills=1 pint, 2 pints=1 quart, 4 quarts=1 gallon, $31\frac{1}{2}$ gallons=1 barrel, 2 barrels=1 hogshead.

Fluid measure. The minim=0.95 grain, 60 minims=1 fluid dram, 8 fluid drams=1 fluid ounce (455.69 grains) or 480 minims.

Long measure. 12 inches=1 foot, 3 feet=1 yard, $5\frac{1}{2}$ yards=1 rod or pole, 40 rods=1 furlong, 8 furlongs=1 statute mile, 3 miles=1 league.

Nautical measure. 6 feet=1 fathom, 608 fathoms=1 cable length, $7\frac{1}{2}$ cable lengths=1 mile, 5,28 feet=1 statute mile, 6,080.27 feet=1 nautical mile.

Square measure. 144 square inches=1 square foot, 9 square feet=1 square yard, $30\frac{1}{4}$ square yards=1 square rod or perch, 40 square rods=1 rood, 4 roods=1 acre, 640 acres=1 square mile, 36 square miles (6 miles square)=1 township.

Cubic measure. 1,728 cubic inches=
cubic foot, 27 cubic feet=1 cubic y

Circular measure. 60 seconds=1
ute, 60 minutes=1 degree, 30 deg
sign, 12 signs=1 circle.

Time measure. 60 seconds=1 minute, 60 minutes=1 hour, 24 hours=1 day, 7 days=1 week, 4 weeks=1 lunar month, 365 days=1 year, 366 days=1 leap year.

Measure of number. 12 units=1 dozen, 12 dozen=1 gross, 20 units=1 score.

12 gross (144 dozen) make 1 great gross.

20 units make one score.

The commercial weights and measures of the United States are the avoirdupois pound (7,000 grains)=16 ounces of 437.5 grains each. The wine gallon (231 cubic inches)=4 quarts, or 8 pints of 16 fluid ounces to each pint.

Various miles. The distance called a mile varies greatly in different countries. Its length in yards is as follows: Norway 12,182, Sweden 11,660, Hungary 9,139, Switzerland 8,548, Austria 8,297, Prussia 8,238, Poland 8,100, Italy 2,025, England and the United States 1,760, Spain 1,522, Netherlands 1,094. The nautical mile is 1-60th the length of a degree at the equator, or 2,025 yards.

Cloth measure. $2\frac{1}{4}$ inches=1 nail, 4 nails=1 quarter, 4 quarters=1 yard.

Chain measure. 7.92 inches=1 link, 25 links=1 rod, 100 links=1 chain, 80 chains=1 mile, 10 square chains=1 acre.

Paper measure. 24 sheets=1 quire, 20 quires=1 ream, 2 reams=1 bundle, 5 bundles=1 bale.

Area. One acre contains 160 square rods, 4,840 square yards, 43,560 square feet. One rod contains $30\frac{1}{4}$ square yards, $272\frac{1}{4}$ square feet. One square yard contains 9 square feet. The side of a square must measure as follows to contain:

	FEET	RODS	PACES
10 acres	660.00	40.00	
1 acre	280.71	12.65	64
½ acre	147.58	8.95	45
1-3 acre	120.50	7.30	37
¼ acre	104.38	6.32	32
⅛ acre	73.79	4.47	22½

To double the length of the side makes four times the area of the field.

Various units. A cubit is 4 hands and a half, or 1 foot and a half. A yard is 36 inches or 2 cubits. A square yard is 9 square feet. A cubical yard is 27 cubical feet. An ell is 1 yard and a quarter, or 45 inches. A geometrical space is 5 feet. A fathom is 6 feet, or 2 yards. A square is 100 square feet. A pace is 3 feet. A palm is 3 inches. A hand is 4 inches. A span is 6 inches. A bible cubit is 21.8 inches.

Liquids. 1 gallon oil weighs 9.32 pounds avoirdupois, 1 gallon distilled water 10.32 pounds, 1 gallon proof spirits 9.08 pounds.

Miscellaneous Table

A book composed of sheets folded into 2 leaves is a folio.

A book composed of sheets folded into 4 leaves is a quarto.

A book composed of sheets folded into 8 leaves is an octavo (8vo).

A book composed of sheets folded into 12 leaves is a duodecimo (12mo).

A book composed of sheets folded into 16 leaves is a 16mo.

56 pounds of butter make 1 firkin.

100 pounds of fish make 1 quintal.

196 pounds of flour make 1 barrel.

200 pounds of beef, pork, shad or salmon make 1 barrel.

24 sheets of paper make 1 quire.

20 quires make 1 ream.

2 reams make 1 bundle.

5 bundles make 1 bale.

3 barleycorns make 1 inch.

18 inches make 1 cubit.

22 inches make one sacred cubit.

9 gallons make 1 English firkin.

2 firkins make 1 kilderkin.

2 kilderkins make 1 barrel.

25 pounds make 1 keg (powder).

100 pounds make 1 cental (grain measure).

280 pounds make 1 barrel of salt.

$31\frac{1}{2}$ gallons make 1 barrel (wine measure).

42 gallons make 1 tierce (wine measure).

63 gallons make 1 hogshead (wine measure).

84 gallons make 1 puncheon (wine measure).

126 gallons make 1 pipe (wine measure).

252 gallons make 1 tun (wine measure).

8 bushels of wheat (70 pounds each) make 1 quarter (European measure).

$24\frac{3}{4}$ cubic feet (masonry) make 1 perch.

100 square feet (carpentry) make 1 square.

1,760 yards (5,280 feet) make 1 statute mile.

2,028.63 yards (6,085.9 feet) make 1 nautical mile.

3 miles make 1 league.

69 1-6 statute miles make 1 degree (of latitude).

60 geographical miles make 1 degree (of latitude).
360 degrees make a circle.
640 acres make 1 square mile.
36 square miles make 1 township.
60 pairs of shoes make 1 case.
4 inches make 1 hand (measuring horses).

Metric System

Weight

10 milligrams=1 centigram.
10 centigrams=1 decigram.
10 decigrams=1 gram.
10 grams=1 decagram.
10 decagrams=1 hectogram.
10 hectograms=1 kilogram.
10 kilograms=1 myriagram.
10 myriagrams=1 quintal.
10 quintals=1 ton (metric).

Linear Measure

10 millimeters=1 centimeter.
10 centimeters=1 decimeter.
10 decimeters=1 meter.
10 meters=1 decameter.
10 decameters=1 hectometer.
10 hectometers=1 kilo.

Cubic and Capacity Measure

10 millimeters=1 centiliter.
10 centiliters=1 deciliter.
10 deciliters=1 liter.
10 liters=1 decaliter.
10 decaliters=1 hectoliter.
10 hectoliters=1 kiloliter.

Legal Weights of the Bushel

States and Territories	Barley	Buckwheat	Cornmeal	Potatoes, sweet	Onions	Turnips	Beets	Apples	Dried apples	Dried peaches	Castor beans	Flaxseed	Hungarian grass seed
United States	48	48	48	—	—	—	—	—	—	—	50	56	—
Alabama	47	—	48	55	—	55	—	—	24	33	—	—	—
Alaska	—	—	—	—	—	—	—	—	—	—	—	—	—
Arizona	45	—	—	—	—	—	—	—	—	—	—	—	—
Arkansas	48	52	48	50	57	57	—	50	24	33	—	56	—
California	50	40	—	—	—	—	—	—	—	—	—	—	—
Colorado	48	52	50	—	57	—	—	—	—	—	—	—	—
Connecticut	48	48	50	54	52	50	60	48	25	33	—	55	—
Delaware	—	—	48	—	—	—	—	—	—	—	—	—	—
Dist. of Columbia	—	—	—	—	—	—	—	—	—	—	—	—	—
Florida	48	—	48	60	56	54	—	48	24	33	48	—	—
Georgia	47	52	48	55	57	55	—	—	24	33	—	56	—
Hawaii	48	—	—	—	—	—	—	—	—	—	—	—	—
Idaho	48	42	—	—	—	—	—	45	28	28	—	56	—
Illinois	48	52	48	50	57	55	—	—	24	33	46	56	—
Indiana	48	50	50	55	48	55	—	—	25	33	46	—	—
Indian Territory	—	—	—	—	—	—	—	—	—	—	—	—	—
Iowa	48	52	—	46	57	—	—	48	24	33	46	46	50
Kansas	48	50	50	50	57	55	—	48	24	33	46	56	50
Kentucky	47	56	50	55	57	60	—	—	24	39	45	56	50
Louisiana	—	—	—	—	—	—	—	—	—	—	—	—	—
Maine	48	48	50	—	52	50	60	44	—	—	—	—	—
Maryland	—	—	—	—	—	—	—	—	—	—	—	—	—
Massachusetts	48	48	50	54	52	—	—	48	25	33	—	55	—
Michigan	48	48	50	56	54	48	—	48	22	28	46	56	50
Minnesota	45	50	—	55	52	52	50	80	28	28	—	—	48
Mississippi	48	48	48	60	57	55	—	—	26	33	64	56	50
Missouri	48	52	50	56	57	42	—	48	24	33	46	56	48
Montana	48	52	50	—	57	—	50	45	—	—	—	56	50
Nebraska	48	52	50	50	57	55	—	—	24	33	46	56	50
Nevada	—	—	—	—	—	—	—	—	—	—	—	—	—
New Hampshire	—	—	50	—	—	—	—	—	—	—	—	—	—
New Jersey	48	50	—	54	57	—	—	50	25	33	—	55	—
New Mexico	—	—	—	—	—	—	—	—	—	—	—	—	—
New York	48	48	50	54	57	—	—	48	25	33	—	55	—
North Carolina	48	50	48	—	—	—	—	—	—	—	—	—	—
North Dakota	48	42	—	46	52	60	60	—	—	—	—	56	—
Ohio	48	50	—	50	55	60	56	50	24	33	—	56	50
Oklahoma	48	42	—	46	52	60	60	—	—	—	—	56	—
Oregon	46	42	—	—	—	—	—	45	28	28	—	—	—
Pennsylvania	47	48	—	—	50	—	—	—	—	—	—	—	—
Philippines	—	—	—	—	—	—	—	—	—	—	—	—	—
Porto Rico	—	—	—	—	—	—	—	—	—	—	—	—	—
Rhode Island	48	48	50	54	50	50	50	48	25	33	46	56	50
Samoa	—	—	—	—	—	—	—	—	—	—	—	—	—
South Carolina	—	—	48	—	—	—	—	—	—	—	—	—	—
South Dakota	48	42	—	46	52	60	60	—	—	—	—	56	—
Tennessee	48	50	48	50	56	50	50	50	24	26	46	56	48
Texas	48	42	—	55	57	55	—	45	28	28	—	56	48
Utah	—	—	—	—	—	—	—	—	—	—	—	—	—
Vermont	48	48	—	—	52	60	60	46	—	—	—	—	—
Virginia	48	52	50	56	57	55	—	45	28	32	—	56	48
Washington	48	42	—	—	—	—	—	45	28	28	—	56	—
West Virginia	48	52	—	—	—	—	—	—	25	33	—	56	—
Wisconsin	48	50	50	54	57	42	50	50	25	33	—	56	48
Wyoming	—	—	—	—	—	—	—	—	—	—	—	—	—

Equivalents

1 acre=.0407 hectare.
1 bushel=35.24 liters.
1 centimeter=.3937 inch.
1 cubic foot=.023 cubic meter.
1 cubic inch=16.39 cubic centimeters.
1 cubic meter=35.31 cubic feet.
1 cubic yard=.7645 cubic meter.
1 foot=30.48 centimeters.
1 gallon=3.785 liters.
1 grain=.0648 gram.
1 gram=15.43 grains.
1 hectare=2.471 acres.
1 inch=25.40 millimeters.
1 kilogram=2.205 pounds.
1 kilometer=.6214 mile.
1 liter=.9081 quart (dry).
1 liter=1.057 quart (liquid).
1 yard=.9144 meter.
1 meter=3.281 feet.
1 mile=1.609 kilometers.
1 millimeter=0.3937 inch.
1 ounce (avoirdupois)=28.35 grams.
1 ounce (Troy)=31.10 grams.
1 pint=.4732 liter.
1 pound=.4536 kilogram.
1 quart (dry)=1.101 liters.
1 quart (liquid)=.9464 liter.
1 square centimeter=.1550 square inch.
1 square foot=.0929 square meter.
1 square inch=6.452 square centimeters.
1 square meter=1.196 square yards.
1 square meter=10.76 square feet.
1 square yard=.8361 square meter.
1 ton (2,000 pounds)=.9072 metric ton.
1 ton (2,240 pounds)=1.017 metric tons.
1 ton (metric)=.9842 ton (2,240 pounds).

The surface units in the metric system are the linear units squared, and for land measures 100 square meters are called the "ar" (for area).

100 ars=1 hectare.

WHAT CUTTING BACK OLD TREES WILL DO

Heroic methods are sometimes advisable in the rejuvenation of an old apple orchard. Here is mute testimony to the fact. As noted, these two trees were cut back many feet, and the result was a new top which proved far better than the old, and also had the advantage of being nearer the ground. This is the method followed by Wilfred Wheeler of Middlesex county, Mass, and it is a fine object lesson of what a fruit grower can do in the way of making over his orchard.

Guide for Estimates

Rules and Facts for Short Cuts in Figures. Quick Aids to the Practical Farmer

Weight and Measure

To find the number of tons of hay in a mow or stack, multiply together the length, breadth and depth in feet, and divide the product by 510 if the hay is not well settled, or by 460 if the hay is well packed.

A solid cubic foot of anthracite coal weighs about 93 pounds. When broken for use it weighs about 54 pounds. Bituminous coal when broken up for use weighs about 50 pounds. Rule: Multiply the length in feet by the hight in feet, and again by the breadth in feet, and this result by 54 for anthracite coal, or by 50 for bituminous coal, and the result will equal the number of pounds. To find the number of tons, divide by 2,000.

To ascertain the weight of cattle, measure the girth close behind the shoulder, and the length from the fore part of the shoulder blade along the back to the bone at the tail, which is in a vertical line with the buttock, both in feet. Multiply the square of the girth, expressed in feet, by five times the length, and divide the product by 21; the quotient is the weight, nearly, of the four quarters, in Imperial stones of 14 pounds avoidupois. In very fat cattle, the quarters will be about 1-20th more, while in very lean ones there will be about 1-20th less.

To find the bushels of apples, potatoes, shelled corn, etc., in the bins, divide the cubic contents in inches by 2,747.7 (the cubic inches in a heaped bushel). If corn is in the ear, deduct one-third from the result.

Tank and Barrel Measurement

To find the contents of a round tank: Multiply the square of the diameter in feet by the depth in feet, and multiply this result by 6, and you have the approximate contents of the tank in gallons. (For exact results multiply the product by 5⅞, instead of 6.) If the tank is larger at the bottom than at the top, find the average diameter by measuring the middle part of the tank halfway between the top and bottom.

To find capacity of barrels: Add the head and bung diameters in inches, and divide by 2 for the mean diameter. Then multiply the average diameter by itself in inches, and again by the hight in inches, then multiply by 8; cut off the right-hand figure, and you have the number of cubic inches. Divide by 277¼ and you have the number of gallons. A barrel is estimated usually at 31½ gallons; the hogshead at 63 gallons.

To find the contents of a watering-trough: Multiply the hight in feet by the length in feet, and the product by the width in feet, and divide the result by 4, and you will have the contents in barrels of 31½ gallons each. For exact results multiply the length in inches by the hight in inches, by the width in inches, and divide the result by 231, and you will have the contents in gallons.

A Table for Circular Tanks, One Foot in Depth

5 feet in diameter holds....	4½	barrels
6 feet in diameter holds....	6¾	"
7 feet in diameter holds....	9	"
8 feet in diameter holds....	12	"
9 feet in diameter holds....	15	"
10 feet in diameter holds....	19½	"

To find the contents of a tank by the table, multiply the contents of 1 foot in depth by the number of feet deep.

To Measure Wells or Cisterns

Square the diameter in inches, muliply by the decimal .7854, and the product by the depth of the well or cistern in inches. The result will be the full capacity of the well in cubic inches. If the actual quantity of water be sought, multiply by the depth of water in inches, and in either case divide by 231 for the number of gallons.

Circular Cisterns, One Foot in Depth, Computed

Diameter in inches	Contents in gallons
12....................	5.875
15....................	9.18
16....................	10.44
18....................	13.218
20....................	16.32
21....................	18.

For any greater depth than 1 foot, multiply by the number of feet and fractions of a foot.

Other Rules

To compute the contents of circular cisterns: Multiply the square of the diameter in feet by the depth in feet, and that product by 373-4000 for the contents in hogsheads, or by 373-200 for barrels, by 47-8 for the contents in gallons.

Square cisterns: Multiply the width in feet by the length in feet, and that by the depth in feet, and that again by 19-100 for hogsheads, or 19-80 for barrels, or 7 48-100 for gallons.

Another and simpler method is to multiply together the length, width and depth, in inches, and divide by 231, which will give the contents in gallons.

Cask gauging: To measure the contents of cylindrical vessels, multiply the square of the diameter in inches by 34, and that by the hight in inches, and point off four figures. The result will be the contents or capacity, in wine gallons and decimals of a gallon. For beer gallons multiply by the hight of the liquid instead of the hight of the cask, to ascertain actual contents. In ascertaining the diameter, measure the diameter at the bung and at the head, add together, and divide by 2 for the mean diameter.

Facts for Builders

100 square feet of surface, 4 inches to the weather, requires about 1,000 shingles.

1,000 shingles require of shingle nails about 5 pounds.

70 yards of surface will require about 1,000 laths.

100 square yards of plaster will require 16 bushels sand, 8 bushels lime, 1 bushel hair.

1,000 laths will require lath nails 11 pounds.

100 cubic feet of wall will require 1 cord stone, 3 bushels lime and 1 cubic yard of sand.

One-fifth more siding is required than surface measure, to allow for lap.

Number of Shingles Required for a Roof

Rule—Multiply the length of the ridge pole by twice the length of one rafter, and, if the shingles are to be exposed 4½ inches to the weather, multiply by 8, and if exposed 5 inches to the weather, multiply by 7 1-5, and you have the number.

Shingles are 16 inches long, and average about 4 inches wide. They are put up in bundles of 250 each.

One bundle 16-inch shingles will cover 30 square feet.

One bundle 18-inch shingles will cover 33 square feet.

When laid 5 inches to the weather, 5 pounds 4-penny, or 3¾ pounds 3-penny nails will lay 1,000 shingles.

Number of Laths for a Room

Laths are 4 feet long and 1½ inches wide, and 16 laths are generally estimated to the square yard.

Rule—Find the number of square yards in the room and multiply by 16, and the result will equal the number of laths necessary to cover the room.

To find the number of square yards in a ceiling or wall, multiply the length by the width or hight (in feet) and divide the product by 9; the result will be the square yards.

Stonework, Brickwork and Plastering

Stonework

A cord of stone, 3 bushels of lime and a cubic yard of sand will make 100 cubic feet of wall.

One cubic foot of stonework weighs from 130 to 175 pounds.

Brickwork

Five courses of brick will make 1 foot in hight on a chimney.

One cubic foot of brickwork, with common mortar, weighs from 100 to 110 pounds.

A cask of lime will make mortar sufficient for 1,000 bricks.

Plastering

Six bushels of lime, 40 cubic feet of sand (there are about 1¼ cubic feet in a bushel) and 1½ bushels of hair will plaster 100 square yards with two coats of mortar.

Brick in a Wall or Building

A brick is 8 inches long, 4 inches wide and 2 inches thick, and contains 64 cubic inches. Twenty-seven bricks make 1 cubic foot of wall, without mortar, and it takes from 2 to 22 bricks, according to the amount of mortar used, to make a cubic foot of wall with mortar.

Rule—Multiply the length of the wall in feet by the hight in feet, and that by its thickness in feet, and then multiply that result by 20, and the product will be the number of bricks in the wall.

For a wall 8 inches thick multiply the length in feet by the hight in feet, and that result by 15, and the product will equal the number of bricks.

When doors and windows occur in the wall, multiply their hight, width and thickness together and deduct the amount from the solid contents of the wall before multiplying by 20 or 13, as the case may be.

Short Method of Estimating Stonework

Rule—Multiply the length in feet by the hight in feet, and that by the thickness in feet, and divide this result by 22 and the quotient will be the number of perches of stone in the wall.

In a perch of stone there are 24¾ cubic feet, but 2¾ cubic feet are generally allowed for the mortar filling.

Cords of Stone to Build Cellar and Barn Walls

Rule—Multiply the length, hight and thickness together in feet, and divide the result by 100.

There are 128 cubic feet in a cord, but the mortar and sand make it necessary to use but 100 cubic feet of stone.

Rules for Measuring Land

To find the number of acres in a rectangular piece of land: Multiply the length in rods by the breadth in rods and divide by 160.

Triangular pieces, when the triangle is right-angled: Multiply the width by the length and divide by 2. If the triangle is without a right angle, a perpendicular has to be found. Multiply the base in rods by the perpendicular hight in rods and divide by 2, and you have the area in square rods.

To find the area of a quadrangular piece of land when only two of the opposite sides are parallel: Add the two parallel sides together and divide by 2, and you have the average length. Then multiply the width in rods by the length in rods and divide by 160, and you have the number of acres.

To Lay Off Small Lots of Land

Farmers and gardeners often find it necessary to lay off small portions of land for the purpose of experimenting with different crops, fertilizers, etc. To such the following rules will be helpful: One acre contains 160 square rods, or 4,840 square yards, or 43,560 square feet. To measure off one acre it will take 208 7-10 feet each way; one-half acre, 147½ feet each way; one-third acre, 120½ feet each way; one-fourth acre, 104⅜ feet each way; one-eighth acre, 73¾ feet each way.

To measure town lots: Multiply the length in feet by the width in feet and divide the result by 43,560 and you will have the fractional part of an acre in the lot.

To find the number of acres in a given number of square rods: Remove the decimal point two places to the left in the number of square rods, divide by 8 and multiply by 5, and you have the number of acres.

Some Measurement Rules

To find the circumference of a circle multiply the diameter by 3.1416.

To find the diameter of a circle multiply the circumference by .31831.

To find the area of a circle multiply the square of the diameter by .7854.

To find the area of a triangle multiply the base by ½ of the perpendicular height.

To find the surface of a ball multiply the square of the diameter by 3.1416.

To find the cubic inches in a ball multiply the cube of the diameter by .5236.

Doubling the diameter of a pipe increases its capacity about four times.

A cubic foot of water contains 7½ gallons, and weighs 62½ pounds.

Quick Method for Calculating Interest

This is probably the shortest and simplest method known. Multiply the principal by the number of days, and

For 4%, divide by 90
For 5%, divide by 72
For 6%, divide by 60
For 7%, divide by 52
For 8%, divide by 45
For 9%, divide by 40
For 10%, divide by 36
For 12%, divide by 30

Banker's Method

To find the interest on any sum at 6% for any number of days: Remove the decimal point two places to the left, and you have the interest for 60 days. When the time is more or less than 60 days, first find the interest for 60 days, and from that to the time required.

For 120 days, multiply by 2.
For 90 days, add ½ of itself.
For 75 days, add ¼ of itself.
For 30 days, divide by 2.
For 15 days, divide by 4.
For 3 days, divide by 20.

We rarely like the virtues we have not.
—[Shakespeare.

Breeding Guide for Farm Animals and Fowls

Period of Gestation

The average duration of the period of gestation in domestic animals is as follows:

Ass	363 days	Sow	116 days
Mare	340 "	Dog	63 "
Cow	284 "	Cat	50 "
Sheep	152 "	Rabbit	30 "
Goat	149 "	Guinea Pig	21 "
Goose	30 "	Guinea Hen	26 "
Turkey	29 "	Hen	21 "
Duck	29 "	Pigeon	18 "

Range of Variation

Mare	. .	295 days to 370 days.
Cow	. .	265 " " 300 "
Ewe	. .	145 " " 154 "
Sow	. .	110 " " 118 "
Goose	. .	27 " " 33 "
Turkey	. .	26 " " 30 "
Duck	. .	26 " " 32 "
Peahen	. .	28 " " 30 "
Guinea Hen	. .	25 " " 26 "
Pigeon	. .	16 " " 20 "

Wolff's Animal Gestation Calendar

Date of Serving	Mares 340 Days	Cows 284 Days	Ewes 152 Days	Sows 116 Days.	Date of Serving	Mares 340 Days	Cows 284 Days	Ewes 152 Days	Sows 116 Days
1 Jan.	6 Dec.	11 Oct.	1 June	26 April	5 July	9 June	14 April	3 Dec.	28 Oct.
6 "	11 "	16 "	6 "	1 May	10 "	14 "	19 "	8 "	3 Nov.
11 "	16 "	21 "	11 "	6 "	15 "	19 "	24 "	13 "	8 "
16 "	21 "	26 "	16 "	11 "	20 "	24 "	29 "	18 "	14 "
21 "	26 "	31 "	21 "	16 "	25 "	29 "	4 May	23 "	18 "
26 "	31 "	5 Nov.	26 "	21 "	30 "	4 July	9 "	28 "	22 "
31 "	5 Jan.	10 "	1 July	26 "	4 Aug.	9 "	14 "	2 Jan.	28 "
5 Feb.	10 "	15 "	6 "	31 "	9 "	14 "	19 "	7 "	3 Dec.
10 "	15 "	20 "	11 "	5 June	14 "	19 "	24 "	12 "	8 "
15 "	20 "	25 "	16 "	10 "	19 "	24 "	29 "	17 "	13 "
20 "	25 "	30 "	21 "	15 "	24 "	29 "	3 June	22 "	18 "
25 "	30 "	5 Dec.	26 "	20 "	29 "	3 Aug	8 "	27 "	23 "
2 Mar.	4 Feb.	10 "	31 "	25 "	3 Sept.	8 "	13 "	1 Feb.	27 "
7 "	9 "	15 "	5 Aug.	30 "	8 "	13 "	18 "	6 "	1 Jan.
12 "	14 "	20 "	10 "	6 July	13 "	18 "	23 "	11 "	6 "
17 "	19 "	25 "	15 "	11 "	18 "	23 "	28 "	16 "	11 "
22 "	24 "	30 "	20 "	16 "	23 "	28 "	3 July	21 "	16 "
27 "	1 Mar.	4 Jan.	25 "	22 "	28 "	2 Sept.	8 "	26 "	21 "
1 April	6 "	9 "	30 "	26 "	3 Oct.	7 "	13 "	3 Mar.	26 "
6 "	11 "	14 "	4 Sept.	31 "	8 "	12 "	18 "	7 "	31 "
11 "	16 "	19 "	9 "	5 Aug.	13 "	17 "	23 "	13 "	5 Feb.
16 "	21 "	24 "	14 "	10 "	18 "	22 "	28 "	18 "	11 "
21 "	26 "	29 "	19 "	15 "	23 "	27 "	2 Aug.	23 "	16 "
26 "	31 "	3 Feb.	24 "	19 "	28 "	2 Oct.	7 "	28 "	21 "
1 May	5 Apr.	8 "	29 "	25 "	2 Nov.	7 "	12 "	2 Apr.	26 "
6 "	10 "	13 "	4 Oct.	30 "	7 "	12 "	17 "	7 "	2 Mar.
11 "	15 "	18 "	9 "	4 Sept.	12 "	17 "	22 "	12 "	7 "
16 "	20 "	23 "	14 "	9 "	17 "	22 "	27 "	17 "	12 "
21 "	25 "	28 "	19 "	14 "	22 "	27 "	1 Sept.	22 "	17 "
26 "	30 "	5 Mar.	24 "	19 "	27 "	1 Nov.	6 "	27 "	22 "
31 "	5 May	10 "	20 "	24 "	2 Dec.	6 "	11 "	2 May	28 "
5 June	10 "	15 "	3 Nov.	29 "	7 "	11 "	16 "	7 "	2 Apr.
10 "	15 "	20 "	8 "	4 Oct.	12 "	16 "	21 "	12 "	7
15 "	20 "	25 "	13 "	8 "	17 "	21 "	26 "	17 "	12 "
20 "	25 "	30 "	18 "	14 "	22 "	26 "	1 Oct.	22 "	17 "
25 "	30 "	4 April	23 "	18 "	27 "	1 Dec.	6 "	27 "	22 "
30 "	4 June	9 "	28 "	23 "	31 "	5 "	11 "	1 June	27 "

I Remember, I Remember

I remember, I remember
  The house where I was born,
The little window where the sun
  Came peeping in at morn.
He never came a wink too soon,
  Nor brought too long a day;
But now I often wish the night
  Had borne my breath away!

I remember, I remember
  The roses, red and white,
The violets, and the lily cups—
  Those flowers made of light!
The lilacs where the robin built,
  And where my brother set
The laburnum on his birthday—
  The tree is living yet!

I remember, I remember
  Where I was used to swing,
And thought the air must rush as fresh
  To swallows on the wing;
My spirit flew in feathers then,
  That is so heavy now,
And summer pools could hardly cool
  The fever on my brow!

I remember, I remember
  The fir trees dark and high;
I used to think their slender tops
  Were close against the sky.
It was a childish ignorance,
  But now 'tis little joy
To know I'm farther off from Heaven
  Than when I was a boy.

—Thomas Hood.

No man can be wise on an empty stomach. [George Eliot.

He that wants hope is the poorest man alive.

Merit and good fortune are closely united.

Anybody can make good resolutions, but it takes a man to keep them.

A JUNIOR CHAMPION JERSEY BULL

This bull is owned by Dixon and Deaner of Illinois. He is an exceptionally fine animal and at a recent Illinois state fair was awarded prize as Junior Champion.

CORNER IN NEW HAMPSHIRE MAPLE ORCHARD

Spring is sure to bring its flow of sap in the maple orchard and here is one method of testing the quality of the sap! While not entirely sanitary, it is at least a common scene in many sugar camps. This picture was taken in one corner of the fine maple orchard of Francis Badger of Belknap county, N. H.

Table of Times and Seasons for Garden Planting

This table gives the best methods of planting each garden vegetable and the common ways in which each is prepared for eating, according to the experiences of leading farmers. The time of planting is designed for sections within 100 miles north or south of the latitude of the Ohio River. For localities further north or south make an allowance in the time of planting according to seasons.

Vegetable	When to Plant	How to Plant	Days to come up	Weeks before ready to eat	How prepared for eating
Asparagus	April	2 in rows 24 in wide	20-30	3 (years)	Boiled
Beans, Bush, String	May-July	3 " " 24 " "	8	6 to 9 weeks	Boiled, baked
Beans, Bush, Lima	May	4-6 " " 30 " "	14	8 to 10	Boiled
Beets	May-July	3 " " 12 " "	6	7 to 8	Boiled or baked, pickled
Brussels Sprouts	May-June	18 " " 24 " "	6	21	Boiled, pickled
Cabbage	March-June	24 " " 24 " "	6	14 to 18	Boiled, salad
Carrot	May	3 " " 12 " "	8-9	12 to 15	Soup, boiled
Cauliflower	March-June	24 " " 24 " "	8	20 to 25	Pickles, boiled, with cream
Celery	April-May	8 " " 48-60 " "	20-30	20 to 40	Raw, boiled, with cream
Corn, Sweet	May-July	6 " " 30 or 36 " "	8	10 to 20	Boil on cobs, stewed
Corn, Pop	May	6 " " 30 or 36 " "	8	30 to 40	Popped over fire
Cress	April-May	6 " " 12 " "	4	5 to 6	Relish, salad
Cucumber	May-June	4 in hill 60 in each way	4-11	8 to 10	Raw, pickled
Dandelion	April-August	8 " rows 12 to 24 in wide	8	Next spring	Boiled, salad, greens
Egg plant	February-May	24 " " 36 " "	11	15 to 20 weeks	Fried, baked
Endive	March-July	12 " " 12 " "	5	8 to 10	Salad
Kale	April-June	12 " " 18 to 24 " "	6	21 to 30	Greens
Kohl-Rabi	May-July	6 " " 12 " "	5	12 to 14	Boiled, mashed
Lettuce	March-July	6 " " 12 " "	4-8	8 to 10	Raw, relish, salad, boiled
Leek	April-May	3 " " 12 " "	10	16 to 20	Used in soup
Melon, Musk	May-June	4 in hill 60 in apart	14	14 to 16	Raw
Melon, Water	May-July	4 in hill 60 in apart	14	15 to 20	Raw
Mustard	April-May	6 in rows 12 in wide	4	3 to 5	Relish, salad, greens
Onions	April-May	3 " " 12 " "	10	15 to 25	Boiled, fried, baked
Okra	May	24 " " 36 " "	10-20	12 to 14	Used in soup
Parsley	March-April	12 " " 12 " "	10-20	3 to 12	Garnishing, soups and salads
Parsnip	May	3 " " 12 " "	14	20	Boiled, fried
Pepper	February-May	12 " " 12 " "	20-40	20	Stuffed, baked, pickled
Peas	April-July	1-2 " " 24 " "	14-30	6 to 8	Boiled
Potatoes	April-June	12 " " 30 " "	20	10 to 20	Boiled, baked, fried
Pumpkin	May-June	2 " hill 60 " "	11	20	Pies
Radish	April-August	1 " rows 12 " "	4	3 to 6	Relish, raw
Salsify	May-June	4 " " 12 " "	8	25	Soup
Spinach	April-May	6 " " 12 " "	6	6 to 8	Boiled
Squash, Summer	May-June	4 " hill 60 " "	11	9 to 12	Boiled
Tomatoes	February-May	33 " rows 36 " "	7	16 to 18	Raw, sliced, stewed
Turnip	April-July	4 " " 12 " "	4	8 to 12	Boiled, mashed

Planting Table for the Most Important Field Crops

A digest of the experience of the best farmers of the United States as to methods of handling the various crops. The seeding season is given for localities within 100 miles north or south of the latitude of the Ohio River.

P=Potash, Ph=Phosphoric acid, and N=Nitrogen

Crop	Seed per acre	Seeding Season	Seeding Methods	Soil Requirements	Tillage Requirements	Fertilizer Requirement	Common range of yields per acre
Alfalfa	15-25 lbs	May or Aug	Broadcast	Fertile loam	Clip weeds	P and Ph	3-8 tons hay
Artichokes	2- 3 bu	May-June	Hills 3 ft wide	Well-drained loam	Surface plowing	Manure	275-1,000 bu
Barley	6-10 pks	Apr-May	Drill, broadcast	Fertile clay	After clover	Strong P	30-60 bu
Broom Corn	4- 6 pks	May-June	6 in apart in row	Rich loam	Frequent, shallow	Manure	400-700 lbs brush
Buckwheat	2- 3 pks	June-July	Drill, broadcast	Medium loam		P and lime	15-40 bu
Beans (field)	6- 8 pks	June-July	4 in apart in row	Dry clay loam	Frequent, shallow	P and Ph	20-35 bu
Clover, red	10-16 lbs	Feb-May	Broadcast	Clay loam	After grain	Lime and P	1-3 tons hay, 1-4 bu seed
" alsike	12-20 lbs	Apr-May	Broadcast	Moist loam	With grasses	Lime and P	1-4 tons hay
" crimson	12-15 lbs	July-Sept	Broadcast	Clay loam	Fine seedbed	Lime and P	1-3 tons hay, 8-12 bu seed
Corn	1- 4 pks	Apr-June	Rows or hills, 3½ ft wide	Fertile loam	Frequent, shallow	N, P and Ph	25-75 bu
Cotton	10-14 lbs	Apr-June	Rows 4 ft wide	Deep loam	Surface plowing	Ph, P and N	200-500 lbs
Cowpeas	½- 2 bu	May-Aug	Rows 30 in wide or broadcast	Loose loam	Light plowing	Ph and P	8-40 bu seed, 2-3 tons hay
Flax	2- 8 pks	May-June	Rows 30 in wide or broadcast	Rich deep loam		N, no manure	8-15 bu seed
Grasses, orchard	2- 3 bu	Apr or Oct	Broadcast	Rich clay loam		Manure	Pasture
" blue	10-15 lbs	Sept or Oct	Broadcast	Limestone clays		Manure	Pasture
Hemp	4- 6 pks	Apr-July	Broadcast	Loose loam		Manure	500-1,500 lbs fiber
Hops	2,000 roots	Apr-May	Hills 7x7 ft	Rich loam	Light plowing	Manure	600-1,200 lbs
Kafir corn	6- 7 lbs	May-July	3 ft in rows	Rich loam	Frequent, shallow	Manure	30-50 bu
Millet	2- 6 pks	May-July	Broadcast	Sandy loam		Manure	20-25 bu
Oats	4- 8 pks	Apr-June	Drill, broadcast	Rich loam		N, Ph or manure	30-60 bu
Peanuts	4- 8 pks	May-June	Rows 3 ft wide	Sandy loam	Shallow	P and Ph	60-100 bu
Potatoes	8-10 bu	May-Aug	Rows 3 ft wide	Rich sandy loam	Frequent, shallow	Rotted manure	75-300 bu
Rape	2- 3 lbs	July-Aug	Broadcast or rows 30 in wide	Rich loam		Manure	30 tons forage
Rice	1- 3 bu	Mar-May	Drill, broadcast	Clay loam		N and Ph	25-40 bu
Rye	4- 8 pks	Apr-Sept	Drill, broadcast	Dry loam		Manure	25-30 bu
Sorghum	1- 2 bu	May-June	Seed broadcast	Rich loam	Shallow	Manure	3-15 tons
Soybeans	2- 3 pks	May-June	Rows 25-30 in wide	Light loam	Shallow	Manure or N, Ph and P	12-20 bu
Sugar Beets	15-18 lbs	Apr-May	Rows 18 in apart	Sandy loam	Frequent, shallow	P and Ph or Manure	10-14 tons
Sugar Cane	4 tons canes	Sept-Mar	Rows 5-7 ft wide	Rich loam	Shallow plowing	N and Ph	20-30 tons
Tobacco	5,000 plants	May-June	Rows 3 ft wide	Rich loam	Shallow plowing	N and P and Ph	700-1,200 lbs
Vetch	4- 6 pks	Aug-Sept	Broadcast	Sandy loam		P and Ph	2-3 tons hay
Wheat	5- 8 pks	Oct-Nov	Broadcast	Rich loam		Ph and N and P	12-30 bu

Spraying Calendar for Fruit and Vegetables

PLANT	FIRST APPLICATION	SECOND APPLICATION	THIRD APPLICATION	FOURTH APPLICATION	FIFTH APPLICATION
APPLE (For scab, codling moth, bud moth, tent caterpillar, canker worm, plum curculio.)	Spray before buds swell with copper sulphate.	Just before blossoms open, bordeaux and paris green.	When blossoms have fallen, bordeaux and paris green.	Eight to 10 days later, bordeaux and paris green.	Use ammoniacal copper carbonate in Sept for scab if season is wet.
BEAN.................... (Anthracnose, leaf blight.)	When third leaf expands, bordeaux.	Ten days later, bordeaux.	14 days later, bordeaux.	14 days later, bordeaux.	Spraying with bordeaux after pods are half grown will injure them for market.
CABBAGE AND CAULIFLOWER.............. (Worms, aphis)	When worms first appear, kerosene emulsion or paris green.	Repeat the first application when necessary.	If plants are heading, use hellebore.	After heads form, use saltpeter for worms, teaspoonful to 1 gallon water; emulsion for aphis.	
CHERRY................ (Rot, aphis, slug, plum curculio, black knot.)	As buds break, bordeaux; when aphis appear, kerosene emulsion.	When fruit has set, bordeaux and arsenate of lead. If slugs appear, dust leaves with air-slaked lime or hellebore.	10-14 days if rot appears, bordeaux. Arsenate of lead for plum curculio.	10-14 days later, weak solution of copper sulphate, 3 oz to 50 gals water.	Repeat after every rain when fruit begins to color.
CURRANT................ (Worms, leaf blight.)	Bordeaux before leaves start. At first appearance of worms, paris green.	Repeat with paris green when necessary. Ammoniacal copper carbonate for blight.	Bordeaux for blight after fruit is picked.	Use whale-oil soap for the San Jose scale if necessary.	Cut canes close if pests are bad.
GRAPE.................. (Fungous diseases, rose-bug, etc.)	In spring when buds swell, bordeaux.	Just before flowers unfold, bordeaux and paris green.	When fruit has set, bordeaux and paris green.	2-4 weeks later, bordeaux.	Weak solution of copper sulphate.
NURSERY STOCK........ (Fungous diseases, San Jose scale.)	When first leaves appear, bordeaux and paris green or arsenate of lead.	Repeat at intervals of 10-14 days through the summer.	For scale, burn or fumigate with hydrocyanic acid gas	Cut out leaf blight as fast as it appears.	Dig all trees that have crown galls.
PEACH, NECTARINE, APRICOT .... (Rot, mildew, scab.)	Before the buds swell, bordeaux.	Just before blossoms open, weak bordeaux (2-4-50) and arsenate of lead for curculio.	When fruit is set, weak bordeaux.	As fruit shows color, potassium sulphide, 1 lb to 50 gals water.	Repeat once or twice until fruit is ripe.
PEAR.................... (Leaf blight, scab, psylla, codling moth, blister mite.)	As buds are swelling, bordeaux.	Just before blossoms open, bordeaux and paris green. Kerosene emulsion or whale-oil soap when leaves open for psylla.	After blossoms have fallen, bordeaux and paris green. If necessary, kerosene emulsion or soap.	8-12 days later, repeat third.	10-20 days later ammoniacal copper carbonate.
RASPBERRY, BLACKBERRY, DEWBERRY (Rust, anthracnose, leaf blight, saw fly.)	Before buds break, bordeaux.	Bordeaux and paris green just before the blossoms open.	(Orange or red rust is treated best by destroying the plants attacked in its early stages.)	Spray, after fruit is gathered, with bordeaux.	10-20 days later, repeat.
STRAWBERRY........... (Rust, leaf blight, mildew.)	As soon as growth begins, bordeaux. Dip plant in bordeaux before setting.	When fruits are setting, bordeaux.	Spray new plantation bordeaux.	Repeat if weather is moist.	Dig the worst diseased plants.
TOMATO................. (Rot, blight, flea beetle.)	Soon after planting use bordeaux.	Repeat as soon as fruit is formed. Fruit can be wiped if disfigured by bordeaux.	Repeat first when necessary.	Keep the rotting fruit picked closely.	Clean up infected vines if remedies fail.
POTATO.................. (Beetles, blight and rot.)	Spray with paris green and bordeaux when vines are small.	Repeat before insects become too numerous.	Repeat for blight and rot at intervals of 2 or 3 weeks during summer.	Spray with paris green for late bugs.	Dig early if rot is prevalent.

Formulas for Spraying

Fungicides

Bordeaux Mixture—Dissolve 6 lbs copper sulphate (blue vitriol) in 25 gals of water. Slake 4 lbs fresh stone lime and dilute to 25 gals. Strain carefully. Mix just before spraying. For peaches, plums and other tender foliage add 25 to 30 gals more water. Dissolve sulphate by hanging it in a cheesecloth bag in water.

Copper Sulphate Solution—Dissolve 2 to 4 lbs of copper sulphate in 50 gals of water as recommended for making bordeaux mixture. Use as a spray before the foliage appears. When used on foliage dilute to about 1 lb to 200 to 300 gals of water.

Ammoniacal Copper Carbonate—Mix copper carbonate 6 ozs, ammonia 3 pts and water 50 gals together as follows: Make a paste of the copper carbonate with a little water, dilute the ammonia 7 or 8 times with water and add to the paste mixture, stirring until dissolved, add the rest of the water and then use only the clear blue liquid. It loses strength if allowed to stand and should not be mixed with insecticides.

Insecticides

Paris Green—Paris green 1 lb to 100 to 200 gals water, to which add 1 lb slaked quicklime to prevent burning foliage. For tender foliage, such as that of peach trees, use the solution 1 lb to 300 gals of water. For use as a dust, mix 1 part paris green to 10 to 20 parts flour, ashes or road dust. Use london purple the same as paris green.

Kerosene Emulsion—Dissolve 1½ lbs hard soap in 1 gal boiling water and add 2 gals of kerosene or coal oil. Mix thoroughly with a pump for 5 to 10 minutes and dilute from 8 to 10 times before using. For spraying young leaves use a mixture containing 15% kerosene.

Lime-Sulphur Wash for winter application to destroy insects is made by placing 20 lbs lime and 15 lbs sulphur in a barrel containing 30 gals water and boiling them together with steam for 3 or 4 hrs. Before using, this mixture should be diluted to make 45 gals. It is most effective when sprayed warm.

Tobacco is effective against plant lice and other small insects, especially in greenhouses. Indoors they can be killed by burning tobacco stems and fumigating with the vapors. Tobacco dust and broken stems may be buried in the soil around trees infested with aphis. Make a strong decoction by soaking the stems in water and diluting the resulting solution until it is the color of ordinary tea and spray on plants affected with lice.

Arsenites of Lime and Soda—Boil 1 lb white arsenic in 4 qts water until it is dissolved, slake in this solution 2 lbs quicklime, adding water if necessary, and when slaked dilute to 2 gals. Use 1 qt to 40 gals water. Arsenite of soda is made by boiling 1 lb arsenic with 4 lbs of salsoda crystals in 2 gals of water until dissolved. Use 1 qt to 40 gals of water.

Formalin, also called formaldehyde, is used chiefly for grain smuts and potato scab. It is not poisonous, although somewhat irritating to the skin. The commercial form contains a 40% solution of the gas in water. For potatoes a sollution of ½ lb in 15 gals water is best, and for grains 1 lb in 50 gals water.

Treatment for Smut and Scab

Wheat Smut—For ordinary loose smut soak the seed 4 hrs in cold water and let stand 4 hrs more in wet sacks. Then immerse 5 min in water at 133° F and spread out to dry. For stinking smut use above method or immerse 10 minutes in a solution of 2 lbs blue stone to 10 gals water. Dry the grain by shoveling it over with air-slaked lime several times and then running through a fanmill.

Oat Smut—Soak seed in ¾% solution of potassium sulphide for 2 hrs, stirring slightly and then dry. Another method is to sprinkle the pile of seed with a solution of copper sulphate 1 gal to 1 bu. After 3 or 4 hrs spread it out to dry.

Potato Scab—Soak the seed for 1 hr in corrosive sublimate or for 2 hrs in formalin. Then dry and plant on a soil which is free from scab.

Average Crop Yields per Acre

Apples—A tree 20 to 30 years old may be expected to yield from 25 to 40 bushels every alternate year.
Cranberry—100 to 300 bushels. 900 bushels have been reported.
Gooseberry—100 bushels.
Grape—3 to 5 tons. Good raisin vineyards in California, 15 years old, will produce from 1 to 12 tons.
Peach—In full bearing, a peach tree should produce from 5 to 10 bushels.
Plum—5 to 8 bushels may be considered an average crop for an average tree.
Raspberry and **Blackberry**—50 to 100 bushels.
Strawberry—75 to 250 or even 300 bushels.

How To Mix Fertilizers

Homemade Fertilizers Pay

Ready mixed fertilizers cost on an average of $10 or more per ton than when the various ingredients are purchased separately. In buying materials for home mixing, it is best economy to get the concentrated forms. There is less bulk to handle. They should be as dry and finely pulverized as possible. If they are not, care must be taken to press them through a sieve before mixing is attempted.

Material may be kept on hand for some time, but the fertilizer should not be mixed until it is needed for use. Some combinations lose value if allowed to stand after they are mixed. No elaborate machinery is necessary. Have some good measures, such as a half bushel, a good pair of scales, a smooth, tight barn floor and some shovels. After pouring the required amount of each of the materials in a pile, shovel it over many times carefully to insure a good mixing. Be sure to protect it in damp weather to prevent any lumps forming. The formulas on next page are best adapted to general use on the farm and the table shows the number of pounds of each ingredient necessary to make up 2,000 pounds, or one ton of the mixture.

Effect of Materials

Early growth, nitrate of soda, muriate of potash, acid phosphate. *Long growth*, nitrate of soda, blood, cottonseed meal, tankage. *Top dressing grass*, ground bone, acid phosphate, nitrate of soda. *Sandy soils*, nitrate of soda sparingly. *Clay soils*, light potash. *Sour soils*, wood ashes or lime. Do not mix materials containing nitrogen and lime or wood ashes together, or the ammonia will be lost.

Crops Show Soil Needs

Lack of nitrogen in the soil is as a rule indicated by pale green foliage. small leaf and stem growth. No lack of nitrogen is generally indicated by deep green foliage and vigorous growth. Excessive nitrogen generally causes very abundant foliacious growth and retards fruit development.

The lack of available phosphoric acid is as a rule betrayed by the slow maturing of the crop or its failure to form plump seed. No lack of available phosphoric acid is generally indicated when a soil yields a full grain crop, the seed of which matures early and is full, round, plump and heavy.

Lack of potash is less readily indicated than that of either nitrogen or phosphoric

Recipes for Home Mixed Fertilizers

No. formula	Crop for which each fertilizer is intended	Composition of mixtures								Analyses, per cent. or lbs. of each element in 100 lbs. of each formula.		
		Dissolved boneback, lbs.	Tankage, lbs.	Sulphate of ammonia, lbs.	Muriate of potash, lbs.	Ground bone, lbs.	Sulphate of potash, lbs.	Nitrate of soda, lbs.	S. C. phosphate rock, lbs.	Nitrogen	Phos. acid	Potash
1	General use	834	666	208	292	—	—	—	—	4.	9.	7.6
2	General use	1000	450	170	280	200	—	—	—	3.	10.	7.3
3	General use	400	—	200	200	400	—	200	600	3.	12.	5.2
4	General use	1050	750	—	100	—	100	—	—	3.	10.	2.6
5	Potatoes	400	**200	200	200	400	100	100	400	3.4	10.	7.4
6	Potatoes	900	‡200	200	—	—	450	250	—	4.8	8.	11.
7	Potatoes	800	500	—	—	—	450	250	—	3.4	8.	11.
8	Potatoes	800	500	400	—	—	675	250	—	5.8	6.	12.
9	Potatoes	500	750	—	200	—	300	350	—	4.	5.3	12.
10	Wheat, oats, rye, corn	600	‡100	50	150	—	—	100	—	2.	10.	7.8
11	Corn	1000	500	300	250	700	—	—	—	3.	8.	4.
12	Oats	120	—	—	160	—	—	120	120	3.	9.	13.
13	Rye	280	†320	—	160	—	—	—	280	2.	8.	8.6
14	Barley	140	—	235	65	—	—	—	—	10.	5.	7.
15	Buckwheat	160	—	—	100	—	—	160	160	5.	9.	12.
16	Fruit trees	425	—	50	100	—	—	—	—	1.	10.	9.
17	Market gardening	700	—	—	400	700	—	200	—	1.	9.	10.
18	Tomatoes	320	—	—	160	—	—	160	—	3.	8.	11.
19	Melons	800	—	—	100	—	—	200	800	2.	18.	4.
20	Cabbage	448	—	—	—	112	—	224	—	4.	11.	—
21	Beans	500	‡100	50	250	—	—	—	—	2.	9.	14.
22	Beets	100	—	100	100	—	—	100	100	7.	8.	14.
23	Clover	300	—	—	*400	—	—	100	—	1.8	6.	6.
24	Cotton	200	†100	—	*300	—	—	—	200	1.	8.	6.
25	***Tobacco	—	—	—	—	—	180	140	260	3.	11.	1.5

*Kainit. †Cottonseed meal. ‡Dried blood. **Ground fish. ***This was used in the south. The popular mixture in the Connecticut valley for raising prime cigar wrapper leaf tobacco is cottonseed meal 2000 pounds, high grade cotton hull ash 1000 pounds, oyster shell lime 500 pounds, land plaster or gypsum 500 pounds, on each acre. Various modifications of the formula are used.

acid. No lack of potash seems likely when corn, potatoes or hay grow well and furnish a good crop and where fleshy fruits succeed.

Mixtures for Various Crops

Corn—With manure: For silage, low to medium nitrogen, medium available phosphoric acid, medium to high potash; for husking or for the cannery, the same, except high available phosphoric acid. Without manure: For silage, high nitrogen, medium available phosphoric acid, medium to high potash, for husking or for the cannery, the same, except high available phosphoric acid.

Potatoes—With manure: Medium nitrogen, low to medium available phosphoric acid, high potash. Without manure: The same, except high nitrogen.

Oats and Other Cereals—With manure: No nitrogen (possibly a very small amount of nitrate to start crop), high phosphoric acid, low to medium potash. Without manure: The same, except low to medium nitrogen. If grown for hay rather than for grain, medium rather than high phosphoric acid.

Clover and Legumes in General—Low nitrogen, medium available phosphoric acid, high potash. If with manure, omit nitrogen. Ashes or lime in the fall are beneficial.

Grass—Seeding down, with manure, medium nitrogen (from slow forms such as bone meal), low to medium phosphoric acid, low to medium potash. Without manure, high nitrogen. Top dressing, nitrate of soda in spring.

Commercial Fertilizer Materials

The strong nitrogen carriers are nitrate of soda 16%, sulphate of ammonia 20%, dried blood 10 to 13%, tankage 12%, nitrate of potash 14%. The latter also contains 44% of potash. The strong phosphoric acid fertilizers are bone tankage 12%, acid phosphate 14%, raw bone meal 22% and steamed bone 25%.

The strong potash materials are muriate of potash 50%, sulphate of potash 50%, kainit 12%, nitrate of potash 44%, wood ashes 2 to 5%. The materials containing both nitrogen and phosphoric acid are the animal products, such as dried blood, tankage, fish scrap, etc, and cottonseed meal, which carries 7% nitrogen and 1 to 2% phosphoric acid.

Rock phosphates are good fertilizers to use on lands which are deficient in phosphorus and constitute the chief materials from which phosphoric acid is taken. They contain 25 to 30% phosphoric acid. When finely ground and known as floats they form a fairly quickly available fertilizing material.

Among the various by-products which form good fertilizers are the castor bean pomace, the remains of castor beans after the oil has been extracted. It contains 5 to 6% nitrogen, 2% phosphoric acid and 1% potash. Cottonseed hull ashes contain 15 to 25% potash, 7 to 10% phosphoric acid and are very valuable when they can be purchased cheaply. Tobacco stems contain 6 to 7% of potash and 2 to 3% nitrogen and are fine fertilizers for tobacco and small fruits. The stem had best be crushed or ground before being used.

Denatured Alcohol

The Law and Regulations. How the Measure Was Modified to Benefit Farmers. The Chief Provisions of the Law

The amended law relating to denatured alcohol, passed by the 59th congress, went into effect September 1, 1907. The purpose of the amendments was to further reduce the cost of denatured alcohol, and place its benefits within the reach of the farmers as well as the large distillers. It enables those who wish to produce alcohol on a small scale to distill it in suitably locked stills, and to have it denatured without the expense of a bonded warehouse, which was necessary under the original law of 1906. The provisions allowing transportation of denatured alcohol in tank cars should materially reduce its cost to the consumer. In substance, the amended law makes the following provisions:

Domestic alcohol, when suitably denatured, may be withdrawn from bond, tax free, and used in the manufacture of certain definite chemical substances where alcohol is changed into some other chemical substance and does not appear in the finished product as alcohol.

The provisions of the denatured alcohol law are extended to apply to rum.

The commissioner of internal revenue, with the approval of the secretary of the treasury, may authorize the establishment of central denaturing bonded warehouses other than those at distilleries. To these alcohol of the required standard may be transported without payment of internal revenue tax and in these warehouses the alcohol may be stored and denatured.

The establishment, operation and custody of such warehouses shall be under regulations and upon the execution of bonds such as may be prescribed by the commissioner of internal revenue.

Alcohol of the required proof may be drawn off for denaturing from cisterns of a distillery, for transfer by pipes direct to any denaturing bonded warehouses on the distillery premises, or to storage tanks in such warehouses. The denatured alcohol may be transported in the same manner and by means of packages, tanks, or tank cars, on execution of bonds and under regulations prescribed by the commissioner of internal revenue. Alcohol to be denatured may be transferred to central denaturing plants in such packages, tanks and tank cars as come under the regulations of the commissioner.

The section of the new law that chiefly interests the farmers states that distilleries producing alcohol from any substance for denaturing only, and having a daily producing capacity of not over 100 gallons, may use cisterns or tanks of such size and construction as may be deemed expedient in lieu of distillery bonded warehouses. The commissioner of internal revenue will prescribe regulations as to the manner and process of denaturing on the premises where the alcohol is produced and of transportation of such alcohol.

Farmers who contemplate going into the denatured alcohol business, either on their own account or in co-operation with their neighbors, should write the commissioner of internal revenue, Washington, D C, asking for full instructions in the matter, also for circulars regarding the process of denaturing alcohol. This will enable the producer to avoid conflicting with the federal law. Full details with reference to denatured alcohol will be found in the book Alcohol, sent by Orange Judd Company, for which the price is $1.

Denatured Alcohol Making

Materials

Alcohol for denaturing is made by the same process and from the same materials as ordinary alcohol. Potatoes have always been a chief source, and grains are also frequently used. Beets are an important alcohol-making vegetable, and practically all fruits and vegetables which contain sugar can be used to some extent. By the best methods 220 lbs wheat will make 7 gals pure alcohol; a similar quantity of rye 6 gals, corn 5½ gals, and potatoes vary in value for alcohol making, but yield more alcohol than grains.

The Process

Three steps are essential in the making of alcohol from any vegetable product—preparation of material, fermentation and distillation. The first step often requires some special machinery, such as grinders, crushers or steaming apparatus. The fermentation is usually accomplished in large vats, which are comparatively inexpensive. The distilling requires a still, which may be simple or complex, according to the purity requirements of the product. Where grains are used, such as wheat, rye, barley, oats, buckwheat, corn or rice, they are usually ground to a coarse flour before they can be prepared. The crushed grain is then steeped in a vat until it has swollen. It must then be mashed with yeast. Then an infusion is made and this is put through the fermenting process and finally distilled.

Potatoes must be crushed and steamed, run through a crusher, fermented with malt and yeast and then distilled. When beets are used they must be prepared by rasping, pressing out the juice and fermenting this, or by treating them similar to potatoes. They may sometimes be distilled direct.

Why Regulations Are Strict

As the process first involves the making of pure alcohol before it is denatured, all government regulations applying to the production of alcohol must be enforced, in view of the fact that the revenue to the government each year amounts to many millions of dollars. It must safeguard its income by exercising a careful oversight over even the smallest stills. The revised government regulations, while seemingly very complicated, are really simple, being designed to accomplish one thing, i. e., that the revenue officer may know absolutely the amount of alcohol that has been produced. Where the business is sufficiently large, an internal revenue officer will be on hand when alcohol is being distilled and denatured. If the business is small, especially constructed storage tanks, etc, securely locked, will be provided, so that the officer may occasionally visit the plant and determine the amount of alcohol produced. In certain cases the law provides that if the collector of revenues is satisfied as to the character of the distiller, he may allow the still to be operated in his absence.

Apparatus Necessary

Elaborate or costly apparatus is not needed to make alcohol, as has been demonstrated by the "moonshiners" in the southern mountains. Crushing grinders, presses and vats are already owned on almost every farm where cider is made. The still and the holders of the alcohol must conform with the law. The essential feature of a still is a boiling vessel with a tube leading from the closed top of the vessel, passing as a coil through cold water, forming what is known as the "worm" wherein the spirituous vapor is condensed into a liquid. The alcohol is separated from water by boiling at a certain temperature, as it becomes a vapor at a lower temperature than water.

While small stills have not been sold in this country to any extent, American manufacturers of alcohol making apparatus are taking up the making of small outfits. The success of small alcohol distillers in other countries has proved beyond question that the American farmer can master this process and be able to make alcohol on a paying basis from farm by-products.

The making of denatured alcohol offers great possibility for co-operative effort among farmers, as a centralized plant equipped to use the waste products of several farms would doubtless be a paying proposition.

CLOTHESLINE CONVENIENCE

If any man enjoys shoveling snow, this convenience will not appeal to him. But for the wife who hangs out the clothes it will commend itself at sight. Four stout posts set well below the frost line are the principal thing. A flight of two or three steps and a railed platform made from odd pieces of plank and lumber are easily built, and so is the box shown at a and at the top of the "home" post. This box is to keep the bag of clothespins in. A peg on the side of the post will do to hang the bag on when the clothes are being hung. (Our artist has made it too small.) In hanging, the clothes are placed on each lower rope and pulled out by drawing on the upper one. This method saves lots of work, and lots of unpleasant tramping when the ground is wet or snowy. Now is the time to put it up.

THE EVER-POPULAR SHROPSHIRE

This shows the champion Shropshire ram at the 1908 Iowa state fair. It is owned by S. M. and S. E. Bader of Missouri. Shropshire sheep are adapted to almost every condition of climate and soil in the United States and Canada. He thrives amazingly on the rich farms of the middle west. He brings profit to the ranch owner on the plains. He goes into Canada and there makes an excellent record. Shropshires are probably the most popular sheep in America for the general farmer and stock raiser. They are not easily susceptible to disease and are remarkably free from trouble which is common to ordinary sheep.

A Modern Maud

Maud Muller carried the plates away,
And swept the cloth with a silver tray.

The Judge looked up from his seventh course,
And paused in the praise of his saddle horse,

To feast his eyes on the blush and charm
Of her girlish face and her snowy arm.

He turned to his host, and he archly said:
"Who is your pretty serving maid?"

And his host, polite as a host should be,
"That is my daughter, Judge," said he.

"Since I went broke in the bucket shop,
She brews my tea and fries my chop.

"She turns the buckwheat cakes for me,
And my steak and chicken fricassee.

"Saving the erstwhile plunks I paid
To butler, chef and serving maid."

After cigars and chat were o'er,
The Judge he lingered at the door,

And for a last dessert essayed
To kiss the hand of the serving maid,

Whispering low: "Of the whole repast
The sweetest course was the very last!"

A year went by, and the poor old jay
Who entertained the Judge that day

Went out of the Sheriff's hands for good—
(The neighbors never understood

Just where he gathered the gold that set
Him up again, and out of debt).

Forsooth he knew—for the price he paid
Was the loss of his little serving maid.

The plunks rolled in from his bucket shop;
But the hand that had browned his mutton chop

Now turned the leg of lamb to brown,
Poured out the tea, and set her down

To feasts of pastry, meat and fudge,
And fine desserts—with the jolly Judge—

Just as the plans had all been laid
By the father of the little maid,

When he told Maud Muller she should play
The serving maid to the Judge that day!

—Puck.

Directory of National and State Officers

Showing Who Represents the People in Running the Government, Colleges, Experiment Stations and Associations Promoting Agricultural and Other Kindred or Affiliated Interests

NATIONAL

President, William H. Taft of Ohio.
Vice-President—James S. Sherman of New York.

THE CABINET

Secretary of State, Philander C. Knox of Pennsylvania.
Secretary of the Treasury, Franklin McVeagh of Illinois.
Secretary of War, Jacob M. Dickinson of Tennessee.
Attorney-General, George W. Wickersham of New York.
Postmaster-General, Frank H. Hitchcock of Ohio.
Secretary of the Navy, George von L. Meyer of Massachusetts.
Secretary of the Interior, Richard A. Ballinger of Washington.
Secretary of Agriculture, James Wilson of Iowa.
Secretary of Commerce and Labor, Charles Nagel of Missouri.
The salary of the President is $100,000 per year, and the Vice-President and members of the cabinet $12,000.

Executive Departments

STATE

Assistant Secretary, Huntingdon Wilson of Illinois; Second Assistant Secretary, Alvey A. Adee of District of Columbia; Chief of the Diplomatic Bureau, Sydney Y. Smith of District of Columbia; Chief of the Bureau of Citizenship, Richard W. Flournoy, Jr., of Maryland; Chief of the Bureau of Trade Relations, John Ball Osborne of Pennsylvania.

TREASURY

Assistant Secretaries, James P. Curtis, Charles D. Norton, Charles D. Hilles; Treasurer, Lee McClung; Commissioner of Internal Revenue, Royal E. Cabell; Comptroller of the Currency, Lawrence O. Murray; Director of the Mint, A. Piatt Andrew; Register of the Treasury, William T. Vernon; Chief of Secret Service, John E. Wilkie.

WAR

Assistant Secretary, Robert Shaw Oliver; Chief of General Staff, Maj. Gen. J. Franklin Bell; Adjutant-General, Maj. Gen. F. C. Ainsworth; Inspector-General, Brig. Gen. E. A. Garlington; Judge-Advocate General, Brig. Gen. George B. Davis; Quartermaster-General, Brig. Gen. James B. Aleshire; Commissary-General, Brig. Gen. Henry G. Sharpe; Surgeon-General, Brig. Gen. George H. Torney; Chief of Bureau of Engineers, Brig. Gen. W. L. Marshall, Chief of Bureau of Ordnance, Brig. Gen. William Crozier; Chief Signal Officer, Brig. Gen. James Allen; Chief of Artillery, Brig. Gen. Arthur Murray; Chief Bureau of Insular Affairs, Brig. Gen. Clarence R. Edwards; President Board of Engineers for Rivers and Harbors, Col. Daniel W. Lockwood; President Board of Ordinance and Fortification, Maj. Gen. J. Franklin Bell; President Army War College, Brig. Gen. Wm. W. Wotherspoon.

JUSTICE

Solicitor-General, Lloyd Wheaton Bowers of Illinois; Assistant to the General, Wade H. Ellis of Ohio; Assistant Attorneys-General, Charles W. Russell of West Virginia, John G. Thompson of Illinois, William Wallace Brown of Pennsylvania, John Q. Thompson of Kansas, James A. Fowler of Tennessee, Oscar Lawler of California, William R. Harr of District of Columbia and Russel P. Goodwin of Illinois.

POSTOFFICE

First Assistant Postmaster - General, Charles P. Grandfield; Second Assistant Postmaster-General, Joseph Stewart; Third Assistant Postmaster-General, Abraham L. Lawshe; Fourth Assistant Postmaster-General, P. V. DeGraw; Superintendent Division of Rural Delivery, William R. Spilman.

NAVY

Assistant Secretary, Beekman Winthrop; President General Board, Admiral George Dewey; Chief Bureau of Yards and Docks, Civil Engineer R. C. Hollyday; Chief Bureau of Equipment, Rear-Admiral William S. Cowles; Chief Bureau of Navigation, Rear-Admiral William P. Potter; Chief Bureau of Ordnance, Rear-Admiral N. E. Mason; Chief Bureau of Construction and Repair, Chief Constructor Washington Lee Capps; Chief Bureau of Steam Engineering, Engineer in Chief and Rear-Admiral H. I Cone; Chief Bureau of Supplies and Accounts, Paymaster-General Eustace B. Rogers; Chief Bureau of Medicine and Surgery, Surg.-Gen. P. M. Rixey; Judge Advocate-General, Capt. Edward H. Campbell; President Board of Inspection and Survey, Rear-Admiral Richardson Clover; President Naval Examining Board, Rear-Admiral Albert R. Couden; President Naval Retiring Board, Rear-Admiral Albert R. Couden.

INTERIOR

First Assistant Secretary, Frank Pierce; Assistant Secretary, Jesse E. Wilson; Commissioner of General Land Office, Fred Dennett; Commissioner of Indian Affairs, Robert G. Valentine; Commissioner of Pensions, James L. Davenport; Commissioner of Patents, Edward B. Monroe; Commissioner of Education, Elmer E. Brown; Director of the Geological Survey, George Otis Smith; Director of Reclamation Service, Frederick H. Newell.

AGRICULTURE

Assistant Secretary, Willett M. Hays; Chief of Weather Bureau, Willis L. Moore.
Bureau of Animal Industry: Chief,

Alonzo D. Melvin; Chiefs of Divisions: Inspection, Rice P. Steddom; Dairy, B. H. Rawl; Quarantine, Richard W. Hickman; Biochemic, M. Dorset; Pathological, John R. Mohler; Zoology, B. H. Ransom; Experiment Station, E. C. Schroeder; Animal Husbandry, George M. Rommel; Editor, James M. Pickens.

Bureau of Plant Industry: Chief, Beverly T. Galloway; In Charge of Laboratory of Plant Pathology, Plant Pathologist, Erwin F. Smith; Diseases of Fruits, Merton B. Waite; Cotton, Truck and Plant Diseases, W. A. Orton; Forest Pathologist, Haven Metcalf; Plant Life History, Walter T. Swingle; Cotton-Breeding, A. D. Shamel and D. N. Shoemaker; Tobacco Investigations, A. D. Shamel, W. W. Garner, and E. H. Mathewson; Corn Investigations, C. P. Hartley; Alkali and Drouth Resistant Plant-Breeding, T. H. Kearney; Soil Bacteriology and Water Purification, Karl F. Kellerman; Economic Investigations of Tropical and Subtropical Plants, O. F. Cook; Drug and Poisonous Plant Investigations and Tea Culture, Rodney H. True; Physical, Lyman J. Briggs; Crop Technology and Fiber Plant, N. A. Cobb; Taxonomic, Frederick V. Coville; Farm Management, William J. Spilman; Grain, Mark A. Carleton; Grain Standardization, John D. Shanahan; Arlington Experimental Farm and Vegetable Testing Gardens, Lee C. Corbett; Sugar Beet, C. O. Townsend; Western Agricultural Extension, Carl S. Schofield, Dry Land Agriculture, E. Channing Chilcott; Pomological Collections, Gustavus B. Brackett; Field Pomology, William A. Taylor and G. Harold Powell; Experimental Gardens and Grounds, Edward M. Byrnes; Seed and Plant Introduction, David Fairchild; Forage Crop, C. V. Piper; Congressional Seed Distribution, Lisle Morrisson, Assistant; Seed Laboratory, Edgar Brown; Subtropical Laboratory and Garden, P. J. Wester; Plant Introduction Garden, W. W. Tracy, Jr.; South Texas Garden, Edward C. Green; Cotton Culture Farms and Farmers' Co-operative Demonstration Work, Seaman A. Knapp.

Forest Service: Forester, Gifford Pinchot; Assistant Foresters, in charge of Operation; James B. Adams; Silviculture, William T. Cox; Grazing, Albert F. Potter; Products, William L. Hall.

Bureau of Chemistry: Chemist and Chief of Bureau, Harvey W. Wiley; Chief Food Division, W. D. Bigelow; Chief Sugar Laboratory, H. W. Wiley; Chief Dairy Laboratory, G. E. Patrick; Chief Miscellaneous Laboratory, J. K. Haywood; Chief Division of Drugs, L. F. Kebler; Chief Leather and Paper Laboratory, E. P. Veitch; Chief Microchemical Laboratory, B. J. Howard.

Chief Bureau of Soils, Milton Whitney.

Chief Bureau of Entomology, L. O. Howard.

Chief Bureau of Biological Survey, Hart Merriam.

Chief Division of Accounts and Disbursements, A. Zappone.

Chief Division of Publications, B. D. Stallings.

Chief Bureau of Statistics, Victor H. Olmsted.

Director of Experiment Stations, A. C. True.

Director Office of Public Roads, Logan W. Page.

Commerce and Labor

Assistant Secretary, Benj. S. Cable; Commissioner of Corporations, Herbert Knox Smith; Commissioner of Labor, Charles P. Neill; Chief of Bureau of Manufactures, John M. Carson; Director of the Census, E. Dana Durand; Superintendent of Coast and Geodetic Survey, O. H. Tittmann; Chief Bureau of Statistics, Oscar P. Austin; Supervising Inspector-General of Steamboat-Inspection Service, George Uhler; Commissioner of Fisheries, George M. Bowers; Commissioner of Navigation, E. T. Chamberlain; Commissioner-General of Immigration and Naturalization, Daniel J. Keefe; Director of Standards, S. W. Stratton; Chairman Light-House Board, Rear-Admiral Adolph Marix, U. S. N.

Supreme Court of the United States

Chief Justice, Melville W. Fuller of Illinois; Associate Justices, John Marshall Harlan of Kentucky, David Josiah Brewer of Kansas; Edward Douglass White of Louisiana; Joseph McKenna of California. Oliver Wendell Holmes of Massachusetts. William R. Day of Ohio, William Henry Moody of Massachusetts and Horace H. Lurton of Tennessee.

Circuit Courts of the United States

District and Circuit Judges

1st Judicial Circuit, Mr. Justice Holmes—Maine, New Hampshire, Massachusetts and Rhode Island; judges, LeBaron B. Colt, Providence, R. I.; William L. Putnam, Portland, Me.; Francis C. Lowell, Boston, Mass.

2d, Mr. Justice Peckham—Vermont, Connecticut, Northern New York, Southern New York, and Western New York; judges, E. Henry Lacombe, New York, N. Y.; Alfred C. Coxe, Utica, N. Y.; Henry G. Ward, New York, N. Y.; Walter C. Noyes, New London, Conn.

3d, Mr. Justice Moody—New Jersey, Eastern Pennsylvania, Middle Pennsylvania, Western Pennsylvania, and Delaware; judges, Wm. M. Lanning, Trenton, N. J.; George Gray, Wilmington, Del.; Joseph Buffington, Pittsburg, Pa.

4th, Mr. Chief Justice Fuller—Maryland, Northern West Virginia, Southern West Virginia, Eastern Virginia, Western Virginia, Eastern North Carolina, Western North Carolina, and South Carolina; judges, Nathan Goff, Clarksburg, W. Va.; Jeter C. Pritchard, Asheville, N. C.

5th, Mr. Justice White—Northern Georgia, Southern Georgia, Northern Florida, Southern Florida, Northern Alabama, Middle Alabama, Southern Alabama, Northern Mississippi, Southern Mississippi, Eastern Texas, and Western Texas; judges, Don A. Pardee, Atlanta, Ga.; Andrew P. McCormick, Dallas, Tex.; David D. Shelby, Huntsville, Ala.

6th, Mr. Justice Harlan—Northern Ohio, Southern Ohio, Eastern Michigan, Western Michigan, Eastern Kentucky, Western Kentucky, Eastern Tennessee, Middle Tennessee, and Western Tennessee; judges, Henry F. Severens, Kalamazoo, Mich.; John W. Warrington, Cincinnati, O.

7th, Mr. Justice Day—Indiana, Northern Illinois, Eastern Illinois, Southern Illinois, Eastern Wisconsin, and Western Wisconsin; judges, Peter S. Grosscup, Chicago, Ill.; Francis E. Baker, Indianapolis, Ind.; William H. Seaman, Sheboygan, Wis.; Christian C. Kohlsaat, Chicago, Ill.

8th, Mr. Justice Brewer—Minnesota, Northern Iowa, Southern Iowa, Eastern Missouri, Western Missouri, Eastern Arkansas, Western Arkansas, Nebraska, Colorado, Kansas, North Dakota, South Dakota, Eastern Oklahoma, Western Oklahoma, Wyoming, Utah, and Territory of New Mexico; judges, Walter H. Sanborn, St. Paul, Minn.; Willis Van Devanter, Cheyenne, Wyo.; William C. Hook, Leavenworth, Kan.; Elmer B. Adams, St. Louis, Mo.

9th, Mr. Justice McKenna—Northern California, Southern California, Oregon, Nevada, Montana, Eastern Washington, Western Washington, Idaho, and Territories of Alaska, Arizona and Hawaii; judges, William B. Gilbert, Portland, Ore.; Erskine M. Ross, Los Angeles, Cal.; William W. Morrow, San Francisco, Cal.

Interstate Commerce Commission

Chairman, Martin A. Knapp of New York. Secretary, Edward A. Moseley of Massachusetts. Judson C. Clements of Georgia; Charles A. Prouty of Vermont; Francis M. Cockrell of Missouri; Franklin K. Lane of California; Edgar E. Clark of Iowa· James S. Harlan of Illinois.

Isthmian Canal Commission

Lieut. Col. George W. Goethals, Corps of Engineers, U. S. A., Chairman and Chief Engineer, Culebra; Lieut. Col. H. F. Hodges, Corps of Engineers, U. S. A., Assistant Chief Engineer, Culebra; Maj. D. D. Gaillard, Corps of Engineers, U. S. A., head of the department of excavation and dredging, Culebra; Maj. William L. Sibert, Corps of Engineers, U. S. A., head of the department of lock and dam construction, Culebra; H. H. Rousseau, U. S. N., head of department of municipal engineering, motive power and machinery, and building construction, Culebra; J. C. S. Blackburn, head of the department of civil administration, Ancon; Col. William C. Gorgas, Medical department, U. S. A., head of the department of sanitation, Ancon; Secretary, Joseph Bucklin Bishop, Ancon.

Public Printer

Samuel B. Donnelly of New York.

Bureau of American Republic

Director—John Barrett; secretary, Francisco J. Yanes.

American National Red Cross

President, William H. Taft; vice-president, Robert W. De Forest; treasurer, Chas. D. Norton; assistant secretary of the treasury; counselor, Lloyd W. Bowers, solicitor-general; secretary, Charles L. Magee, 116 Tennessee avenue, N. E., Washington, D. C.

Congress

The Senate

Members of the 61st Congress which ends March 3, 1911, and when terms of office expire. Republicans are marked R (59) and Democrats D (33). Total, 92.

ALABAMA

John H. Bankhead, D..1913
Joseph F. Johnston, D.1915

ARKANSAS

James P. Clark, D....1915
Jeff Davis, D..........1913

CALIFORNIA

George C. Perkins, R..1915
Frank P. Flint, R.....1911

COLORADO

Chas. J. Hughes, Jr., D 1915
Simon Guggenheim, R.1913

CONNECTICUT

Morgan G. Bulkeley, R.1911
Frank B. Brandegee, R.1915

DELAWARE

Henry A. duPont, R...1911
H. A. Richardson, R...1913

FLORIDA

James P. Taliaferro, D.1911
Duncan W. Fletcher, D.1915

GEORGIA

Augustus O. Bacon, D..1913
Alexander S. Clay, D..1909

IDAHO

Weldon B. Heyburn, R.1915
William E. Borah, R..1913

ILLINOIS

Shelby M. Cullom, R..1913
William Lorimer, R...1913

INDIANA

Albert J. Beveridge, R.1911
Benj. F. Shively, D....1915

IOWA

Albert B. Cummins, R..1915
Jonathan P. Dolliver, R1913

KANSAS

Joseph L. Bristow, R..1915
Charles Curtis, R.....1913

KENTUCKY

William O. Bradley, R.1915
Thomas H. Paynter, D.1913

LOUISIANA

Samuel D. McEnery, D.1915
Murphy J. Foster, D...1913

MAINE

Eugene Hale, R.......1911
William P. Frye, R....1913

MARYLAND

Isidor Rayner, D......1911
John W. Smith, D...1915

MASSACHUSETTS

Henry Cabot Lodge, R.1911
W. Murray Crane, R...1913

MICHIGAN

Julius C. Burrows, R..1911
William A. Smith, R..1913

MINNESOTA

Knute Nelson, R......1913
Moses E. Clapp, R.....1911

MISSISSIPPI

Hernando D. Money, D.1911
Anselm J. McLaurin, D.1913

MISSOURI

William J. Stone, D...1915
William Warner, R....1911

MONTANA

Thomas H. Carter, R..1911
Joseph M. Dixon, R....1913

NEBRASKA

Elmer J. Burkett, R...1911
Norris Brown, R......1913

NEVADA

Francis G. Newlands, D1915
George S. Nixon, R....1911

NEW HAMPSHIRE

Jacob H. Gallinger, R.1915
Henry E. Burnham, R..1913

NEW JERSEY

John Kean, R.........1911
Frank O. Briggs, R....1913

NEW YORK

Elihu Root, R.........1915
Chauncey M. Depew, R1911

NORTH CAROLINA

F. M. Simmons, D.....1913
Lee S. Overman, D....1915

NORTH DAKOTA

F. L. Thompson, R....1915
Porter J. McCumber, R1911

OHIO

Theodore E. Burton, R.1915
Charles Dick, R.......1911

OKLAHOMA

Thomas P. Gore, D....1915
Robert L. Owen, D....1913

OREGON

G. E. Chamberlain, R..1915
Jonathan Bourne, Jr., R1913

PENNSYLVANIA

Boies Penrose, R......1915
George T. Oliver, R....1911

RHODE ISLAND

Nelson W. Aldrich, R..1911
George P. Wetmore, R.1913

SOUTH CAROLINA

Benj. R. Tillman, D...1913
Ellison D. Smith, D....1915

SOUTH DAKOTA

Robert J. Gamble, R..1913
Col. I. Crawford, R....1915

TENNESSEE

James B. Frazier D...1911
Robert L. Taylor, D...1913

TEXAS

Chas. A. Culberson, D.1911
Joseph W. Bailey, D...1913

UTAH

Reed Smoot, R.........1915
George Sutherland, R..1911

VERMONT

Wm. P. Dillingham, R.1915
Carroll S. Page, R.....1911

VIRGINIA

John W. Daniel, D....1911
Thomas S. Martin, D..1913

WASHINGTON

Wesley L. Jones, R....1915
Samuel H. Piles, R....1911

WEST VIRGINIA

Stephen B. Elkins, R..1913
Nathan B. Scott, R....1911

WISCONSIN

Robert M. LaFollette, R1911
Isaac Stephenson, R...1915

WYOMING

Francis E. Warren, R..1913
Clarence D. Clark, R...1911

THE HOUSE

Terms expire March 3, 1911. Republicans are marked R (218); Democrats D (172). Total 392. Those marked * did not serve in the 60th Congress. There is one vacancy, 2d Washington district.

ALABAMA

1 George W. Taylor, D.
2 S. H. Dent, Jr., * D
3 Henry D. Clayton, D
4 W. B. Craig, D
5 J. Thomas Heflin, D
6 Richmond P. Hobson, D
7 John L. Burnett, D
8 William Richardson, D
9 Oscar W. Underwood, D

ARKANSAS

1 Robert Bruce Macon, D
2 W. A. Oldfield,* D
3 John C. Floyd, D
4 Ben Cravens, D
5 Charles C. Reid, D
6 Joseph T. Robinson, D
7 Robert M. Wallace, D

CALIFORNIA

1 W. F. Englebright, R
2 Duncan E. McKinlay, R
3 Joseph R. Knowland, R
4 Julius Kahn, R
5 Everis A. Hayes, R
6 James C. Needham, R
7 James McLachlan, R
8 Sylvester C. Smith, R

COLORADO

At Large

Edward T. Taylor,* D
1 Atterson W. Rucker,* D
2 John A. Martin,* D

CONNECTICUT

At Large

John Q. Tilson,* R
1 E. Stevens Henry, R
2 Nehemiah D. Sperry, R
3 Edwin W. Higgins, R
4 Ebenezer J. Hill, R

DELAWARE

At Large

William H. Heald,* R

FLORIDA

1 S. M. Sparkman, D
2 Frank Clark, D
3 Danitte H. Mays*, D

GEORGIA

1 Charles G. Edwards, D
2 James M. Griggs, D
3 Dudley M. Hughes,* D
4 William C. Adamson, D
5 L. F. Livingston, D
6 Charles L. Bartlett, D
7 Gordon Lee, D
8 William M. Howard, D
9 Thomas M. Bell, D
10 Thomas W. Hardwick, D
11 William G. Brantley, D

IDAHO

Thomas R. Hamer,* R

ILLINOIS

1 Martin B. Madden, R
2 James R. Mann, R
3 William W. Wilson, R
4 James T. McDermott, D
5 Adolph J. Sabath, D
6 William J. Moxley,* R
7 Fred Lundin,* R
8 Thomas Gallagher,* D
9 Henry S. Boutell, R
10 George Edmund Foss, R
11 Howard M. Snapp, R
12 Charles E. Fuller, R
13 Frank O. Lowden, R
14 James McKinney, R
15 George W. Prince, R
16 Joseph V. Graff, R
17 John A. Sterling, R
18 Joseph G. Cannon, R
19 William B. McKinley, R
20 Henry T. Rainey, D
21 James M. Graham,* D
22 Wm. A. Rodenberg, R
23 Martin D. Foster, D
24 Pleasant T. Chapman, R
25 N. B. Thistlewood, R

INDIANA

1 John W. Boehne,* D
2 William Cullop,* D
3 William E. Cox, D
4 Lincoln Dixon, D
5 Ralph W. Moss,* R
6 W. O. Barnard,* R
7 Charles A. Korbly,* D
8 John A. M. Adair, D
9 Martin A. Morrison,* D
10 E. D. Crumpacker, R
11 George W. Rauch, D
12 Cyrus Cline,* D
13 Henry A. Barnhart,* D

IOWA

1 Charles A. Kennedy, R
2 Albert F. Dawson, R
3 Charles Pickett,* R
4 Gilbert N. Haugen, R
5 James W. Good,* R
6 N. E. Kendall,* R
7 John A. T. Hull, R
8 W. D. Jamieson,* D
9 Walter I. Smith, R
10 Frank P. Woods,* R
11 Elbert H. Hubbard, R

KANSAS

1 D. R. Anthony, Jr, R
2 Charles F. Scott, R
3 Philip P. Campbell, R
4 James M. Miller, R
5 Wm. A. Calderhead, R
6 William A. Reeder, R
7 E. H. Madison, R
8 Victor Murdock, R

KENTUCKY

1 Ollie M. James, D
2 Augustus O. Stanley, D
3 R. Y. Thomas,* D
4 Ben Johnson, D
5 Swagar Sherley, D
6 Joseph L. Rhinock, D
7 J. Campbell Cantrill,* D
8 Harvey Helm, D
9 Joseph B. Bennett, R
10 John W. Langley, R
11 Don C. Edwards, R

LOUISIANA

1 Albert Estopinal, D
2 Samuel L. Gilmore, D
3 Robert F. Broussard, D
4 John T. Watkins, D
5 Joseph E. Ransdell, D
6 Robert C. Wickliffe,* D
7 Arsene P. Pujo, D

MAINE

1 * Amos L. Allen, R
2 John P. Swasey, R
3 Edwin C. Burleigh, R
4 Frank E. Guernsey, R

MARYLAND

1 J. H. Covington,* D
2 Joshua F. C. Talbott, D
3 John Kronmiller,* R
4 John Gill, Jr, D
5 Sydney E. Mudd, R
6 George A. Pearre, R

MASSACHUSETTS

1 George P. Lawrence, R
2 Frederick H. Gillett, R
3 Charles G. Washburn, R
4 Charles Q. Tirrell, R
5 Butler Ames, R
6 Augustus P. Gardner, R
7 Ernest W. Roberts, R
8 Samuel W. McCall, R
9 John A. Keliher, D
10 Joseph F. O'Connell, D
11 Andrew J. Peters, D
12 John W. Weeks, R
13 William S. Greene, R
14 William C. Lovering, R

MICHIGAN

1 Edwin Denby, R
2 Chas. E. Townsend, R
3 Washington Gardner, R
4 Edw. L. Hamilton, R
5 Gerrit J. Diekema, R
6 Samuel W. Smith, R
7 Henry McMorran, R
8 Joseph W. Fordney, R
9 Jas. C. McLaughlin, R
10 George A. Loud, R
11 Francis H. Dodds,* R
12 H. Olin Young, R

MINNESOTA

1 James A. Tawney, R
2 W. S. Hammond, D
3 Charles R. Davis, R
4 Frederick C. Stevens, R
5 Frank M. Nye, R
6 Chas. A. Lindbergh, R
7 Andrew J. Volstead, R
8 Clarence B. Miller,* R
9 Halvor Steenerson, R

MISSISSIPPI

1 E. S. Candler, Jr, D
2 Thomas Spight, D
3 Benj. G. Humphreys, D
4 T. U. Sisson, * D
5 Adam M. Byrd, D
6 Eaton J. Bowers, D
7 W. J. Dickson,* D
8 J. W. Collier,* D

MISSOURI

1 James T. Lloyd, D
2 William W. Rucker, D
3 Joshua W. Alexander, D
4 Charles F. Booher, D
5 William P. Borland,* D
6 David A. DeArmond, D
7 Courtney W. Hamlin, D
8 D. W. Shackleford, D
9 Champ Clark, D
10 Richard Bartholdt, R
11 Patrick F. Gill,* D
12 Harry M. Coudrey, R
13 Politte Elvins,* R
14 Charles A. Crow,* R
15 Charles H. Morgan,* R
16 Arthur P. Murphy,* R

MONTANA

At Large

Charles N. Pray, R

NEBRASKA

1 John A. Maguire,* D
2 Gilbert M. Hitchcock, D
3 James P. Latta,* D
4 Edmund H. Hinshaw, R
5 George W. Norris, R
6 Moses P. Kinkaid, R

NEVADA

At Large
George A. Bartlett, D

NEW HAMPSHIRE

1 Cyrus A. Sulloway, R
2 Frank D. Currier, R

NEW JERSEY

1 H. C. Loudenslager, R
2 John J. Gardner, R
3 Benjamin F. Howell, R
4 Ira W. Wood, R
5 Charles N. Fowler, R
6 William Hughes, D
7 Richard W. Parker, R
8 William H. Wiley,* R
9 Eugene F. Kinkead,* D
10 James A. Hamill, D

NEW YORK

1 William W. Cocks, R
2 George H. Lindsay, D
3 Otto G. Foelker, R
4 Charles B. Law, R
5 Richard Young,* R
6 William M. Calder, R
7 John J. Fitzgerald, D
8 Daniel J. Riordan, D
9 Henry M. Goldfogle, D
10 William Sulzer, D
11 Charles V. Fornes, D
12 Michael F. Conry,* D
13 Herbert Parsons, R
14 William Willett, Jr, D
15 J. Van Vechten Olcott,R
16 Francis B. Harrison, D
17 William S. Bennet, R
18 Joseph A. Goulden, D
19 John E. Andrus, R
20 Thomas W. Bradley, R
21 Hamilton Fish,* R
22 William H. Draper, R
23 George N. Southwick, R
24 George W. Fairchild, R
25 Cyrus Durey, R
26 George R. Malby, R
27 Chas. S. Millington,* R
28 Charles L. Knapp, R
29 Michael E. Driscoll, R
30 John W. Dwight, R
31 Sereno E. Payne, R
32 James Breck Perkins, R
33 J. Sloat Fassett, R
34 James S. Simmons,* R
35 Daniel A. Driscoll,* D
36 De Alva S. Alexander, R
37 Edward B. Vreeland, R

NORTH CAROLINA

1 John H. Small, D
2 Claude Kitchin, D
3 Charles R. Thomas, D
4 Edward W. Pou, D
5 J. M. Morehead,* R
6 H. L. Godwin, D
7 Robert N. Page, D
8 Charles H. Cowles,* R
9 Edwin Y. Webb, D
10 J. G. Grant,* R

NORTH DAKOTA

At Large
L. B. Hanna,* R
Asle J. Gronna, R

OHIO

1 Nicholas Longworth, R
2 Herman P. Goebel,* R
3 James M. Cox,* D
4 William E. Tou Velle, D
5 Timothy T. Ansberry, D
6 Matt R. Denver, D
7 J. Warren Keifer, R
8 Ralph D. Cole, R
9 Isaac R. Sherwood, D
10 A. R. Johnson,* R
11 Albert Douglas, R
12 Edw. L. Taylor, Jr, R
13 Carl Anderson,* D
14 William G. Sharpe,* D
15 James Joyce,* R
16 D. A. Hollingsworth,* R
17 William A. Ashbrook, D
18 James Kennedy, R
19 W. Aubrey Thomas, R
20 Paul Howland, R
21 James H. Cassidy, R

OKLAHOMA

1 Bird S. McGuire, R
2 Richard T. Morgan,* R
3 C. E. * R
4 Charles D. Carter, D
5 Scott Ferris, D

OREGON

1 Willis C. Hawley, R
2 W. R. Ellis, R

PENNSYLVANIA

1 Henry H. Bingham, R
2 Joel Cook, R
3 J. Hampton Moore, R
4 Reuben O. Moon, R
5 W. W. Foulkrod, R
6 George D. McCreary, R
7 Thomas S. Butler, R
8 Irving P. Wanger, R
9 William W. Griest,* R
10 T. D. Nicholls, D
11 Henry W. Palmer,* R
12 Alfred B. Garner,* R
13 John H. Rothermel, D
14 Charles C. Pratt,* R
15 William B. Wilson, D
16 John G. McHenry, D
17 Benjamin K. Focht, R
18 Marlin E. Olmsted, R
19 John M. Reynolds, R
20 Daniel F. Lafean, R
21 Charles F. Barclay, R
22 George F. Huff, R
23 Allen F. Cooper, R
24 John K. Tener,* R
25 Arthur L. Bates, R
26 A. Mitchell Palmer,* D
27 J. N. Langham,* R
28 Nelson P. Wheeler, R
29 William H. Graham, R
30 John Dalzell, R
31 James F. Burke, R
32 Andrew J. Barchfeld, R

RHODE ISLAND

1 William P. Sheffield,* R
2 Adin B. Capron, R

SOUTH CAROLINA

1 George S. Legare, D
2 James O. Patterson, D
3 Wyatt Aiken, D
4 Joseph T. Johnson, D
5 David E. Finley, D
6 J. Edwin Ellerbe, D
7 Asbury F. Lever, D

SOUTH DAKOTA

At Large
Charles H. Burke,* R
Eben W. Martin, R

TENNESSEE

1 Walter P. Brownlow, R
2 R. W. Austin,* R
3 John A. Moon, D
4 Cordell Hull, D
5 William C. Houston, D
6 J. W. Byrns,* D
7 Lemuel P. Padgett, D
8 Thetus W. Sims, D
9 Finis J. Garrett, D
10 George W. Gordon,* D

TEXAS

1 Morris Sheppard, D
2 Martin Dies,* D
3 Gordon Russell, D
4 Choice B. Randell, D
5 Jack Beall, D
6 Rufus Hardy, D
7 Alexander W. Gregg, D
8 John M. Moore, D
9 George F. Burgess, D
10 Albert S. Burleson, D
11 Robert L. Henry, D
12 Oscar W. Gillespie, D
13 John H. Stephens, D
14 James L. Slayden, D
15 John N. Garner, D
16 William R. Smith, D

UTAH

At Large
Joseph Howell, R

VERMONT

1 David J. Foster, R
2 Frank H. Plumley,* R

VIRGINIA

1 William A. Jones, D
2 Harry L. Maynard, D
3 John Lamb, D
4 Francis R. Lassiter, D
5 E. W. Saunders, D
6 Carter Glass, D
7 James Hay, D
8 Charles C. Carlin, D
9 C. Bascom Slemp, R
10 Henry D. Flood, D

WASHINGTON

1 Wm. E. Humphrey, R
2 Miles Poindexter, R

WEST VIRGINIA

1 William P. Hubbard, R
2 George C. Sturgiss, R
3 Joseph Holt Gaines, R
4 Harry C. Woodyard, R
5 James A. Hughes, R

WISCONSIN

1 Henry A. Cooper, R
2 John M. Nelson, R
3 A. W. Kopp,* R
4 William J. Cary, R
5 William H. Stafford, R
6 Charles H. Weisse, D
7 John J. Esch, R
8 James H. Davidson, R
9 Gustav Kustermann, R
10 E. A. Morse, R
11 Irvine L. Lenroot,* R

WYOMING

Frank W. Mondell, R

ALASKA

James Wickersham,* R

ARIZONA

Ralph H. Cameron,* R

NEW MEXICO

William H. Andrews, R

HAWAII

Jonah K. Kalanianaole, R

PORTO RICO

Resident Commissioner
Tulio Larrinaga, R

PHILIPPINE ISLANDS

Resident Commissioners
Benito Legarda,* R
Pablo Ocampo de Leon,* R

Committees of Congress

Senate Committees

Agriculture and Forestry—Dolliver, chairman, Warren, Burnham, Perkins, Burkett, Guggenheim, Page, Johnson, Money, Bankhead, Gore, Chamberlain and Smith of S. C.
Appropriations—Hale, chairman, Perkins, Warren, Gallinger, Elkins, Kean, Burkett, Curtis, Tillman, Daniel, Clay, Foster and Culberson.
Education and Labor—Borah, chairman, Dolliver, Penrose, Flint, Brandegee, Daniel, Rayner, Bankhead and Shively.
Finance—Aldrich, chairman, Burrows, Penrose, Hale, Cullom, Lodge, McCumber, Smoot, Flint, Daniel, Money, Bailey, Taliaferro and Simmons.
Postoffices and Post-roads—Penrose, chairman, Dolliver, Burrows, Scott, Crane, Carter, Dick, Bourne, Guggenheim, Clay, Taliaferro, Owen, Bankhead and Taylor.

Chairmen of Other Committees

Canadian relations, Smith of Michigan; Census, La Follette; Civil Service and Retrenchment, Cummins; Coast Defenses, Nixon; Cuban Relations, Sutherland; District of Columbia, Gallinger; Fisheries, Bourne; Foreign relations, Cullom; Forest reservations, etc., Brandegee; Geological Survey, Briggs; Immigration, Dillingham; Indian affairs, Clapp; Interoceanic Canals, Flint; Interstate commerce, Elkins; Irrigation, Carter; The judiciary, Clark; Manufactures, Heyburn; Military affairs, Warren; Mines and mining, Dick; Mississippi river and its tributaries, Warner; Naval affairs, Perkins; Pacific islands and Porto Rico, Depew; Pacific railroads, Burkett; Pensions, McCumber; The Philippines, Lodge; Privileges and elections, Burrows; Public health and national quarantine, Martin; Public lands, Nelson; Railroads, Bulkeley; Rules, Crane; Territories, Beveridge; Transportation routes to seaboard, Oliver; Transportation and sale of meat products, McEnery; Woman suffrage, Clay.

House Committees

Committee on Ways and Means—Payne, chairman, Dalzell, McCall, Hill, Boutell, Needham, Calderhead, Fordney, Gaines, Longworth, Dwight, Ellis, Clark, Underwood, Griggs, Pou, Randall, Broussard and Harrison.
Committee on Appropriations—Tawney, chairman, Bingham, Brownlow, Gardner of Mich., Gillett, Smith of Ia., Graff, Keifer, Snapp, Taylor of Ohio, Malby, Livingston, Fitzgerald, Burleson, Sherley, Bowers and Kelliher.
Committee on Rivers and Harbors—Alexander of N. Y., chairman, Lawrence, Davidson, McLachlan, Young of Mich., Woodyard, Rodenberg, Humphrey, Madden, Kennedy of Ia., Cassidy, Tener, Sparkman, Ransdell, Burgess, Humphreys, Moon of Tenn., Taylor of Ala., Ellerbe and Edwards of Ga.
Committee on Agriculture—Scott, chairman, Cocks, Cole, Haugen, McLaughlin, Hawley, Howell of Utah, Chapman, Pratt, Hanna, Plumley, Lamb, Lever, Beall, Rucker of Mo., Stanley, Lee, McDermott and Andrews.
Committee on the Postoffice and Post-roads—Weeks, Gardner of N. J., Sperry, Stafford, Huff, Fassett, Smith of Cal., Lowden, Durey, Hamer, Dodds, Murdock, Moon of Tenn., Finley, Lloyd, Small, Bell, Cox of Ind., and Cameron.
Committee on Education—Burke of Penn., chairman, Volstead, Graff, Kinkaid, Loud, Needham, Calder, Grant, Lever, Garrett, Ansberry, Tou Velle, Wickliffe.
Committee on Rules—The Speaker, chairman, Dalzell, Smith of Ia., Clark of Mo., Fitzgerald.

Chairmen of Committees

Committee on the judiciary; Parker.
Committee on banking and currency; Vreeland.
Committee on coinage, weights and measures; McKinley.
Committee on interstate and foreign commerce; Mann.
Committee on the merchant marine and fisheries; Greene.
Committee on foreign affairs; Perkins.
Committee on naval affairs; Foss.
Committee on military affairs; Hull.
Committee on the public lands; Mondell.
Committee on Indian affairs; Burke of S. Dak.
Committee on the territories; Hamilton.
Committee on insular affairs; Olmsted.
Committee on railways and canals; Davidson.
Committee on manufactures; McMorran.
Committee on mines and mining; Huff.
Committee on public buildings and grounds; Bartholdt.
Committee on Pacific railroads; Butler.
Committee on levees and improvements of the Mississippi river; Campbell.
Committee on labor; Gardner of N. J.
Committee on militia; Steenerson.
Committee on pensions; Loudenslager.
Committee on invalid pensions; Sulloway.
Committee on claims; Prince.
Committee on the District of Columbia; Smith of Mich.
Committee on revision of the laws; Moon of Penn.
Committee on election of president, vice-president, and representatives in congress; Gaines.
Committee on alcoholic liquor traffic; Sperry.
Committee on irrigation of arid lands; Reeder.
Committee on immigration and naturalization; Howell of N. J.
Committee on expenditures in the department of agriculture; Graham of Penn.

Congressional Commissions

Immigration Commission—Senators Dillingham, chairman, Lodge, McLaurin; Representatives Howell of N. J., Bennett of N. Y., Burnett.
Inland Waterways Commission—Senators Burton, chairman, Gallinger, Piles, Smith of Mich., Simmons, Clarke, Lorimer; Representatives Alexander of N. Y., Stevens of Minn., Wanger, Sparkman, Moon of Tenn.
Joint Postal Commission—Senators Penrose, chairman, Carter, Clay; Representatives Gardner of N. J., Moon of Tenn.
National Monetary Commission—Senators Aldrich, chairman, Burrows, Hale, Daniel, Money, Bailey, Burton; Representatives Vreeland, vice chairman, Weeks, Smith of Cal., Padgett, Burgess, Pujo. Arthur B. Shelton, secretary.

A man may talk like a wise man and yet act like a fool.

He that would live long must sometimes change his course of life.

Eat after your own fashion, clothe yourself as others do.

He who buys by the penny keeps his own house and other men's too.

States and Territories

Capitals and Principal Officers, with Salaries and Terms of Office

ALABAMA

Montgomery

Governor, B. B. Comar............ $5,000
Lieut.-Gov., Henry B. Gray....$4 per day
Secretary of State, Frank N. Julian 1,800
Treasurer, Walter D. Seed........ 2,200
Auditor, William W. Brandon...... 2,400
Chief Justice, J. R. Dowdell...... 5,000
Att'y-Gen., Alex M. Garber........ 2,500
Officers elected for four years. Present term expires January, 1911. Chief justice, January, 1913.

ALASKA

Juneau

Governor, Walter E. Clark........ $5,000
Secretary, William L. Distin...... 4,000
Governor's term expires October 1, 1913; secretary's term December 17, 1912. Appointed by the president.

ARIZONA

Phoenix

Governor, Richard E. Sloan....... $3,000
Secretary, George U. Young....... 1,800
Chief justice, Edward Kent....... 3,000
Appointed by the president.
Terms of governor and secretary expire April 15, 1913; chief justice, March 20, 1910.

ARKANSAS

Little Rock

Governor, George W. Donaghey.... $3,000
Secretary of State, O. C. Ludwig... 2,250
Treasurer, James L. Yates........ 2,250
Auditor, John R. Jobe............ 2,250
Chief Justice, Joseph M. Hill...... 3,000
Att'y-Gen., Hal. L. Norwood...... 2,500
Officers elected for two years. Present term expires January, 1911.

CALIFORNIA

Sacramento

Governor, J. N. Gillett........... $6,000
Lieut.-Gov., Warren R. Porter, $10 per day
Secretary of State, Charles F. Curry 3,000
Treasurer, W. R. Williams........ 3,000
Comptroller, A. B. Lye............ 3,000
Chief Justice, W. H. Beaty........ 8,000
Attorney-General, U. S. Webb...... 3,000
Officers elected for four years. Present term expires January, 1911.

COLORADO

Denver

Governor, John F. Shafroth...... $5,000
Lieut.-Gov., Stephen R. Fitzgerald 1,000
Secretary of State, James B. Pearce 4,000
Treasurer, W. J. Galligan......... 6,000
Auditor, Roady Kenahan 4,000
Chief Justice, Robert W. Steele.... 5,000
Att'y-Gen., John T. Barnett........ 3,000
Officers elected for two years. Present term expires January, 1911.

CONNECTICUT

Hartford

Governor, Frank B. Weeks........ $4,000
Lieut.-Gov., ——— 500
Sec'y of State, Matthew H. Rogers 1,500
Treasurer, Freeman F. Patten..... 1,500
Comptroller, Thomas D. Bradstreet 1,500
Chief Justice, Simeon E. Baldwin.. 8,000
Att'y-Gen., Marcus H. Holcomb.... 4,000
Officers elected for two years, except attorney-general, four years, and chief justice. Present term expires January, 1911; chief justice, January, 1915.

DELAWARE

Dover

Governor, Simeon S. Pennewill.... $4,000
Lieut.-Gov., John M. Mendennall... Fees
Sec. of State, William T. Smithers 4,000
Treasurer, David O. Moore, $1,950 and fees
Auditor, Theodore F. Clark....... 2,000
Chief Justice, James Pennewill.... 4,500
Attorney-General, Andrew C. Gray 2,500
Officers elected for four years, except treasurer and auditor, two years, and chief justice 12 years. President term expires January, 1913, except treasurer and auditor, January, 1911; chief justice, June, 1921.

DISTRICT OF COLUMBIA

National Capital—Washington

Commissioner, Henry B. F. Macfarland, President $5,000
Commissioner, Henry L. West..... 5,000
Commissioner, Maj. Jay J. Morrow 5,000
Secretary of Board, William Tindall 2,400
The three Commissioners are appointed by the President of the United States. The Secretary of the Board is appointed by the Commissioners.

FLORIDA

Tallahassee

Governor, Albert W. Gilchrist...... $5,000
Secretary of State, H. Clay Crawford 2,500
Treasurer, W. V. Knott........... 2,500
Auditor, Ernest Amos............ 2,500
Chief Justice, Jas. B. Whitfield.... 3,000
Attorney-General, Park M. Trammell 2,500
Officers elected for four years, except chief justice, elected for six years. Present term expires January, 1913, except state auditor, May, 1911, and chief justice, January, 1915.

GEORGIA

Atlanta

Governor, Joseph M. Brown....... $5,000
Secretary of State, Philip Cook.... 2,000
Treasurer, J. Pope Brown......... 2,000
Chief Justice, William H. Fish.... 4,000
Attorney-General, John C. Hart... 3,000
Officers elected for two years. Present term expires July 1, 1911.

GUAM

Governor, Captain Edward J. Dorn $3,000
Appointed by the President. No fixed term.

HAWAII

Honolulu

Governor, Walter F. Frear........ $5,000
Secretary, Ernest A. Mott-Smith... 3,000
Treasurer, D. L. Conkling.........
Attorney-General, C. R. Hemenway
Terms of governor and secretary expire December 18, 1911. Appointed by the President.

IDAHO

Boise

Governor, James H. Brady........ $5,000
Lieut.-Gov., Lewis H. Sweatser.... 300
Secretary of State, Robert Lansdon 3,000
Treasurer, Charles A. Hastings... 4,000
Auditor, Stephen D. Taylor...... 3,000
Chief Justice, James F. Ailshie.... 4,000
Att'y-Gen., Daniel C. McDougal.... 4,000
Officers elected for two years except chief justice, elected for six years. Present term expires January, 1911.

Illinois

Springfield

Governor, Charles S. Deneen...... $12,000
Lieut.-Gov., John G. Oglesby...... 2,500
Secretary of State, James A. Rose 7,500
Treasurer, Andrew Russel........ 10,000
Auditor, James S. McCullough..... 7,500
Chief Justice, William M. Farmer 10,000
Att'y-Gen., William H. Stead...... 10,000

Officers elected for four years, to January, 1913, except state treasurer, two years, to January, 1911, and chief justice, 1 year, to June, 1910.

Indiana

Indianapolis

Governor, Thomas R. Marshall.... $8,000
Lieut.-Gov., Frank J. Hall........ 1,000
Secretary of State, Fred A. Sims.. 6,500
Treasurer, Oscar Hadley 7,500
Auditor, John C. Billheimer...... 7,500
Chief Justice, J. H. Jordan........ 6,000
Att'y-Gen., James Bingham........ 7,500

Governor, lieutenant-governor and chief justice elected for four years, to January, 1913; secretary of state and state auditor elected for two years, to November, 1910; state treasurer and attorney-general elected for two years, to January, 1911.

Iowa

Des Moines

Governor, B. F. Carroll........... $5,000
Lieut.-Gov., George W. Clarke.... 1,100
Secretary of State, H. C. Hayward. 2,200
Treasurer, W. W. Morrow......... 2,200
Auditor, J. L. Bleakly............ 2,200
Chief Justice, Horace E. Deemer.. 6,000
Attorney-General, H. W. Byers... 4,000

Officers elected for two years. Present term expires January, 1911.

Kansas

Topeka

Governor, W. R. Stubbs.......... $5,000
Lieut.-Gov., W. J. Fitzgerald...... 700
Sec'y of State, Charles E. Denton. 2,500
Treasurer, Mark Tulley........... 2,500
Auditor, James M. Nation......... 2,500
Chief Justice, W. A. Johnson...... 3,000
Attorney-General, Fred S. Jackson 2,500

Officers elected for two years. Present term expires January, 1911.

Kentucky

Frankfort

Governor, Augustus E. Willson.... $6,500
Lieut.-Gov., Wm. H. Cox......$10 per day
Secretary of State, Ben L. Bruner.. 3,000
Treasurer, Edwin Farley 4,200
Auditor, F. P. James.............. 3,600
Chief Justice, T. J. Nunn......... 5,000
Attorney-General, James Breathitt. 4,000

Officers elected for four years. Present term expires January, 1912, except Governor, December, 1911.

Louisiana

Baton Rouge

Governor, Jared Y. Sanders....... $5,000
Lieut.-Gov., Paul M. Lambremont.. 1,800
Secretary of State, John T. Michel 5,000
Treasurer, C. B. Steele............ 4,000
Auditor, Paul Capdevielle......... 5,000
Chief Justice, Joseph A. Breaux.... 6,000
Attorney-General, Walter Guion.... 5,000

Officers elected for four years. Present term expires May, 1912, except chief justice, 1914.

Maine

Augusta

Governor, Bert M. Fernald........ $3,000
Sec'y of State, *Arthur H. Brown.. 1,500
Treasurer, *P. P. Gilmore......... 2,000
Auditor, Charles P. Hatch......... 2,500
Chief Justice, Lucilius A. Emery.. 5,000
Att'y-Gen., *Warren C. Philbrook.. 1,000

Officers elected for two years. Present term expires January, 1911, except chief justice, December, 1913. *Successors to secretary of state, state treasurer and attorney-general to be appointed by the legislature.

Maryland

Annapolis

Governor, Austin L. Crother....... $4,500
Sec'y of State, N. Winslow Williams 2,000
Treasurer, Murray Vandiver...... 2,500
Auditor, George R. Ash........... 1,800
Chief Justice, A. Hunter Boyd..... 4,500
Att'y-Gen., Isaac Lobe Straus..... 2,000

Officers elected for four years. Present term expires January, 1912, except state treasurer, 1910, and chief justice term expires November, 1909.

Massachusetts

Boston

Governor, Eben F. Draper......... $8,000
Lieut.-Gov., Louis A. Frothingham 2,000
Secretary of State, William M. Olin 3,500
Treasurer, Arthur B. Chapin....... 5,000
Auditor, Henry E. Turner......... 3,500
Chief Justice, Marcus P. Knowlton 9,000
Attorney-General, Dana Malone.... 5,000

Officers elected for one year. Present term expires January, 1911.

Michigan

Lansing

Governor, Fred M. Warner........ $5,000
Lieut.-Gov., Patrick H. Kelley...... 800
Sec'y of State, Frederick C. Martindale 2,500
Treasurer, Albert E. Sleeper...... 2,500
Auditor-General, Oramel B. Fuller 2,500
Chief Justice, Charles A. Blair.... 7,000
Att'y-Gen., John E. Bird.......... 5,000

Officers elected for two years. Present term expires December, 1910.

*Regular session of legislature, $5 per day extra sessions of legislature, limited to 20 days with pay. Present term expires December, 1917.

Minnesota

St. Paul

Governor, A. O. Eberhart.......... $7,000
Lieut.-Gov., E. E. Smith.......$10 per day
Sec'y of State, Julius A. Schmahl.. 3,500
Treasurer, C. C. Dinehart.......... 3,500
Auditor, S. G. Iverson............ 4,000
Chief Justice, C. M. Start......... 6,000
Att'y-General, George T. Simpson 4,800

Officers elected for two years, except chief justice, four years. Present term expires, January, 1911; chief justice, January, 1913.

Mississippi

Jackson

Governor, E. F. Noel.............. $4,500
Lieut.-Gov. Luther Manship........ 500
Sec'y of State, Joseph W. Power.. 2,000
Treasurer, George R. Edwards.... 3,000
Auditor, E. J. Smith.............. 2,500
Chief Justice, A. H. Whitfield..... 4,500
Att'y-Gen., J. B. Stirling.......... 2,500

Officers elected for four years. Present term expires January, 1912, except chief justice, May 10, 1912.

Missouri

Jefferson City

Governor, Herbert S. Hadley....... $5,000
Lieut.-Gov., Jacob F. Gmelich...... 1,000
Secretary of State, Cornelius Roach 3,000
Treasurer, James Cowgill.......... 3,000

Auditor, John P. Gordon........... 3,000
Chief Justice, Le Roy B. Valliant... 4,500
Att'y-Gen., Elliot W. Major........ 3,000
Officers elected for four years. Present term expires January, 1913.

MONTANA

Helena

Governor, Edwin L. Norris......... $5,000
Lieut.-Gov., W. R. Allen........$6 per day
Sec'y of State, Abraham N. Yoder... 3,000
Treasurer, E. Esslestyn............ 3,000
Auditor, Harry R. Cunningham.... 3,000
Chief Justice, Theo. Brantly........ 5,000
Attorney-General, A. J. Galen...... 3,000
Officers elected for four years. Present term expires January, 1913, except chief justice, elected for six years, term expires January, 1911.

NEBRASKA

Lincoln

Governor, A. C. Shallenberger...... $2,500
Lieut.-Gov., M. R. Hopewell, $10 per day
Secretary of State, George C. Junkin 2,000
Treasurer, L. G. Brian............. 2,500
Auditor, C. A. Barton.............. 2,000
Chief Justice, M. B. Reese.......... 4,500
Att'y-Gen., N. T. Thompson........ 2,000
Officers elected for two years, except chief justice for four years. Present term expires January, 1911; chief justice, January, 1911.

NEVADA

Carson City

Governor, D. S. Dickerson (acting governor) $3,333.40
Lieut.-Gov., D. S. Dickerson...... 1,800.00
Secretary of State, W. G. Douglas 2,400.00
Treasurer, D. M. Ryan........... 2,400.00
Auditor, W. B. Ligon............ 2,400.00
Atty'-Gen., C. R. Stoddard....... 2,000.00
Officers elected for four years. Present term expires January, 1911.

NEW JERSEY

Trenton

Governor, John Franklin Post......$10,000
Secretary of State, S. D. Dickinson. 6,000
Treasurer, Daniel S. Voorhees...... 6,000
Auditor, William E. Drake......... 3,000
Chief Justice, William S. Gummere. 10,000
Att'y-Gen., Edmund Wilson........ 7,000
Officers elected for three years, except chief justice, elected for seven years. Present term expires January, 1911; chief justice, November, 1915; secretary of state, April, 1912; state treasurer, March, 1910; and attorney-general, May, 1914.

NEW HAMPSHIRE

Concord

Governor, Henry B. Quinby........ $3,000
Sec'y of State, Edward N. Pearson.. 3,000
Treasurer, Solon A. Carter......... 2,500
Chief Justice, Frank N. Parsons.... 4,200
Att'y-Gen., Edwin G. Eastman....... 2,500
Officers elected for two years, except chief justice and attorney-general. Regular term expires January, 1911; chief justice, January, 1924; attorney-general, January 20, 1912.

NEW MEXICO

Santa Fe

Governor, William J. Mills......... $3,000
Secretary, Nathan Jaffa............ 1,800
Treasurer, Miguel A. Otero......... 2,400
Auditor, Wm. G. Sargent........... 3,000
Chief Justice ———.............. 3,000
Att'y-Gen., Frank W. Clancy....... 3,000
Appointed by the president. Terms of governor and secretary expire January 14, 1912; other officers March 13, 1911.

NEW YORK

Albany

Governor, Charles E. Hughes.......$10,000
Lieut.-Gov., Horace White.......... 5,000
Sec'y of State, Samuel S. Koenig... 5,000
Treasurer, George B. Dunn......... 5,000
Comptroller, Charles H. Gaus....... 6,000
Chief Justice, Edgar M. Cullen..... 10,500
Att'y-Gen., Edward R. O'Malley.... 5,000
Officers elected for two years, excepting chief justice. Present term expires December, 1910. Chief justice, December, 1913.

NORTH CAROLINA

Raleigh

Governor, William Walton Kitchin.. $4,000
Lieut.-Gov., W. C. Newland $6 per day while senate is in session.
Secretary of State, J. Bryan Grimes $3,500
Treasurer, B. R. Lacy.............. 3,500
Auditor, B. F. Dixon............... 3,000
Chief Justice, Walter Clark........ 3,500
Att'y-Gen., T. W. Bickett.......... 3,000
Officers elected for four years. Present term expires January, 1913.

NORTH DAKOTA

Bismarck

Governor, John Burke............. $3,000
Lieut.-Gov., R. S. Lewis............ 1,000
Secretary of State, Alfred Blaisdell 2,000
Treasurer, C. L. Bickford........... 2,000
Auditor, D. K. Brightbill........... 2,000
Chief Justice, D. E. Morgan........ 5,000
Att'y-Gen., Andrew Miller.......... 2,000
Officers elected for two years. Terms of officers expire January, 1911, except chief justice, December, 1910.

OHIO

Columbus

Governor, Judson Harmon.........$10,000
Lieut.-Gov., Francis W. Treadway.. 1,500
Sec'y of State, Carmi A. Thompson 6,500
Treasurer, David S. Creamer....... 6,500
Auditor, Edward M. Fullington..... 6,500
Chief Justice, William B. Crew..... 6,000
Att'y-Gen., Ulysses G. Denman..... 6,500
Officers elected for two years. Present term expires January, 1911.

OREGON

Salem

Governor, Frank W. Benson........ $5,000
Secretary of State, Frank W. Benson 4,500
Treasurer, George A. Steel......... 4,500
Chief Justice, Frank A. Moore...... 4,500
Att'y-Gen., A. M. Crawford......... 3,600
Officers elected for four years. Present term expires January, 1911.

OKLAHOMA

Guthrie

Governor, C. N. Haskell............ $4,500
Lieut.-Gov., George W. Bellamy.... 1,000
Secretary of State, Bill Cross...... 2,500
Treasurer, J. A. Menefee........... 3,000
Auditor, M. E. Trapp............... 2,500
Chief Justice, R. L. Williams....... 4,000
Att'y-Gen., Charles West........... 4,000
Officers elected for three years. Present term expires January, 1911.

PENNSYLVANIA

Harrisburg

Governor, Edwin S. Stuart.........$10,000
Lieut.-Gov., Robert S. Murphy.......5,000
Secretary of State, Robert McAfee 8,000
Treasurer, John O. Sheatz.......... 8,000
Auditor, Robert K. Young (after first Monday of May, 1910)......... 8,000
Chief Justice, James T. Mitchell.... 10,500
Att'y-Gen., M. Hampton Todd...... 12,000
Term of governor and lieutenant-gover-

nor expires January, 1911; term of treasurer. auditor and chief justice, 1910; secretary of state and attorney-general, term pleasure of governor. Terms of office four years.

PHILIPPINE ISLANDS

Manila

Gov.-Gen., W. Cameron Forbes.....$20,000
Sec'y of the In'r, Dean C. Worcester 15,500
Sec'y of Commerce and Police, W. Cameron Forbes 15,500
Sec'y of Public Instruction, Newton W. Gilbert................ 15,500
Sec'y of Finance and Justice, Gregorio Araneta 15,500
Other Commissioners: Frank A. Branagan 7,500
Rafael Palma 7,500
Juan Sumulong 7,500
Jose R. de Luzuriaga.............. 7,500
Appointed by the president.

PORTO RICO

San Juan

Governor, George R. Colton......... $8,000
Secretary, George Cabot Ward...... 4,000
Commissioner of Interior, Laurance H. Grahame 4,000
Commissioner of Education, Edward Grant Dexter............ 4,000
Chief Justice, Jose S. Guinones..... ——
Treasurer, Samuel D. Gromer...... ——
Terms of governor and secretary expire four years after confirmation by senate present session; term of commissioner of interior, December 19, 1909; term of commissioner of education expires January 16, 1912; treasurer, Feb. 19, 1912; chief justice, indefinite term. Appointed by the president.

RHODE ISLAND

Providence

Governor, Aaron J. Pothier........ $3,000
Lieut.-Gov., Zenas W. Bliss......... 500
Sec'y of State, J. Fred Parker...... 4,500
Treasurer, Walter A. Read........ 4,000
Auditor, Charles C. Gray......... 4,000
Chief Justice, Edward C. Dubois.... 6,500
Att'y-Gen., William B. Greenough.. 4,500
Officers elected for one year. Present term expires January, 1911, except state auditor, January 31, 1912, and chief justice, for life.

SOUTH CAROLINA

Columbia

Governor, Martin F. Auset........ $3,000
Lieut.-Gov., T. F. McLeod $8 per day during session of gen. assembly
Sec'y of State, R. M. McCown...... 1,900
Treasurer, R. H. Jennings......... 1,900
Comptroller-General, A. W. Jones.. 1,900
Chief Justice, Ira B. Jones......... 3,000
Attorney-General, J. Fraser Lyon.. 1,900
Officers elected for two years. Present term expires January, 1911.

SOUTH DAKOTA

Pierre

Governor, R. S. Vessey............ $3,000
Lieut.-Gov., H. C. Shober...... $5 per day
Secretary of State, S. C. Polley.... 1,800
Treasurer, George W. Johnson..... 1,800
Auditor, John Hirning............ 1,800
Chief Justice, Dick Haney......... 3,000
Attorney-General, S. W. Clark..... 1,000
Officers elected for two years. Present term expires January, 1911.

TENNESSEE

Nashville

Governor, Malcolm R. Patterson... $4,000
Secretary of State, Hallum W. Goodloe 3,500
Treasurer, Reau E. Folk........... 3,500
Comptroller, Frank Debrell........ 4,000
Chief Justice, W. D. Beard......... 3,500
Att'y-Gen., Charles T. Cates, Jr.... 3,000
Officers elected for two years, except secretary of state, four years, chief justice and attorney-general, eight years. Present term expires January, 1913, except secretary of state, February, 1913, and chief justice and attorney-general, September 1, 1910.

TEXAS

Austin

Governor, T. M. Campbell......... $4,000
Lieut.-Gov., A. B. Davidson $5 during legislature
Secretary of State, W. B. Townsend 2,000
Treasurer, Sam. Sparks............ 2,500
Comptroller, J. W. Stephens...... 2,500
Att'y-Gen., R. V. Davidson........ 4,000
Chief Justice, R. R. Gaines........ 4,000
Officers elected for two years, except chief justice, six years. Present term expires January, 1911, chief justice, January, 1913.

TUTUILA

(Samoa)

Governor, Captain John F. Parker. $3,500
Appointed by the President. No fixed term.

UTAH

Salt Lake City

Governor, William Spry........... $4,000
Sec'y of State, Charles S. Tingey.. 3,000
Treasurer, David Mattson......... 1,500
Auditor, Jesse D. Jewkes.......... 2,000
Chief Justice, Daniel N. Straup.... 5,000
Att'y-Gen., Albert R. Barnes....... 2,000
Officers elected for four years. Present term expires January, 1913.

VERMONT

Montpelier

Governor, George H. Prouty....... $1,500
Lieut.-Gov., John A. Mead.... $6 per day
Secretary of State, Guy W. Bailey 1,700
Treasurer, Edward H. Deavitt..... 1,700
Auditor, Horace F. Graham....... 2,000
Chief Justice, John W. Rowell...... 3,500
Att'y-Gen., John G. Sargeant...... 2,500
Officers elected for two years. Present term expires October, 1910.

VIRGINIA

Richmond

Governor, Claude A. Swanson...... $5,000
Lieut.-Gov., J. Taylor Ellyson. Regular sessions........$720; extra $360
Secretary of Commonwealth, B. O. James 2,800
Treasurer, A. W. Harman, Jr...... 2,000
Auditor of Public Accounts, Morton Marye 4,000
Chief Justice, James Keith........ 4,700
Att'y-Gen., William A. Anderson.. 4,000
Officers elected for four years, except chief justice, elected for 12 years, to February, 1917. Present term expires February, 1910, except auditor of public accounts, March 1, 1912.

WASHINGTON

Olympia

Governor, M. E. Hay.............. $6,000
Lieut.-Gov., vacant................. 1,200
Secretary of State, I. M. Howell.... 3,000
Treasurer, John G. Lewis......... 3,000
Auditor, C. W. Clausen............ 3,000
Attorney-General, W. P. Bell...... 3,000
Chief Justice, Frank H. Rudkin..... 6,000
Officers elected for four years, except chief justice, six years. Present term expires January, 1913; chief justice, January, 1915.

West Virginia

Charleston

Governor, W. E. Glasscock........ $5,000
Secretary of State, Stuart F. Reed 4,000
Treasurer, E. L. Long............. 2,500
Auditor, J. S. Darst.............. 4,500
President Supreme Court of Appeals, Wm. N. Miller................. 4,500
Att'y-Gen., W. G. Conley.......... 4,000

Officers elected for four years. Present term expires March 4, 1913.

Wisconsin

Madison

Governor, James O. Davidson...... $5,000
Lieut.-Gov., John Strange.......... 1,000
Secretary of State, James A. Frear 5,000
Treasurer, Andrew H. Dahl........ 5,000
Supreme Court Justice, John B. Winslow 5,000
Att'y-Gen., Frank L. Gilbert...... 3,000

Officers elected for two years. Present term expires January, 1911, except chief justice, elected for eight years; present term expires January, 1916.

Wyoming

Cheyenne

Governor, Bryant B. Brooks...... $2,500
Sec'y of State, Wm. R. Schnitger. 2,000
Treasurer, Edward Gillette 2,000
Auditor, Leroy Grant............. 2,000
Superintendent Public Instruction, A. D. Cook.................... 2,000
Chief Justice, Supreme Court, Chas. N. Potter, Term expires January, 1911..................... 3,000

Associate Justices, Cyrus Beard, Term expires January, 1913; Richard H. Scott, term expires January, 1915.

Attorney-General, William E. Mullen 3,000

Officers elected for four years, except Justices of Supreme Court, whose terms are for eight years.

Dominion of Canada

Governor-General, Earl Grey.

The Cabinet

Premier, Sir Wilfred Laurier.
Minister of Trade and Commerce, Sir Richard John Cartwright.
Minister of Militia and Defense, Sir Frederick William Borden.
Minister of Agriculture, Sydney Arthur Fisher.
Minister of Finance, William Stevens Fielding.
Minister of Customs, William Paterson.
Minister of Inland Revenue, William Templeman.
Minister of Marine and Fisheries, Louis Philippe Brodeur.
Minister of the Interior, Frank Oliver.
Minister of Justice, Allen Bristol Aylesworth.
Postmaster-General, Rodolphe Lemieux.
Minister of Public Works, William Pugsley.
Minister of Railways and Canals, George Perry Graham.
Secretary of State, Charles Murphy.
Minister of Labor, William L. M. King.
Solicitor-General, Jacques Bureau.

Salary of governor-general, $48,667; of premier, $12,000; of cabinet ministers, $7,000.

Lieutenant-Governors of Provinces

Ontario, John M. Gibson, Toronto.
Quebec, Sir Charles A. P. Pelletier, Quebec.
Nova Scotia, Duncan C. Fraser, Halifax.
New Brunswick, L. J. Tweedie, St. Johns.
Manitoba, D. H. McMillan, Winnipeg.
British Columbia, James Dunsmuir, Victoria.
Prince Edward Island, D. A. McKinnon, Charlottetown.
Alberta, George H. V. Bulyea, Edmontown.
Saskatchewan—A. E. Forget, Regina.
Northwest Territories, A. E. Forget, Regina, Sas.

Appointed by governor-general.

Latin-American Republics

	Presidents
Argentine Republic	Sr Don José Figueroa Alcorta
Bolivia	Dr Eliodoro Villazon
Brasil	Dr Nilo Pecanha
Chile	Don Pedro Montt
Colombia	Gen Ramon Gonzales Valencia
Costa Rica	Cleto Gonzales Viques
Cuba	Gen Jose Miguel Gomes
Dominican Republic	Ramón Cáceres
Ecuador	Gen Eloy Alfaro
Guatemala	Manuel Estrada Cabrera
Haiti	Gen Antoine Simon
Honduras	Gen Miguel R. Dávila
Mexico	Gen Porfirio Dias
Nicaragua	José Madris
Panama	Dr T. Domingo de Obaldía
Paraguay	Dr Emiliano Gonzales Navero
Peru	Dr Augusto B. Leguia
Salvador	Gen Fernando Figueroa
Uruguay	Dr Claudio Williman
Venezuela	Juan Vicente Gomes

Rulers of the Old World

Country	Official Head	Title	Acceded
Abyssinia	Menelik II	Emperor	1889
Belgium	Albert I	King	1909
Bulgaria	Ferdinand	Emperor	1908
China	Hsuan Tung	Emperor	1908
	Pu Chun	Regent	1908
Denmark	Frederick VIII	King	1906
Egypt	Abbas Pacha	Khedive	1892
France	Armand Fallieres	President	1906
Germany	William II	Emperor	1888
Great Britain	Edward VII	King	1901
Greece	George	King	1863
Italy	Victor Emmanuel III	King	1900
Japan	Mutsuhito	Mikado	1867
Korea	Yi Syok	Emperor	1907
Liberia	Arthur Barclay	President	1904
Morocco	Muley Hafid	Sultan	1908
Netherlands	Wilhelmina	Queen	1898
Norway	Haakon VII	King	1905
Persia	Ahmed Mirza	Shah	1909
Portugal	Manuel	King	1908
Roumania	Charles	King	1881
Servia	Peter (Karageorgevitch)	King	1903
Russia	Nicholas II	Emperor	1894
Siam	Khoulalonkorn	King	1886
Spain	Alfonso XIII	King	1886
Sweden	Gustav V	King	1827
Switzerland	Edouard Muller	President	1906
Turkey	Mehmed V	Sultan	1909
Zanzibar	Seyyid Ali	Sultan	1902

The hog has to stand for a good many comparisons he does not deserve.

The man who thinks it first is not so great as the man who does it first.

Train up a servant in the way she should go, and the first thing you know she's gone.

A bird in the hand is worth two in the breakfast eggs.

No life is fruitful without frost.

Agricultural Colleges

LOCATIONS AND PRESIDENTS

Alabama—Alabama Polytechnic institute, Charles C. Thach. Agricultural and Mechanical college for negroes, Normal, Walter S. Buchanan. Tuskegee Normal and Industrial institution for negroes, Tuskegee, B. T. Washington.

Arizona—University of Arizona, Tucson, Kendric C. Babcock.

Arkansas—University of Arkansas, Fayetteville, John N. Tillman.

California—University of California, Berkeley, Benjamin I. Wheeler.

Colorado—State agricultural college of Colorado, Fort Collins, Charles Lory.

Connecticut—C. L. Beach, Connecticut agricultural college, Storrs, Ct.

Delaware—Delaware college, Newark, G. A. Harter. State College for Colored Students, W. C. Jason, Dover.

Florida—University of Florida, A. A. Murphree, LL.D., Gainesville. Florida agricultural and mechanical college, Tallahassee, Nathan B. Young.

Georgia—Georgia state college of agriculture and the mechanic arts, Athens, Andrew M. Soule. Georgia state industrial college, R. R. Wright, Savannah.

Idaho—University of Idaho, Moscow, James A. MacLean.

Illinois—University of Illinois, Urbana, Edmund J. James.

Indiana—Purdue university, Lafayette, Winthrop E. Stone.

Iowa—Iowa State college of agriculture and mechanic arts, Ames, Albert B. Storms.

Kansas—Kansas state agricultural college, Manhattan, H. J. Waters.

Kentucky—State University of Kentucky, Lexington, James K. Patterson. The Kentucky normal and industrial institute for colored persons, Frankfort, John H. Jackson.

Louisiana—Louisiana State university and agricultural and mechanical college, Baton Rouge, Thomas D. Boyd. Southern university and agricultural and mechanical college, New Orleans, H. A. Hill.

Maine—The university of Maine, Orono, G. E. Fellows.

Maryland—Maryland agricultural college, College Park, R. W. Silvester. Princess Anne Academy, eastern branch, of Maryland agricultural college, Princess Anne, Frank Trigg.

Massachusetts—Massachusetts agricultural college, Amherst, K. L. Butterfield.

Mississippi—Mississippi agricultural and mechanical college, Agricultural College, J. C. Hardy. Alcorn agricultural and mechanical college, Alcorn, L. J. Rowan.

Missouri—University of Missouri, Columbia, Albert Ross Hill. Lincoln institute, Jefferson City, B. F. Allen.

Montana—Montana college of agriculture and mechanic arts, Bozeman, J. M. Hamilton.

United States Diplomatic Representatives

(1) Ambassador extraordinary and plenipotentiary.
(2) Envoy extraordinary and minister plenipotentiary.
(3) Minister resident and consul general.

Country	Name		From	Salary
Abyssinia	Hoffman Philip	(3)	N Y	$ 3,500
Argentine Republic	Charles H. Sherrill	(2)	N Y	12,000
Austria-Hungary	Richard C. Kerens	(1)	Mo	17,500
Belgium	Charles Page Bryan	(2)	Ill	12,000
Bolivia	James F. Stuteaman	(2)	Ind	10,000
Brazil	Irving B. Dudley	(1)	Cal	17,500
Bulgaria	John R. Carter	(Dip Agt)	Md	10,000
Chile	Henry P. Fletcher	(2)	Pa	12,000
China	William J. Calhoun	(2)	Ill	12,000
Colombia	Elliott Northcott	(2)	W Va	10,000
Costa Rica	William L. Merry	(2)	Cal	10,000
Cuba	John B. Jackson	(2)	N J	12,000
Denmark	Maurice F. Egan	(2)	D C	10,000
Dominican Republic	Horace G. Knowles	(3)	Del	10,000
Ecuador	William C. Fox	(2)	N J	10,000
France	Robert Bacon	(1)	N Y	17,500
German Empire	David J. Hill	(1)	N Y	17,500
Great Britain	Whitelaw Reid	(1)	N Y	17,500
Greece	George H. Moses	(2)	N H	10,000
Guatemala	William F. Sands	(2)	D C	10,000
Haiti	Henry W. Furniss	(2)	Ind	10,000
Honduras	Fenton R. McCreery	(2)	Mich	10,000
Italy	John G. A. Leishman	(1)	Pa	17,500
Japan	Thomas J. O'Brien	(1)	Mich	17,500
Liberia	Ernest Lyon	(3)	Md	5,000
Luxembourg	Arthur M. Beaupre	(2)	Ill	12,000
Mexico	Henry Lane Wilson	(1)	Wash	17,500
Montenegro	George H. Moses	(2)	N H	10,000
Morocco	H. Percival Dodge	(2)	Mass	10,000
Netherlands	Arthur M. Beaupre	(2)	Ill	12,000
Nicaragua	Horace G. Knowles	(2)	Del	10,000
Norway	Herbert H. D. Pierce	(2)	Mass	10,000
Panama	R. S. Reynolds Hitt	(2)	Ill	10,000
Paraguay	Edwin V. Morgan	(2)	N Y	10,000
Persia	Charles W. Russell	(2)	D C	10,000
Peru	Leslie Combs	(2)	Ky	10,000
Portugal	Henry T. Gage	(2)	Cal	10,000
Roumania	John R. Carter	(2)	Md	10,000
Russia	Wm. Woodville Rockhill	(1)	D C	17,500
Salvador	William Heimke	(2)	Kan	10,000
Servia	John R. Carter	(2)	Md	10,000
Siam	Hamilton King	(2)	Mich	10,000
Spain	Henry Clay Ide	(2)	Vt	12,000
Sweden	Charles H. Graves	(2)	Minn	10,000
Switzerland	Laurits S. Swenson	(2)	Minn	10,000
Turkey	Oscar S. Straus	(1)	N Y	17,500
Egypt	Lewis M. Iddings	(3)	N Y	6,500
Uruguay	Edward C. O'Brien	(2)	N Y	10,000
Venezuela	William W. Russell	(2)	D C	10,000

Nebraska—University of Nebraska, Lincoln, Samuel Avery.

Nevada—University of Nevada, Reno, Joseph E. Stubbs.

New Hampshire—The New Hampshire college of agriculture and the mechanic arts, Agricultural college, W. D. Gibbs.

New Jersey—Rutgers Scientific school, New Jersey state college for the benefit of agriculture and mechanic arts, New Brunswick, W. H. S. Demarest.

New Mexico—New Mexico college of agriculture and mechanic arts, Agricultural College, W. E. Garrison.

New York—Cornell University, Ithaca, Jacob Gould Schurman.

North Carolina—North Carolina college of agricultural and mechanic arts, West Raleigh, Daniel H. Hill. The agricultural and mechanical college for the colored race, Greensboro, James B. Dudley.

North Dakota—North Dakota agricultural college, Agricultural College, J. H. Worst.

Ohio—Ohio State university, Columbus, William O. Thompson.

Oklahoma—Oklahoma agricultural and mechanical college, Stillwater; J. H. Connell. Agricultural and normal university, I. E. Page, Langston.

Oregon—Oregon state agricultural college, Corvallis, William J. Kerr.

Pennsylvania—The Pennsylvania state college, State College, Edwin E. Sparks.

Rhode Island—Rhode Island college of agriculture and mechanic arts, Kingston, Howard Edwards.

South Carolina—Clemson agricultural college of South Carolina, Clemson College, P. H. Mell. The colored normal, industrial, agricultural and mechanical college of South Carolina, Orangeburg, Thos. E. Miller.

South Dakota—South Dakota agricultural college, Brookings, Robert L. Slagle.

Tennessee—University of Tennessee, Knoxville, Brown Ayres.

Texas—Agricultural and mechanical college of Texas, College Station, R. T. Milner. Prairie View state normal and industrial college, E. L. Blackshear.

Utah—Agricultural college of Utah, Logan, John A. Widtsoe.

Vermont—University of Vermont and State agricultural college, Burlington, M. H. Buckham.

Virginia—Virginia Polytechnic institute, Blacksburg, Paul B. Barringer.

Wisconsin—University of Wisconsin, Madison, Charles R. Van Hise.

West Virginia—West Virginia University, D. B. Purinton, Morgantown, West Virginia. Colored institute, Byrd Prillerman, Institute.

Agricultural Experiment Stations

Locations and Directors

Alabama (College), Auburn, J. F. Duggar.

Alabama (Canebrake), Uniontown, F. D. Stevens.

Alabama (Tuskegee), Tuskegee Institute, Geo. W. Carver.

Alaska, Sitka, Charles C. Georgeson.

Arizona, Tucson, R. H. Forbes.

Arkansas, Fayetteville, W. G. Vincenheller.

California, Berkeley, E. J. Wickson.

Colorado, Fort Collins, L. G. Carpenter.

Connecticut (State), New Haven, E. H. Jenkins.

Connecticut (Storrs), Storrs, L. A. Clinton.

Delaware, Newark, Harry Hayward.

Florida, Gainesville, P. H. Rolfs.

Georgia, Experiment, M. V. Calvin.

Hawaii, Honolulu, E. V. Wilcox.

Idaho, Moscow, Hiram T. French.

Illinois, Urbana, E. Davenport.

Indiana, Lafayette, Arthur Goss.

Iowa, Ames, Charles F. Curtiss.

Kansas, Manhattan, H. J. Waters.

Kentucky, Lexington, M. S. Scovell.

Diplomatic Representatives to United States

Country	Name	Rank
Argentine Republic	Senor Don Epifanio Portela	(2)
Austria-Hungary	Baron Hengelmuller Von Hengervar	(1)
Belgium	Count de Buisseret Steenbecque de Blarenghien	(2)
Bolivia	Senor Don Ignacio Calderon	(2)
Brazil	Mr Joaquim Nabuco	(1)
Chile	Senor Don Anibal Cruz	(2)
China	Dr Wu Ting-fang	(2)
Colombia	Senor Don Enrique Cortes	(2)
Costa Rica	Senor Don Joaquin Bernardo Calvo	(2)
Cuba	Senor Don R. Esequiel Rojas	(2)
Denmark	Count Moltke	(2)
Dominican Republic	Senor Don Emilio C. Joubert	(3)
Ecuador	Senor Don Luis Felipe Carbo	(2)
France	Mr J. J. Jusserand	(1)
German Empire	Count J. H. von Bernstorff	(1)
Great Britain	Right Honorable James Bryce	(1)
Greece	Mr L. A. Coromilas	(3)
Guatemala	Senor Dr. Don Luis Toledo Herrarte	(2)
Haiti	Mr H. Pauleus Samon	(2)
Honduras	Dr Luis Laso A.	(2)
Italy	Baron Edmondo Mayor des Planches	(1)
Japan	Baron Kogoro Takahira	(1)
Mexico	Senor Don Francisco Leon de la Barra	(1)
Netherlands	Jonkheer J. Loudon	(2)
Nicaragua	———————	(2)
Norway	Mr O. Gude	(2)
Panama	Mr C. C. Arosemena	(2)
Persia	General Morteza Khan	(2)
Peru	Mr Felipe Pardo	(2)
Portugal	Viscount de Alte	(2)
Russia	Baron Rosen	(1)
Salvador	Senor Don Federico Mejia	(2)
Siam	Phya Akharaj Varadhara	(2)
Spain	The Marquis of Villalobar	(2)
Sweden	Mr Herman de Lagercrantz	(2)
Switzerland	Dr Paul Ritter	(2)
Turkey	Hussein Kiazim Bey	(3)
Uruguay	Dr Luis Melian Lafinur	(2)

Louisiana (Sugar), Baton Rouge, W. R. Dodson.
Louisiana (State), Baton Rouge, W. R. Dodson.
Louisiana (North), Baton Rouge, W. R. Dodson.
Maine, Orono, C. D. Woods.
Maryland, College Park, H. J. Patterson.
Massachusetts, Amherst, W. P. Brooks.
Michigan, Agricultural College, R. S. Shaw.
Minnesota, St. Anthony Park, St. Paul, E. W. Randall.
Mississippi, Agricultural College, W. L. Hutchinson.
Missouri (College), Columbia, F. B. Mumford.
Missouri (Fruit), Mountain Grove, Paul Evans.
Montana, Bozeman, F. B. Linfield.
Nebraska, Lincoln, E. A. Burnett.
Nevada, Reno, J. E. Stubbs.
New Hampshire, Durham, E. D. Sanderson.
New Jersey (State College), New Brunswick, E. B. Voorhees.
New York (State), Geneva, W. H. Jordan.
New York (Cornell), Ithaca, L. H. Bailey.
North Carolina, Raleigh, C. B. Williams.
North Dakota, Agricultural College, J. H. Worst.
Ohio, Wooster, Charles E. Thorne.
Oklahoma, Stillwater, B. C. Pittuck.
Oregon, Corvallis, James Withycombe.
Pennsylvania (State), State College, Thomas F. Hunt.
Porto Rico, Mayaguez, David W. May.
Rhode Island, Kingston, H. J. Wheeler.
South Carolina, Clemson College, J. N. Harper.
South Dakota, Brookings, J. W. Wilson.
Tennessee, Knoxville, H. A. Morgan.
Texas, College Station, H. H. Harrington.
Utah, Logan, E. D. Ball.
Vermont, Burlington, J. L. Hills.
Washington, Pullman, R. W. Thatcher.
West Virginia, Morgantown, J. H. Stewart.
Wisconsin, Madison, Harry L. Russell.
Wyoming, Laramie, J. D. Towar.

In Charge of Farmers' Institutes

Farmers' Institute Specialist, Department of Agriculture, John Hamilton, Washington, D. C.

Alabama—C. A. Cary, Alabama Polytechnic institute, Auburn, director agricultural experiment station. G. W. Carver, director agricultural experiment station, Tuskegee institute.
Arizona—R. W. Clothier, superintendent farmers' institute, Tucson.
Arkansas—G. A. Cole, Fayetteville agricultural experiment station.
California—Warren T. Clarke, director farmers' institute, Berkeley.
Colorado—H. M. Cottrell, Fort Collins, superintendent farmers' institute.
Connecticut—J. F. Brown, secretary state board of agriculture, No. Stonington; J. G. Schwink, secretary Connecticut dairymen's association, Meriden; H. C. C. Miles, secretary Connecticut Pomological society, Milford.
Delaware—Wesley Webb, director farmers' institute, Dover.
Georgia—Andrew M. Soule, director farmers' institute, Atlanta.
Hawaii—William Weinrich, director farmers' institute, Honolulu.
Idaho—H. T. French, director agricultural experiment station, Moscow.
Illinois—H. A. McKeene, secretary of farmers' institute, Springfield.
Indiana—W. C. Latta, superintendent farmers' institute, Lafayette.
Iowa—J. C. Simpson, secretary state board of agriculture, Des Moines.
Kansas—J. H. Miller, director farmers' institute, Manhattan.
Kentucky—M. C. Rankin, in charge farmers' institute, Frankfort.
Louisiana—W. R. Dodson, commissioner of agriculture, Baton Rouge.
Maine—A. W. Gilman, commissioner of agriculture, Augusta.
Maryland—William L. Amoss, director farmers' institutes, College Park.
Massachusetts—J. L. Ellsworth, secretary state board of agriculture, Boston.
Michigan—L. R. Taft, director farmers' institute, Detroit, Mich.
Minnesota—A. D. Wilson, superintendent farmers' institute, St. Anthony Park.
Mississippi—E. R. Lloyd, Agricultural college, director farmers' institute.
Missouri—George B. Ellis, secretary state board of agriculture, Columbia.
Montana—F. S. Cooley, director farmers' institute, Bozeman.
Nebraska—Val Keyser, superintendent farmers' institute, Lincoln.
Nevada—Joseph E. Stubbs, president Nevada state university, Reno.
New Hampshire—N. J. Bachelder, secretary state board of agriculture, Concord.
New Jersey—Franklin Dye, secretary state board of agriculture, Trenton.
New York—R. A. Pearson, commissioner of agriculture, Albany.
North Carolina—Tait Butler, director farmers' institutes, Raleigh.
North Dakota—T. A. Hoverstad, superintendent farmers' institute, Agricultural college.
Ohio—A. P. Sandles, secretary state board of agriculture, Columbus.
Oklahoma—J. P. Connors, in charge of farmers' institute, Guthrie.
Oregon—James Withycombe, agricultural experiment station, Corvallis.
Pennsylvania—A. L. Martin, director farmers' institute, Harrisburg.
Porto Rico—D. W. May, director farmers' institute, Mayaguez.
Rhode Island—John J. Dunn, secretary state board of agriculture, Providence.
South Carolina—D. N. Barron, director farmers' institute, Clemson college.
South Dakota—A. E. Chamberlain, superintendent farmers' institute, Brookings.
Tennessee—John Thompson, commissioner of agriculture, Nashville.
Utah—Lewis A. Merrill, in charge farmers' institute, Logan.
Vermont—O. L. Martin, Plainfield.
Virginia—George W. Koiner, in charge of farmers' institute, Blacksburg.
Washington—R. W. Thatcher, in charge farmers' institute, Pullman.
West Virginia—J. B. Garvin, superintendent farmers' institute, Charleston.
Wisconsin—George McKerrow, superintendent farmers' institute, Madison.
Wyoming—J. D. Towar, director agricultural experiment station, Laramie.

Secretaries of State Boards of Agriculture

California—J. A. Filcher, Sacramento.
Colorado—L. M. Taylor, Fort Collins.
Connecticut—I. C. Fanton, Westport.
Delaware—Wesley Webb, Camden.
Illinois—J. K. Dickirson, Springfield.
Indiana—Charles Downing, Indianapolis.
Iowa—J. C. Simpson, Des Moines.
Kansas—F. D. Coburn, Topeka.
Maryland—H. J. Patterson, College Park.
Massachusetts—J. L. Ellsworth, Boston.
Michigan—Addison M. Brown, Agricultural college.

Minnesota—C. N. Cosgrove, St. Paul, secretary state agricultural society.
Missouri—George B. Ellis, Columbia.
Nebraska—W. R. Mellor, Lincoln.
Nevada—W. D. Phillips, Reno.
New Hampshire—N. J. Bachelder, Concord.
New Jersey—Franklin Dye, Trenton.
New Mexico—Nathan Jaffa, Santa Fe.
North Carolina—Elias Carr, Raleigh.
Ohio—A. P. Sandles, Columbus.
Oklahoma—Charles F. Barrett, Guthrie.
Oregon—Frank Welch, Salem.
Pennsylvania—N. B. Critchfield, Harrisburg.
Rhode Island—John J. Dunn, Providence.
South Dakota—C. N. McIlvaine, Huron.
Vermont—F. L. Davis, White River Junction.
Washington—Sam H. Nichols, Olympia.
West Virginia—John Millan, Charleston.
Wisconsin—John M. True, Madison.
Wyoming—Clarence T. Johnson, Cheyenne. (State engineer.)

State Commissioners of Agriculture

Alabama—J. A. Wilkinson, Montgomery.
Arkansas—Guy B. Tucker, Little Rock.
Florida—B. E. McLin, Tallahassee.
Georgia—T. G. Hudson, Atlanta.
Hawaii—Marston Campbell, Honolulu.
Idaho—Joseph P. Fallon, Boise.
Kentucky—M. C. Rankin, Frankfort.
Louisiana — Charles Schuler, Baton Rouge.
Maine—A. W. Gilman, Augusta.
Montana—J. A. Ferguson, Helena.
New York—Raymond A. Pearson, Albany.
North Carolina—W. A. Graham, Raleigh.
North Dakota—W. C. Gilbreath, Bismarck.
Philippine Islands—G. E. Nesom, director of agriculture, Manila.
Porto Rico—Lawrence K. Grahame, commissioner of the interior, San Juan.
Tennessee—John Thompson, Nashville.
Texas—Ed. R. Kone, Austin.
Virginia—G. W. Koiner, Richmond.
Washington—Sam H. Nichols, secretary of state, Olympia.

Sanitary Officers in Charge of Live Stock

Alabama—C. A. Cary, Auburn, veterinarian.
Arizona—J. C. Norton, Phoenix, veterinarian; secretary, J. C. Norton, Phoenix.
Arkansas—Wilfred Lenton, Fayetteville, veterinarian.
California—Charles Keane, Sacramento, veterinarian.
Colorado—Charles G. Lamb, Denver, veterinarian; secretary, E. McCrillis, Capitol building, Denver.
Connecticut—Heman O. Averill, commissioner for domestic animals, Hartford.
Delaware—A. E. Frantz, secretary state board of health, Wilmington.
Florida—Joseph Y. Porter, Jacksonville, state health officer.
Georgia—C. L. Willoughby, commissioner of agriculture, Atlanta.
Idaho—G. E. Noble, Boise, veterinarian; W. H. Philbrick, American Falls, secretary.
Illinois—W. E. Savage, secretary; Springfield; Dr. J. M. Wright, 1827 Wabash Ave., Chicago, Ill., veterinarian.
Indiana—A. W. Bitting, LaFayette, veterinarian.
Iowa—Paul O. Koto, Des Moines, veterinarian.
Kansas—J. B. Baker, live stock sanitary commission, Topeka.
Kentucky—F. T. Eisenman, Louisville, veterinarian.
Maine—F. O. Beal, Bangor, veterinarian.
Maryland—F. H. Mackie, Baltimore, veterinarian.
Massachusetts—Austin Peters, Boston, veterinarian.
Michigan—William Morris, Cass City, Mich., veterinarian; Comfort A. Tyler, 310 E. Chicago St., Coldwater, Mich., secretary.
Minnesota—S. H. Ward, St. Paul, veterinarian.
Mississippi—J. C. Roberts, professor of veterinary science, Agricultural college.
Missouri—D. F. Luckey, Columbia veterinarian; George B. Ellis, Columbia, secretary.
Montana—William Treacy, Helena, president; M. E. Knowles, Helena, secretary and veterinarian.
Nebraska—Charles A. McKim, Lincoln, veterinarian.
Nevada—Isaac O'Rourke, Carson City, veterinarian.
New Hampshire—Irving A. Watson, Concord, veterinarian; N. J. Bachelder, Concord, secretary.
New Jersey—T. Earle Budd, New Brunswick, veterinarian.
New Mexico—E. Godwin Austen, East Las Vegas, secretary.
New York—William H. Kelly, veterinarian, Albany.
North Carolina—Tait Butler, Raleigh, veterinarian.
North Dakota—W. F. Crewe, Devil's Lake, veterinarian.
Ohio—Paul Fischer, Columbus, veterinarian; T. L. Calvert, Columbus, secretary.
Oklahoma—G. T. Bryan, superintendent live stock inspection, Guthrie.
Oregon—William H. Lytle, Pendleton, state sheep inspector.
Pennsylvania—Leonard Pearson, Philadelphia, veterinarian.
Philippine Islands—Frank C. Georhart, acting chief veterinarian, Manila.
Rhode Island—John S. Pollard, Providence, veterinarian.
South Carolina—M. Ray Powers, Clemson college, veterinarian.
South Dakota—T. H. Hicks, Pierre, veterinarian.
Tennessee—Col. J. H. McDowell, Nashville, veterinarian.
Texas—J. H. Wilson, Quanah, chairman of board in charge of live stock.
Utah—T. B. Beatty, Salt Lake City, secretary.
Vermont—H. S. Wilson, Arlington.
Virginia—J. G. Ferneybough, veterinarian, secretary, F. L. Davis, White River Junction.
Washington—S. B. Nelson, Pullman, veterinarian.
West Virginia—J. B. Garvin, secretary of agriculture, Charleston.
Wisconsin—David Roberts, Waukesha, veterinarian.
Wyoming—William F. Pflaeging, Cheyenne, veterinarian; George S. Walker, Cheyenne, secretary sheep commission.

State Food Officers

California—William F. Snow, state board of health, Sacramento.
Colorado—A. H. Davis, state board of health, Denver; Wilber F. Cannon, Denver; Dr. Hugh L. Taylor, secretary state board of health, Denver.
Connecticut—H. F. Potter, state dairy and food commissioner, New Haven.
Delaware—Oscar C. Draper, state board of health, Wilmington.
District of Columbia—William C. Woodward, health department, Washington.
Florida—B. E. McLin, commissioner of agriculture, Tallahassee.

Georgia—Thomas G. Hudson, commissioner of agriculture, Atlanta.

Hawaii—Robert A. Duncan, 1737 Makiki St., Honolulu.

Idaho—James H. Wallis, Boise.

Illinois—Alfred H. Jones, food and dairy commission, Robinson.

Indiana—Harry E. Barnard, food and drug commissioner, Indianapolis.

Iowa—H. R. Wright, food and dairy commission, Des Moines.

Kansas—S. J. Crumbine, chief food and drug inspector, secretary, Topeka.

Kentucky—M. A. Scovell, agricultural experiment station, Lexington.

Louisiana—Harvey Dillon, state board of health, New Orleans.

Maine—Charles D. Woods, agricultural experiment station, Orono.

Massachusetts—C. D. Richardson, West Brookfield.

Michigan—Arthur C. Bird, dairy and food department, Lansing.

Minnesota—E. K. Slater, dairy and food commission, St. Paul.

Missouri—William P. Cutler, dairy and food commissioner, Columbia.

Nebraska—J. W. Johnson, food, dairy and drug commission, Lincoln.

New Hampshire—Irving A. Watson, state board of health, Concord.

New Jersey—R. B. Fitz, chief division of dairies and creameries, Randolph; Bruce S. Keaton, state board of health, Trenton.

New York—Raymond A. Pearson, commissioner of agriculture, Albany; Eugene H. Porter, commissioner of health, Albany.

North Carolina—W. A. Graham, commissioner of agriculture, Raleigh; W. M. Allen, food chemist, Raleigh.

North Dakota—E. F. Ladd, agricultural experiment station, agricultural college.

Ohio—Renick W. Dunlap, dairy and food commission, Columbus.

Oklahoma—J. C. Mahr, Shawnee.

Oregon—Robert C. Yenney, state health officer, Portland; J. W. Bailey, dairy and food commissioner, Portland.

Pennsylvania—Dairy and food commissioner, James Foust, Harrisburg.

Porto Rico—R. M. Hernadaz, bureau of health, San Juan.

South Carolina—Robert Wilson, Jr., state board of health, Charleston.

South Dakota—Alfred N. Cook, Vermillion, food and dairy commissioner, Brookings.

Tennessee—L. P. Brown, food official and drug inspector, Nashville.

Texas—J. S. Abbott, dairy and food commissioner, Denton.

Utah—Dairy and food commissioner, John Peterson, Salt Lake City.

Vermont—Henry D. Holton, state board of health, Brattleboro.

Virginia—W. D. Saunders, dairy and food commissioner, Richmond.

Washington—L. Davies, dairy and food commission, Davenport.

Wisconsin—J. Q. Emery, dairy and food commission, Madison.

Wyoming—E. W. Burke, dairy, food and oil commission, Cheyenne.

Canada — William Templeman, department of internal revenue, Ottawa.

State Dairy Officers

California—Secretary and chemist of state dairy bureau, William H. Saylor, 16 California St., San Francisco.

Colorado—State dairy commissioner, B. G. D. Bishopp, Denver.

Connecticut—State dairy commissioner, Hubert F. Potter, 54 State capitol, Hartford; deputy dairy commissioner, Tyler Cruttenden, Hartford.

Idaho—State dairy, food and oil commissioner, James H. Wallis, Boise.

Illinois—State dairy and food commissioner, Alfred H. Jones, Robinson.

Indiana—State food and drug commissioner, H. A. Barnard, Indianapolis.

Iowa—State food and dairy commissioner, H. R. Wright, Des Moines.

Kentucky—The state pure food law is enforced by the experiment station and is particularly enforced with regard to milk and dairy products. Head of food division, R. M. Allen, Kentucky agricultural experiment station.

Kansas—State dairy commissioner, D. M. Wilson, Topeka.

Massachusetts—Executive officer of the dairy bureau, the secretary of the state board of agriculture. General agent, state dairy bureau, P. M. Harwood, room 136, State House, Boston.

Michigan—Deputy dairy and food commissioner, Colon C. Lillie, Lansing.

Minnesota—Dairy and food commissioner, Edward K. Slater, St. Paul.

Missouri—State dairy and food commissioner, M. H. Lamb, Columbia.

Nebraska—Food commissioner, the governor of the state. Deputy commissioner, J. W. Johnson, Lincoln.

New Jersey—Chief division of dairies and creameries, George W. McGuire, Trenton.

New York—Commissioner of agriculture (including dairy), Raymond A. Pearson, Albany.

North Dakota—Commissioner of agriculture and labor, ex-officio state dairy commissioner, W. C. Gilbreath, Bismarck, R. F. Flint, dairy commissioner.

Ohio—State dairy and food commissioner, Renick W. Dunlap, Columbus.

Oregon—Dairy and food commissioner, J. W. Bailey, Portland.

Pennsylvania—Dairy and food commissioner, James Foust, Harrisburg.

South Dakota—Food and dairy commissioner, A. P. Ryger, Brookings.

Utah—Dairy and food commissioner, John Peterson, Salt Lake City.

Virginia—State food and dairy commissioner, W. D. Saunders, Richmond.

Washington—Dairy and food commissioner, L. Davies, Davenport.

Wisconsin—State dairy and food commissioner, J. Q. Emery, Madison.

Wyoming—Dairy, food and oil commission, Ed. W. Burke, Cheyenne.

Dairy Associations

Secretaries

Association of Inspectors and Instructors of the National and State Dairy and Food Departments—B. D. White, Department of agriculture, Washington, D. C.

Association of State and National Food and Dairy Departments—R. M. Allen, Washington, D. C.

American Association of Medical Milk Commissions—Otto P. Geier, 124 Garfield Pl., Cincinnati, O.

Boston Co-operative Milk Producers' Association—W. A. Hunter, 9 Woodland St., Worcester, Mass.

California Creamery Operators' Association—J. H. Severin, 1277 Sansal St., Oakland, Cal.

Chicago Milk Shippers' Union—H. B. Farmer, Chicago, Ill.

Connecticut Dairymen's Association—J. G. Schwink, Jr., Meriden.

Colorado State Dairymen's Association—B. G. D. Bishopp, Denver.

Co-operative Dairies Association—Chas. A. Morse, Sank Center, Minn.

Delaware Valley Co-operative Creamery—James R. Dart, Roxbury, N. Y.

Dairy Instructors' Association—C. B. Lane, 1118 Jefferson St., Philadelphia, Pa.

Eastern Minnesota Dairymen's Association—E. O. Blomquist, Center City, Pa.

Eastern Iowa Buttermakers' Association—L. S. Edwards, Arlington.

Five States Creamery Association—William Junt, Great Bend, Pa.

Five States Milk Producers' Association—H. T. Coon, Homer, N. Y.

Georgia Dairymen's Association—G. F. Hunnicutt, Atlanta.

Georgia Dairy and Live Stock Association—C. L. Willoughby, Experiment.

Grand Traverse Dairymen's Association—James Harris, Traverse City, Mich.

Idaho State Dairy Association—J. H. Frairdson, Moscow.

Illinois Buttermakers' Association—George Caven, 154 Lake St., Chicago.

Illinois State Milk Producers' Institute—J. M. McVean, 184 LaSalle St., Chicago.

Indiana State Dairy Association—H. J. Fidler, Purdue university, Lafayette, Ind.

International Association of Milk Dealers—B. D. White, United States department of agriculture, Washington, D. C.

International Federation of Dairying—Edward H. Webster, chairman American committee, United States department of agriculture, Washington, D. C.

Iowa State Dairy Association—W. B. Johnson, 1337 E. 9th St., Des Moines, Ia.

Iowa Buttermakers' Association—W. B. Johnson, Des Moines.

Kansas State Dairy Association—I. D. Graham, Topeka.

Kentucky Dairy Cattle Club—J. J. Hooper, State college, Lexington.

Lamoille Valley Creamery Association—D. E. Goodrich, E. Hardwick, Vt.

Maine Dairymen's Association—Leon S. Merrill, Solon.

Massachusetts Creamery Association—A. M. Lyman, Montague.

Milk Producers' Association of W. Pennsylvania and E. Ohio—J. C. Oliver, West Newton, Pa.

Milk Producers' Association of Western New York—William E. Dana, Avon.

Michigan Dairymen's Association—S. J. Wilson, Flint.

Minnesota State Dairymen's Association—F. D. Currier, Nicollet.

Minnesota State Butter and Cheesemakers' Association—Edwin Hed, Nicollet.

Missouri State Dairy Association—Frank L. Austin, Columbia.

National Dairy Show—E. Sudendorf, Clinton.

National Creamery Buttermakers' Association—S. B. Shilling, 154 Lake St., Chicago, Ill.

National Dairy Union — Charles Y. Knight, 154 Lake St., Chicago, Ill.

Nebraska Dairymen's Association—S. C. Bassett, Gibbon.

New Hampshire Granite State Dairymen's Association, C. W. Phillips, Leavitts Hill, N. H.

New York State Dairymen's Association—Thomas E. Tiquin, Sherburne.

North Carolina Dairy and Live Stock Association—J. A. Canver, Raleigh.

North Ohio Milk Producers' Association—P. W. Doyle, Twinsburg.

North Dakota Dairymen's Association—R. F. Flint, Fargo.

Official Dairy Instructors' Association—C. B. Lane, Washington, D. C.

Ohio Dairymen's Association—Oscar Erf, Columbus.

Oklahoma Dairymen's Association—Roy C. Potts, Stillwater.

Oregon Dairymen's Association—W. L. Crissey, Portland.

Pennsylvania Creamery Association—George R. Meloney, 4809 Springfield Ave., West Philadelphia, Pa.

Pennsylvania Dairy Union—H. E. Van Norman, State College.

Red River Valley Dairymen's Association—O. A. Starvick, Crookston, Minn.

Southern Indiana Dairy and Co-operative Creamery Association—H. A. Reynolds, Crothersville.

State Dairymen's Association of Montana—W. J. Elliott, Bozeman.

State Dairy Bureau—F. W. Andreasen, San Francisco, Cal.

Southern Wisconsin Cheesemakers' and Dairymen's Association—Henry Elmer, Monroe, Wis.

Vermont Dairymen's Association—F. L. Davis, White River Junction.

Washington State Dairymen's Association—Ira P. Whitney, Pullman.

West Virginia State Dairymen's Association—W. K. Brainerd, Morgantown.

Wisconsin Buttermakers' Association—J. G. Moore, Madison.

Wisconsin Cheesemakers' Association—U. S. Baer, Madison.

Wisconsin Dairymen's Association—A. J. Glover, Ft. Atkinson.

Stock Breeders' Associations

Secretaries—Horses

American Trotter; American Trotting Register Association, William H. Knight, 365 Dearborn St., Chicago, Ill.

Belgian Draft; American Association of Importers and Breeders of Belgian Draft Horses, J. D. Conner, Jr., Wabash, Ind.

Cleveland Bay; Cleveland Bay Society of America, R. P. Stericker, 80 Chestnut Ave., West Orange, N. J.

Clydesdale; American Clydesdale Association, R. B. Ogilvie, Union Stock Yards, Chicago, Ill.

French Coach; French Coach Horse Society of America, Duncan E. Willett, Maple Ave. and Harrison St., Oak Park, Ill.

French Coach; French Coach Horse Registry Company, Charles C. Glenn, 1319 Wesley Ave., Columbus, O.

French Draft; National French Draft Horse Association of America, C. E. Stubbs, Fairfield, Ia.

German Coach; German, Hanoverian and Oldenburg Coach Horse Association of America, J. Crouch, Lafayette, Ind.

Hackney; American Hackney Horse Society, Gurney C. Gue, 308 W. 97th St., New York.

Morgan; American Morgan Register Association, Thomas E. Boyce, Middlebury, Vt.

Oldenburg; Oldenburg Coach Horse Association of America, J. Crouch, Lafayette, Ind.

Percheron; Percheron Society of America, George W. Stubblefield, Union Stock Yards, Chicago, Ill.

Percheron; The Percheron Registry Company, Charles C. Glenn, 1319 Wesley Ave., Columbus, O.

Percheron; The American Breeders' and Importers' Percheron Registry Company, Jno. A. Forney, Plainfield, O.

Saddle Horse; American Saddle Horse Breeders' Association, I. B. Nall, Louisville, Ky.

Shetland Pony; American Shetland Pony Club, Mortimer Levering, Lafayette, Ind.

Shire; American Shire Horse Association, Charles Burgess, Wenona, Ill.

Suffolk; American Suffolk Horse Association, Alex. Galbraith, Janesville, Wis.

Thoroughbred; The Jockey Club, W. H. Rowe, Registrar, 571 5th Ave., New York.

Welsh Pony and Cob; The Welsh Pony and Cob Society of America, John Alexander, Aurora, Ill.

Mules

Jacks and Jennets; American Breeders' Association of Jacks and Jennets, J. W. Jones, secretary, Columbia, Tenn.

Cattle

Aberdeen Angus; American Aberdeen Angus Breeders' Association, Charles Gray, Union Stock Yards, Chicago, Ill.
Ayrshire; Ayrshire Breeders' Association, C. M. Winslow, Brandon, Vt.
Brown Swiss (Schwytz); Brown Swiss Cattle Breeders' Association, C. D. Nixon, Owego, N Y.
Devon; American Devon Cattle Club, L. P. Sisson, Newark, O.
Dutch Belted; Dutch Belted Cattle Association of America, G. G. Gibbs, Marksboro, N. J.
Galloway; American Galloway Breeders' Association, Robert W. Brown, Union Stock Yards, Chicago, Ill.
Guernsey; American Guernsey Cattle Club, William H. Caldwell, Peterboro, N. H.
Hereford; American Hereford Cattle Breeders' Association; C. R. Thomas, 221 W. 12th St., Kansas City, Mo.
Holstein Friesian; Holstein Friesian Association of America, Frederick L. Houghton, Brattleboro, Vt.
Jersey; American Jersey Cattle Club, J. J. Hemingway, 8 W. 17th St., New York.
Polled Durham; Polled Durham Breeders' Association, J. H. Martz, Greenville, O.
Red Polled; Red Polled Cattle Club of America (Incorporated), Harley A. Martin, Gotham, Wis.
Shorthorn; American Shorthorn Breeders' Association, John W. Groves, Union Stock Yards, Chicago, Ill.
Sussex; American Sussex Association. Overton Lea, Caldwell, N. J.

Sheep

Cheviot; American Cheviot Sheep Society, F. E. Dawley, Fayetteville, N. Y.
Cotswold; American Cotswold Registry Association, F. W. Harding, Waukesha, Wis.
Dorset Horn; The Continental Dorset Club; Joseph E. Wing, Mechanicsburg, O
Highland, Blackfaced; Blackfaced Highland Sheep Association, Frank Reed Sanders, Bristol, N. H.
Hampshire Down; American Hampshire Breeders' Association, Comfort A. Tyler, 310 E. Chicago St., Coldwater, Mich.
Leicester; American Leicester Breeders' Association, A. J. Temple, Cameron, Ill.
Lincoln; National Lincoln Sheep Breeders' Association, Bert Smith, Charlotte, Mich.
Merino (Delaine); Dickinson Sheep Record Company, Beulah McDowell Miller, 49 Oak Hill Ave., R. D. No. 2, New Berlin, O.
Merino (Delaine); National Delaine Merino Sheep Breeders' Association, J. B Johnson, 248 W. Pike St., Canonsburg, Pa
Merino (French); American Rambouillet Sheep Breeders' Association, Dwight Lincoln, Milford Center, O.
Merino (German); International Von Homeyer Rambouillet Club, E. N. Ball, Ann Arbor, Mich.
Merino (Spanish); Michigan Merino Sheep Breeders' Association, E. N. Ball, Ann Arbor, Mich.
Merino (Spanish); Vermont, New York and Ohio Merino Sheep Breeders' Association, Wesley Bishop, Delaware, O.
Merino (Spanish); Black Top Spanish Merino Sheep Breeders' Publishing Association, R. P. Berry, Eightyfour, Pa.
Oxford Down; American Oxford Down Record Association, W. A. Shafor, Hamilton, O.
Shropshire; American Shropshire Registry Association, Mortimer Levering, Lafayette, Ind.
Southdown; American Southdown Breeders' Association, Frank E. Springer, 510 E. Monroe St., Springfield, Ill.
Suffolk; American Suffolk Flock Registry Association, George W. Franklin, Des Moines, Ia.

Goats

Angora Goat; American Angora Goat Breeders' Association, John W. Fulton, Helena, Mont.
Milch Goat; American Milch Goat Breeders' Association, W. A. Shafor, Hamilton, O.

Hogs

Berkshire; American Berkshire Congress, C. S. Bartlett, Pontiac, Mich.
Cheshire; Cheshire Swinebreeders' Association, Ed. S. Hill, Freeville, N. Y.
Chester, Ohio Improved; O. I. C. Swine Breeders' Association, C. M. Hiles, Cleveland, O.
Chester White; Chester White Swine Breeders' Association, Frank F. Moore, Rochester, Ind.
Chester White; American Chester White Record Association, Ernest Freigau, Columbus, O.
Duroc-Jersey; American Duroc-Jersey Swine Breeders' Association, T. B. Pearson, Thorntown, Ind.
Duroc-Jersey; National Duroc-Jersey Record Association, H. C. Sheldon, Peoria, Ill.
Essex; American Essex Association, F. M. Srout, McLean, Ill.
Hampshire (Thin Rind); American Hampshire Swine Record Association, E. C. Stone, Armstrong, Ill.
Poland-China; American Poland-China Record Association, W. M. McFadden, Union Stock Yards, Chicago, Ill.
Poland-China; National Poland-China Record Company, A. M. Brown, Winchester, Ind.
Poland-China; Southwestern Poland-China Record Association, H. P. Wilson, Gadsden, Tenn.
Poland-China; Standard Poland-China Record Association, George F. Woodworth, Maryville, Mo.
Tamworth; American Tamworth Swine Record Association, E. N. Ball, Ann Arbor, Mich.
Yorkshire; American Yorkshire Club, Harry G. Krum, White Bear Lake, Minn.

Dogs

Fifty-seven Recognized Varieties; American Kennel Club, A. P. Vredenburg, 1 Liberty St., New York.

Cats

Longhaired (Angora or Persian), Shorthaired (Siamese, Manx, Mexican, Abyssinian, Indian, Russian, and Japanese); United States Official Register Association (Incorporated), Mrs. S. Hazen Bond, Registrar, 310 1st St., S. E., Washington, D. C.
Longhaired (Persian or Angora), Shorthaired (Russian, Siamese, Japanese, Mexican, Manx, Abyssinian, Native); American Cat Association, Mrs. Anna L. Besse, 5534 Union Ave., Chicago, Ill.

Live Stock Associations

SECRETARIES

American Association of Live Stock Herd Book Secretaries—Charles F. Mills, Springfield, Ill.

American Berkshire Congress—C. S. Bartlett, Pontiac, Mich.

American Guernsey Cattle Club—W. H. Caldwell, Peterboro, N. H.

American Jersey Cattle Club—Secretary-treasurer, J. J. Hemingway, 8 W. 17th St., New York, N. Y.

American National Live Stock Association—C. W. Tomlinson, 909 17th St., Denver, Col.

Animal Section American Breeders' Association—C. B. Davenport, Cold Spring Harbor, N. Y.

Alabama Live Stock Association—Dan T. Gray, Auburn, Ala.

Arizona Wool Growers' Association—L. D. Yaeger, Flagstaff, Ariz.

Arizona Cattle Growers' Association—Frederick W. Wilson, Phoenix, Ariz.

Cattle Raisers' Association of Texas—Secretary and general manager, H. E. Crowley, Fort Worth, Tex.

Central Wisconsin Holstein-Friesian Breeders' Association—A. O. Howard, Marshfield, Wis.

Colorado Stock Growers' Association—Fred P. Johnson, Box 1509, Denver, Col.

Connecticut Berkshire Swine Breeders' Association—C. H. Marsh, New Milford, Ct.

Connecticut Milch Goatkeepers' Association—Alfred Dixon, West Hartford.

Connecticut Sheep Breeders' Association—B. C. Patterson, Torrington, Ct.

Connecticut Valley Live Stock Association—Secretary-treasurer, O. C. Burt, Easthampton, Mass.

Corn Belt Meat Producers' Association—H. C. Wallace, Des Moines, Ia.

Dorset Horn Sheep Breeders' Association—M. A. Cooper, Washington, Pa.

Eagle Valley Stock Growers' Association—Peter Thobarg, Eagle, Col.

Eastern Montana Wool Growers' Association—H. B. Wiley, Miles City, Mont.

Eastern Wyoming Wool Growers' Association—Luther Freeman, Douglas, Wyo.

German Coach Horse Association—S. C. Eagle, Dolhill, Va.

Idaho Wool Growers' Association—Sam Ballantyne, Boise.

Indiana Wool Growers' Association—C. A. Kurtz, Indianapolis, Ind.

Iowa Aberdeen-Angus Breeders' Association—H. M. Graham, Des Moines, Ia.

Iowa Dairy Cattle Improvement Association—Treasurer, H. E. Colby, Waterloo, Ia.

Iowa Sheep Breeders' Association—E. S. Leonard, Corning, Ia.

Illinois Berkshire Association—William Osburn, Morris.

Illinois Live Stock Breeders—Fred H. Rankin, Urbana, Ill.

Illinois Sheep Breeders' Association—Jacob Zeihler, Clinton, Ill.

Illinois Cattle Breeders' Association—O. H. Swigart, Farmer City, Ill.

Illinois Swine Breeders' Association—Frank S. Springer, Springfield, Ill.

Illinois Horse Breeders' Association—Theodore Smith, Urbana, Ill.

Illinois Cattle Feeders' Association—E. A. Ponting, Stonington, Ill.

Indiana Live Stock Breeders' Association—J. H. Skinner, Lafayette, Ind.

Interstate Breeders' Association—F. L. Witrick, Sioux City, Ia.

International Live Stock Exposition—President, J. A. Spoor, Chicago, Ill.; general superintendent, B. H. Heide, Union Stock Yards, Chicago, Ill.

Hereford Breeders' Association of Missouri and Kansas—Secretary-treasurer, John W. Rouse, Kansas City, Mo.

Kansas Improved Stock Breeders' Association—I. D. Graham, Topeka, Kan.

Kansas Poland-China Breeders' Association—L. D. Arnold, Enterprise, Kan.

Kentucky Live Stock Breeders' Associa-

Kansas Veterinary Medical Association—Dr. Burton Rogers, Manhattan.

tion—Clarence Dale, Louisville, Ky.

Kentucky Dairy Cattle Club—J. J. Hooper, Lexington, Ky.

Kentucky Beef Cattle Breeders' Association—J. J. Hooper, Lexington, Ky.

Louisiana Stock Breeders' Association—J. Stoneware, White Castle, La.

Massachusetts Cattle Owners' Association—James L. Harrington, Lunenburg, Mass.

Michigan Guernsey Breeders' Association—A. M. Brown, East Lansing.

Michigan Holstein Breeders' Association—J. Fred Smith, Byron.

Michigan Jersey Breeders' Association—T. F. Marston, Bay City.

Michigan Red Polled Breeders' Association—W. W. Woodman, Stanton.

Michigan Shorthorn Breeders' Association—C. R. Aitken, Milford, Mich.

Michigan Stockmen's Association—Prof. A. C. Anderson, Michigan Agricultural College, East Lansing.

Mississippi Live Stock and Dairy Association—A. Smith, Agricultural College, Miss.

Missouri Improved Live Stock Breeders' Association—George B. Ellis, Columbia.

Missouri Swine Growers' and Breeders' Association—Mr. Wilson, Columbia.

Montana Stock Growers' Association—H. R. Wells, Miles City, Mont.

National Live Stock Exchange—A. F. Stryker, Union Stock Yards, South Omaha, Neb.

National Wool Growers' Association—George L. Walker, Cheyenne, Wyo.

Nebraska Improved Live Stock Breeders' Association—Secretary-treasurer, A. T. Peters, State university, Lincoln, Neb.

Nebraska Poland-China Breeders' Association—Charles H. Dawson, Endicott.

Nebraska Red Polled Breeders' Association—W. F. Swab, Clay Center.

Nebraska Shorthorn Breeders' Association—Lyman Peck, Fort Calhoun.

Nebraska State Angus Breeders' Association—D. N. Syford, Lincoln.

Nebraska Swine Breeders' Association—Geo. Briggs, Clay Center, Neb.

New England Live Stock Association—Ralph Blaisdell, Malden, Mass.

New Hampshire Sheep Breeders' Association—Prof. W. H. Pew, Durham, N. H.

New York State Breeders' Association—Albert D. Brown, Batavia, N. Y.

New York State Guernsey Cattle Club—G. D. B. Tallman, Fayetteville.

New York State Jersey Cattle Club—Harry S. Gail, East Aurora.

New York State Sheep Breeders' Association—B. W. Beace, Albion.

North Dakota Live Stock Association—N. B. Richards, Agricultural College, N. D.

North Montana Round Up Association—Thomas A. Cummings, Fort Benton, Mont.

Ohio Horse Breeders' Association—Prof. Marshall, Grove City, O.

Ohio Live Stock Association—Charles S. Plumb, Columbus, O.

Oklahoma Live Stock Association—W. E. Bolton, Woodward, Okla.

South Dakota Improved Live Stock Breeders' Association—James W. Wilson, Brookings, S. D.

South Dakota Sheep Breeders and Wool Growers' Association—Secretary-treasurer, W. E. Raymond, Summit, S. D.

South Dakota Swine Breeders' Association—Secretary-treasurer, P. E. Murphy, Oldham, S. D.

Southwest Michigan Pedigreed Stock Association—R. E. Jennings, Paw Paw, Mich

Southeastern Kansas Improved Stock Breeders' Association—H. E. Bachelder, Fredonia, Kan.

Southwest Virginia Live Stock Association—H. C. Tyler, East Radford, Va.

State Sheep Breeders' and Wool Growers' Association—J. B. Huyett, Charlestown, W. Va.

Tennessee Breeders' Association—G. W. Raswann, Nashville, Tenn.

Tennessee Sheep and Wool Breeders' Association—E. Hicks, Belleview.

Tri-State Grain and Stock Growers' Association—T. A. Hoverstad, Fargo, N. D.

Vermont Jersey Cattle Club—T. G. Bronson, East Hardwick, Vt.

Vermont Morgan Horse Breeders' Association—Thomas E. Boyce, Breadloaf, Vt.

Western Galloway Breeders' Association—G. E. Clark, Topeka, Kan.

West Virginia Live Stock Breeders' Association—C. E. Lewis, Maxwelton, W. Va.

Western South Dakota Stock Growers' Association—F. M. Stewart, Buffalo Gap, S. D.

West Virginia Sheep and Wool Breeders' Association—J. Huyett, Charlestown.

Wisconsin Holstein Breeders' Association—J. B. Hintz, Hewitt, Wis.

Wisconsin Horse Breeders' Association—James G. Fuller, Madison, Wis.

Wisconsin Jersey Breeders' Association—H. W. Claflin, Muskego Lakes.

Wisconsin Live Stock Breeders' Association—F. H. Scribner, Rosendale, Wis.

Wisconsin Poland-China Breeders' Association—E. E. Jones, Rockland.

Wisconsin Sheep Breeders' Association—William F. Renk, Sun Prairie, Wis.

Wyoming Wool Growers' Association—George S. Walker, Cheyenne, Wyo.

Poultry Associations

Secretaries

American Poultry Association—S. J. Campbell, Mansfield, O.

Boyer Valley Poultry Association—E. R. Caldwell, Dunlap, Ia.

Central Indiana Poultry Association—Andy Shockleford, Ladoga, Ind.

Central Vermont Poultry and Pet Stock Association—E. J. Badger, Barre, Vt.

Connecticut Poultry Association—Harrison J. Hamilton, Ellington, Ct.

Kansas State Poultry Association—Thomas Owen, Sta. B, Topeka, Kan.

Maine Poultry and Pet Stock Association—A. L. Merrill, Merrill, Me.

National Fanciers and Breeders' Association—Fred L. Kimmey, Morgan Park, Ill.

National Poultry, Butter and Egg Association—George G. Brown, New York, N. Y.

Nebraska Poultry Association—Luther P. Ludden, Lincoln, Neb.

New Hampshire State Poultry Association—H. C. Shaw, Milford, N. H.

Northwest Branch American Poultry Association—Ralph Whitney, Stewartville, Minn.

Ohio Valley Poultry Association—Fred C. Snodgrass, Marietta, O.

Rhode Island Poultry Association—William L. Brown, Providence, R. I.

South Jersey Poultry and Pigeon Association—Paul G. Springer, Bridgeton, N. J.

Tennessee Valley Poultry Association—S. E. Wasson, Huntsville, Ala.

Vermont State Poultry Association—W. B. Witters, St. Albans, Vt.

Beekeepers' Associations

Secretaries

Arizona Honey Exchange—G. M. Frissell, Tempe, Ariz.

Arkansas Valley Honey Producers' Association—N. Lehman, Rocky Ford, Col.

California State Beekeepers' Association—A. B. Shaffner, Corona, Cal.

Colorado Honey Producers' Association—Frank Hauchfuss, Denver, Col.

Connecticut Beekeepers' Association—J. Arthur Smith, Hartford, Ct.

Illinois State Beekeepers' Association—James A. Stone, R. No. 4, Springfield, Ill.

Michigan Beekeepers' Association—E. B. Tyrell, 230 Woodland Ave., Detroit, Mich.

Northeastern Wisconsin Beekeepers' Association—Charles H. Voigt, Mishicot, Wis.

Wisconsin Beekeepers' Association—Gus Dittmer, Augusta, Wis.

Texas Beekeepers' Association—Louis H. Nichols, New Braunfels, Tex.

Vermont Beekeepers' Association—P. E. Crane, Middlebury, Vt.

State Forest Officers

Alabama—State forest commission, secretary, John Wallace, Jr., Montgomery.

California—State forester, G. B. Lull, Sacramento.

Connecticut—State forester, Samuel N. Spring, New Haven.

Hawaii—Executive officer, C. S. Holloway, Honolulu; superintendent of forestry, Ralph S. Hosmer, Honolulu.

Indiana—State board of forestry, president, F. C. Carson, Michigan City; secretary, W. H. Freeman, Indianapolis.

Kansas—Commissioner of forestry, F. H. Ridgway, Ogallah; commissioner of forestry, H. C. Cooper, Dodge City.

Kentucky—Chairman state board of agriculture, forestry and immigration, M. C. Rankin, commissioner of agriculture, Frankfort.

Louisiana—State forest commissioner, Fred J. Grace, Baton Rouge.

Maine—Land agent and forest commissioner, Edgar E. Ring, Augusta.

Massachusetts—State forester, Frank W. Rane, State House, Boston.

Maryland—State forester, F. W. Besley, Baltimore; state geologist and state highway commissioner, William Bullock Clark, Baltimore.

Michigan—Forestry commission: Secretary, Huntley Russell, Lansing; state forest warden, Filibert Roth, Ann Arbor.

Minnesota—State forestry board: President, Sidney M. Owen, Minneapolis; secretary and forestry commissioner, Gen. C. C. Andrews, St. Paul.

Mississippi—Director state geological survey, A. F. Crider, Biloxi.

New Hampshire—Secretary forest commission, R. E. Faulkner, Keene.

New Jersey—Geological survey: Forester, Alfred Gaskill, Trenton; secretary, forest park reservation commission, Alfred Gaskill, Trenton.

New York—Forest, Fish and Game Commission: Commissioner, James S. Whipple, Albany.

New York—Forester, Abraham Knechtel, Albany; superintendent state forests, William F. Fox, Albany.

North Carolina—Geological Survey: State geologist, Joseph Hyde Pratt, Chapel Hill, J. S. Holmes, forester.

Ohio—Forester, W. J. Green, Ohio Agricultural experiment station, Wooster.

Oregon—Game and forestry warden, R. O. Stevenson, Forest Grove; master fish warden, C. H. McAlister, Portland; secretary forestry commission, E. P. Sheldon, Portland.

Pennsylvania—Department of forestry: President and commissioner, Robert S. Conklin, Harrisburg; secretary, J. T. Rothrock, Harrisburg; chief forester, George H. Wirt, Harrisburg.

Rhode Island—Commissioner of forestry, Jesse B. Mowry, Chepatchet.

Washington—Chairman department of forestry, R. W. Condon, Port Gamble.

West Virginia—Geologic and economic survey, A. B. Brooks, superintendent, Morgantown.

Wisconsin—State forester, E. M. Griffith, Madison; director state geological survey, Edward A. Birge, Madison.

Forestry Associations

SECRETARIES

American Alpine Club—President, John Muir, Martinez, Cal., secretary, Henry G. Bryant, Room 806, Land Title Bldg. Philadelphia, Pa.

American Forestry Association—President, Hon. James Wilson, secretary of agriculture; Otto Luebkert, Washington, D. C.

American Forest Preservation Society—George Milroy Bailey, Corfu, N. Y.

American Scenic and Historic Preservation Society—President, George Frederick Kunz, Tribune Bldg., New York city; Edward Hagaman Hall, Tribune Bldg., New York City.

Appalachian Mountain Club—Rosewell B. Lawrence, Boston, Mass.

Arizona Salt River Valley Water Users" Association—Charles A. Van der Veer, Phoenix.

Association for the Protection of the Adirondacks—President, Henry E. Howland; Edward H. Hall, Tribune Bldg., New York City.

California Water and Forest Association—T. C. Friedlander, 707 Merchants Exchange, San Francisco, Cal.

Cincinnati Forest and Improvers' Association—Dr. Adolph Leue, 127 West 12th St., Cincinnati, O.

Colorado State Forestry Association—President, W. G. M. Stone, Denver.

Connecticut Forestry Association—Miss Mary Winslow, Weatogue.

Forestry, Water Storage and Manufacturing Association of New York—Chester W. Lyman, 30 Broad St., New York City.

Forestry Educational Association—J. N. F. Bischoff, San Diego, Cal.

Forest and Water Society of Southern California—William H. Knight, Los Angeles, Cal.

Franklin Forestry Society—W. G. Bowers, Chambersburg, Pa.

Georgia State Forestry Association—Secretary, Alfred Akerman, Athens.

International Society of Arboriculture—President, Gen. William J. Palmer, Colorado Springs, Col.; John P. Brown, Connersville, Ind.

Iowa Park and Forestry Association—Wesley Greene, Ames, Ia.

Lake George Forestry Association—John D. Whish, Schenectady, N. Y.

Maine Forestry Association—E. E. Ring, Augusta; president, John Appleton, Bangor.

Massachusetts Forestry Association—President, Dr. H. P. Walcott, Cambridge; Edwin A. Start, 4 Joy St., Boston.

Michigan Forestry Association—President, John H. Bissell, Detroit; J. Fred Baker, East Lansing.

Minnesota State Forestry Association—E. G. Cheyney, St. Anthony Park.

Nebraska Park and Forestry Association—President, C. S. Harrison, York; J. F. Phillips, York.

New England Forest, Fish and Game Association—A. T. Harris, Boston, Mass.

New Hampshire Society for the Protection of New Hampshire Forests—Allen Hollis, Concord.

New York Fish, Game and Forest League—L. C. Andrews, Schenectady, N. Y.

North Dakota State Sylvaton Society—President, A. M. Powell, Devil's Lake; chief forester and secretary, W. W. Barrett, Church's Ferry.

Northern New York Forestry Association—Director, O. H. Tappan, Potsdam, H. H. Babcock, Watertown.

Ohio State Forestry Association—C. W. Waid, New Carlisle.

Oregon Forestry Association—A. B. Wostell, Portland.

Pennsylvania Forestry Association—F. L. Bitler, 1012 Walnut St., Philadelphia, Pa.

Pacific Coast Forest, Fish and Game Association—William Greer Harrison, San Francisco, Cal.

Saginaw Fishing and Yachting Association—President, L. H. Goodwin, Saginaw, Mich.; John McPhillips, Saginaw, Mich.

Sierra Club—President, John Muir, Martinez, Cal.; William E. Colby, San Francisco, Cal.

Society for Protection of New Hampshire Forests—Allen Hollis, Concord, N. H.

Society of American Foresters—Findley Burns, Washington, D. C.; president, Gifford Pinchot, Washington, D. C.

The Appalachian National Forest Association—President, D. A. Tompkins, Charlotte, N. C.; John H. Finney, Washington, D. C.

The Mazamas—Frank B. Riley, Portland, Ore.

Tri-Counties Reforestation Committee—L. A. Finch, Riverside, Cal.

Vermont Forestry Association—President, L. R. Jones, Burlington; Ernest Hitchcock, Pittsford, Vt.

Washington Conservation Association—C. H. Bailey, 325 New York Block, Seattle.

West Virginia Forestry Association—A. W. Nolan, Morgantown.

Horticultural and Kindred Societies

SECRETARIES

American Apple Growers' Congress—T. C. Wilson, 5633 Clemmens Ave., St Louis, Mo.

American (Plant) Breeders' Association—W. M. Hays, Washington, D. C.

American Carnation Society—A. F. J. Baur, Indianapolis, Ind.

American Cranberry Growers' Association—A. J. Rider, Hammonton, N. J.

American Federation of Horticultural Societies—Charles E. Bassett, Fennville, Mich.

American Retail Nurserymen's Protective Association—Guy A. Bryant, Princeton, Ill.

American Rose Society—Benjamin Hammond, Fishkill-on-Hudson, N. Y.

American Seed Trade Association—C. E. Kendel, Cleveland, O., 115 Ontario St.

Arkansas State Horticultural Society—Ernest Walker, 524 Leverett St., Fayetteville, Ark.

Colorado National Apple Exposition—Clinton L. Oliver, 1725 Stout St., Denver, Col.

California State Commission of Horticulture—O. E. Bremner, Sacramento.

Cape Cod Cranberry Growers' Association—William M. Marsh, Wareham, Mass.

Central Illinois Horticultural Society—James Bering Burrows, Decatur.

Colorado State Horticultural Society—Mrs. M. S. Shute, Denver.

Chrysanthemum Society of America—C. W. Johnson, Pittsburg, Pa.

Cider and Cider Vinegar Makers' Association of the Northwest—George Miltenberger, 213 North 2nd Street, St. Louis, Mo.

Columbus Horticultural Society—J. U. Gribben, Columbus, O.

Connecticut Horticultural Society—George W. Smith, Melrose.

Connecticut Plant Breeders' Association—C. D. Jarvis, Storrs, Ct.

Connecticut Pomological Society—H. C. C. Miles, Milford.

Delaware Corn Growers' Association—A. E. Grantham, Newark.

Eastern Nurserymen's Association—William Pitkin, Rochester, N. Y.

East Carolina Truck and Fruit Growers' Association—H. T. Banman, Wilmington, N. C.

Florida State Horticultural Society—E. O. Painter, Jacksonville.

Fruit Growers' and Shippers' Association—Ernest R. Ostrom, Siloam Springs, Ark.

Grand River Valley Horticultural Society—Almond Griffen, Grand Rapids, Mich.

Georgia State Horticultural Society—J. B. Wright, Cairo.

Horticultural Science—C. P. Close, College Park, Md.

Horticultural Society of Northern Illinois—J. Friend, Nekome, Ill.

Horticultural Society of Northeast Iowa—C. F. Gardner, Osage, Ia.

Horticultural Society of Chicago—James Burdett, Chicago, Ill.

Horticultural Society of Southern Illinois—E. G. Mendenhall, Kinmundy.

Idaho State Horticultural Association—Prof. J. R. Shinn, Nampa.

Illinois Corn Growers' Association—Leigh F. Maxcy, Curran.

Illinois Seed Corn Breeders' Association—H. J. Sconce, Sidell.

Illinois State Horticultural Society—W. B. Lloyd, Kinmundy.

Indiana Horticultural Society—W. B. Flick, Indianapolis.

Imperial Valley Eastside (Melon) Producers' Association—G. M. Vermilya, Holtville, Cal.

Iowa State Corn Growers' Association—B. W. Crossley, Ames.

Iowa Corn Growers' Association—Miller S. Nelson, Goldfield.

Iowa State Grain Growers' Association—Prof. Bell, Ames.

Iowa State Horticultural Society—Wesley Greene, Des Moines.

Iowa Seed Corn Growers' Association—C. B. Knowles, 817 School St., Des Moines.

Kansas State Horticultural Society—Walter Wellhouse, Topeka.

Kansas Corn Breeders' Association—L. E. Call, Manhattan.

Kauai Planters' Association—F. Weber, Lihue, Kauai, Hawaii.

Long Island Cauliflower Growers' Association—James Williamson, Laurel, L. I., N. Y.

Louisiana Sugar Planters' Association—R. Dykers, New Orleans.

Maine Pomological Society—William J. Ricker, Turner.

Maryland State Horticultural Society—C. P. Close, College Park.

Maryland Tomato Growers' Association—A. M. Walls.

Massachusetts Asparagus Growers' Association—Thomas Hollis, Concord.

Massachusetts Horticultural Society—William P. Rich, Horticultural Hall, Boston, Mass.

Massachusetts Fruit Growers' Association—Samuel T. Maynard, Northboro.

Michigan Bean Jobbers' Association—V. P. Cash, Riverdale.

Michigan State Hay Association—Ed Forest, Saginaw.

Michigan State Horticultural Society—Charles E. Bassett, Fennville.

Minnesota Rose Society—Mrs. F. H. Gibbs, St. Anthony Park, Minn.

Minnesota Horticultural Society—A. W. Latham, 207 Kacota Block, Minneapolis, Minn.

Mississippi Valley Apple Growers' Association—Dr. J. R. Lambert, Coatsburg, Ill.

Mississippi Valley Produce Growers' Association—J. E. Wesley, 1729a Missouri Ave., E. St. Louis, Ill.

Missouri Corn Growers' Association—S. M. Jordan, Columbia.

Missouri Valley Horticultural Society—A. V. Wilson, Mincie, Kan.

National Association Retail Nurserymen—Frederic E. Grover, Rochester, N. Y.

National Council of Horticulture—H. C. Irish, Mo. Botanical Garden, St. Louis, Mo.

National Corn Exposition—T. F. Sturgess, Omaha, Neb.

National Corn Association—A. E. Hildebrand, Omaha, Neb.

National Fruit Exchange—C. M. Chaney, 105 Hudson St., New York City.

National Horticultural Congress—George W. Reye, 900 South 7th St., Council Bluffs, Ia.

National Hay Association—P. E. Goodrich, Winchester, Ind.

National Nut Growers' Association—J. F. Wilson, Poulan, Ga.

Nebraska State Horticultural Society—C. G. Marshall, Lincoln.

New England Cranberry Sales Company—Frank N. Churchill, Middleboro, Mass.

New England Corn Show Association—J. Lewis Eldsworth, Boston, Mass.

New England Fruit Show Association—Wilfred Wheeler, Concord, Mass.

New England Grain Dealers' Association—John W. Cox, 713 Chamber of Commerce, Boston, Mass.

New Hampshire Horticultural Society—E. D. Sanderson, Durham.

New Jersey State Horticultural Society—Howard G. Taylor, Riverton.

New York State Fruit Growers' Association—E. C. Gillett, Penn Yan, N. Y.

New York State Hay Association—C. A. Coleman, Savannah.

New York State Evaporated Fruit Producers' Association—L. J. Sweezey, Marion.

North Dakota Horticultural Society—O. O. Churchill, Agricultural College.

Northeastern Iowa Horticultural Society—C. F. Gardner, Osage, Ia.

North Louisiana Cotton Planters' Association—B. W. Marston, Shreveport, La.

Ohio State Corn Improvement Association—L. H. Goddard, Wooster, O.

Ohio State Horticultural Society—F. H. Ballou, Newark, O.

Oklahoma Corn Club—L. A. Moorehouse, Stillwater.

Peninsula Horticultural Society—Wesley Webb, Dover, Del.

Pennsylvania Horticultural Society—David Rust, Philadelphia.

Pennsylvania Nurserymen's Association—Earl Peters, Carlisle, Pa.

Pennsylvania State Horticultural Association—President, Gabriel Hiester, Harrisburg.

Rhode Island Horticultural Society—Chas. W. Smith, 27 Exchange St., Providence.

Society of American Florists and Ornamental Horticulturists—H. B. Dorner, Urbana, Ill.

South Dakota Horticultural Society—John Robertson, Hot Springs.

Southern Illinois Horticultural Society—E. G. Mendenhall, Kinmundy.

Southern Florists' Society—Paul Abele, New Orleans, La.

Southern Nurserymen's Association—A. I. Smith, Knoxville, Tenn.

State Horticultural Society of Pennsylvania—Chester J. Tyson, Harrisburg.

Southeast Nebraska Fruit Growers' Association—J. T. Swan, Auburn, Neb.

State Florists' Association of Indiana—A. F. J. Baur, Indianapolis.

Southern Idaho Fruit Company, Ltd.—M. E. Hopkins, Boise.

Southern Texas Truck Growers' Association—Roy Campbell, General Sales Manager, San Antonio, Tex.

Society of Iowa Florists—Wesley Greene, Des Moines, Ia.

Santa Ana Valley Walnut Growers' Association—A. C. Tiede, Santa Ana, Cal.

State Board of Horticulture of Montana—Joseph W. Wallisch, Hirbou Block, Butte.

State Horticultural Society of Missouri—G. T. Tippin, Nichols, Mo.

Southern Minnesota Horticultural Society—L. W. Prosser, Le Roy, Minn.

Southern Michigan Fruit Association—Manager, C. Dunham, Lawton, Mich.

Tennessee State Nurserymen's Association—Prof. G. M. Bentley, Knoxville.

Texas Horticultural Society—E. J. Kyle, College Station.

Texas Nurserymen's Association—John S. Kerr, Sherman.

Texas Rice Growers' Association—A. E. Groves, Houston.

Texas Cotton Seed Crushers' Association—Robert Gibson, Dallas.

Texas Nut Growers' Association—H. B. Beck, Austin.

Vermont Horticultural Society—Prof. M. B. Cummings, Burlington.

Vermont Maple Sugar Makers' Association—H. B. Chapin, Middlesex.

West Florida Truckers' Association—General Manager, C. E. Pleas, Chipley.

Western Association of Nurserymen—E. J. Holman, R. No. 2, Leavenworth, Kan.

Western Fruit Jobbers' Association—E. B. Branch, Omaha, Neb.

Western New York Horticultural Society—John Hall, 204 Granite Bldg., Rochester.

West Virginia State Horticultural Society—Prof. A. L. Dacy, Morgantown.

Wisconsin State Horticultural Society—Frederic Cranefield, Madison.

Wisconsin Cranberry Growers' Association—J. W. Fitch, Cranmoor.

Tobacco Associations

SECRETARIES

American Society of Equity, Department of Tobacco Growers—R. K. Blake, Hawesville, Ky.

Maryland Tobacco Growers' Association—Franklin Weems, The Ashley, 18th & V., Washington, D. C.

New England Tobacco Growers' Association—W. F. Andross, East Hartford, Ct.; acting secretary, W. S. Davis, Hills Block, Hartford, Ct.

New York State Tobacco Growers' Association—Burt Giddings, Baldwinsville.

The Mutual Protective Association of Bright Tobacco Growers of Virginia and North Carolina—E. T. Morefield, Danville, Va.

Wisconsin Tobacco Association—Abel L. Fisher, Janesville, Wis.

Fair Associations

SECRETARIES

American Association of State Fairs and Expositions—George Downing, Indianapolis, Ind.

Arizona Territorial Fair Commission—Shirley Christy, Phoenix.

Beloit Interstate Fair Association—Charles F. Lathers, Beloit, Wis.

Benton Harbor, St. Joseph Fair and Driving Association—H. A. Foeltzer, Benton Harbor, Mich.

Central Kansas Fair Association—A. L. Sponsler, Hutchinson, Kan.

Central Maine Fair Association—George R. Fuller, Waterville.

Central Wisconsin State Fair—A. G. Pankow, Marshfield.

Calhan Fair Association—N. O. Conger, Calhan, Col.

Dalhart Fair Association—John Carmichael, Dalhart, Tex.

Eastern Maine Fair Association—Albert S. Field, Bangor.

Georgia State Fair Association—Frank Weldon, Atlanta, Ga.

Georgia-Carolina Fair Association—Frank E. Beane, Augusta, Ga.

Illinois State Fair—J. K. Dickinson, Springfield, Ill.

Illinois Valley Fair Association—Ross P. Shinn, Griggsville, Ill.

Interstate Fair Association—J. B. Travis, Marion, Ia.

Interstate Fair Association—J. M. Smith, Bozeman, Mont.

Iowa State Fair Association—J. C. Simpson, Des Moines.

Iowa Interstate Fair Association—Joseph Morton, Sioux City.

Iowa County Fair—Alex McLennan, Marengo, Ia.

Kansas State Exposition Co—R. T. Kreipe, Topeka.

Kentucky State Fair Association—J. W. Newman, Louisville, Ky.

Montpelier Tri-County Fair—C. L. Smith, Montpelier, Ind.

New York State Fair Commission—S. C. Shaver, Syracuse.

North Arkansas Fair Association—A. J. Russell, Berryville, Ark.

Northern Maine Fair Association—Ernest T. McElanfler, Presque Isle.

North Texas Fair Association—H. F. Weathers, Greenville, Tex.

Ohio State Fair Association—A. P. Sandles, Columbus.

Oregon District Fair Association—J. M. Patterson, The Dalles, Ore.

Pennsylvania State Fair Association—H. A. Gorman, Bethlehem.

Prairie Valley Fair Association—C. J. Knickerbocker, Fairfax, Ia.

Ripley Fair Co.—L. H. Williams, Ripley, O.

Southern Fair Circuit—Frank D. Fuller, Nashville, Tenn.

Southwest Washington Fair Association—Edward C. Truesdell, Centralia.

State Fair of Louisiana—Louis N. Brueggerhoff, Shreveport.

Southern Illinois Fair Association—F. H. Koh, Anna, Ill.

South Dakota Fair Association—C. N. McIlvanie, Huron.

Southern Michigan State Fair—H. A. Foeltzer, Benton Harbor.

South Kentucky Fair Association—Thos. Dickinson, Glascow.

Tennessee Fair Circuit—Frank D. Fuller, Hermitage.

Tennessee State Fair Association—G. W. Russwann, Nashville.

Tri-County Fair Association—Elish Strong, Clarksville, Mich.

Tri-County Fair Association—Charles Bailey, Aspen.

Tri-County Agricultural Fair Association—J. A. Nunder, Crystal, N. D.

Texas State Fair Association—Sydney Smith, Dallas.

Vermont State Fair Association—Fred L. Davis, White River Junction.

Virginia State Fair Association—Mark R. Lloyd, Richmond.

Warren Tri-County Fair and Driving Association—J. G. Click, Warren, Ind.

Washington State Fair Association—H. P. Spencer, North Yakima.

Wisconsin State Fair Association—John M. True, Madison.

West Texas Fair Agriculture and Stock Show—Oscar Rosenthal, Kerrville.

West Tennessee Fair Association—J. W. Woosley, Union City, Tenn.

For Bird and Game Protection

American Humane Association—N. J. Walker, Albany, N. Y.

American Ornithologists' Union, Committee on Bird Protection—A. K. Fisher, Chairman, Department of Agriculture, Washington, D. C.

American Society for the Prevention of Cruelty to Animals—Richard Welling, Madison Ave. and Twenty-sixth St., New York.

Bird Protective Society of America—E. C. Pease, Buffalo, N. Y.

Boone and Crockett Club—Madison Grant, 11 Wall St., New York City.

Forest, Fish and Game Society of America—William F. Kimber, 505 Fifth Ave., New York.

Indiana Audubon Society—Miss Florence A. Howe, Hillside Ave., Indianapolis.

League of American Sportsmen—H. M. Beach, 1061 Simpson St., New York.

Lewis and Clark Club—William S. Brown, Pittsburg, Pa.

National Association of Fish and Game Wardens—Charles A. Vogelsung, San Francisco, Cal.

National Association or Audubon Societies—President, William Dutcher, 141 Broadway, New York; secretary, T. Gilbert Pearson, New York.

New York Zoological Society—Madison Grant, New York.

North American Fish and Game Protective Association—J. O. Reaume, president, Toronto, Ont., Canada; E. T. D. Chambers, secretary, Quebec, Can.

Agricultural Societies

Secretaries

Androscoggin Valley Agricultural Society—O. W. Richardson, Canton, Me.

Bay State Agricultural Association—N. I. Bowditch, Framingham, Mass.

Eastern Indiana Agricultural Society—U. C. Brouse, Kendallville.

Farmington Valley Agricultural Association—E. A. Hough, Collinsville, Conn.

Florida Agricultural Society—C. K. McQuarrie, Gainesville.

Hampshire, Franklin and Hampden Agricultural Society—Charles A. Montgomery, Northampton, Mass.

Kentucky Association—James P. Ross, Lexington.

Maine State Agricultural Society—J. L. Lowell, Auburn, Me.

Minnesota State Agricultural Society—C. N. Cosgrove, Minneapolis.

New England Agricultural Society—L. F. Herrick, 405 Main St., Worcester, Mass.

New York State Agricultural Society—Edward H. Chapman, Box 74, Albany.

New York State Association of County Agricultural Societies—G. Wm. Harrison, 131 No. Pine Ave., Albany.

North Carolina Agricultural Society—Jos. E. Poque, Raleigh.

North Kentucky Agricultural Association—N. E. Riddell, Florence.

North Louisiana Agricultural Society—F. I. Watson, Calhoun.

New York State Agricultural Experimenter's League—Charles J. Tuck, Ithaca.

New York State Association of Union Agricultural Societies—S. C. Shaver, Albany, N. Y.

Ohio Agricultural Students' Union—W. O. Shields.

Shenandoah Valley Agricultural Society—Robert Worsley, Hayfield, Va.

State Agricultural Society—R. E. Rose, Tallahassee, Fla.

Vermont State Agricultural Society—C. M. Winslow, Brandon, Vt.

West Virginia Central Agricultural and Mechanical Society—James N. Hess, Clarksburg.

Patrons of Husbandry

Officers of National Grange

Master, N. J. Bachelder, Concord, N. H.

Overseer, T. C. Atkeson, Morgantown, W. Va.

Lecturer, Oliver Wilson, Peoria, Ill.

Steward, C. D. Richardson, West Brookfield, Mass.

Assistant Steward, L. H. Healey, South Woodstock, Conn.

Treasurer, Mrs. E. S. McDowell, Wellesley, Mass.

Secretary, C. M. Freeman, Tippecanoe City, O.

Gatekeeper, D. C. Mullen, Nampa, Ida.

Ceres, Mrs. Elizabeth P. Patterson, College Park, Md.

Pomona, Mrs. Grace E. Hull, Diamondale, Mich.

ora, Mrs. Sarah G. Baird, Minneapolis, Minn.

Lady Assistant Steward, Mrs. Mary A. Smith, Morrisville, Vt.

Chairman of Executive Committee, F. N. Godfrey, Olean, N. Y.

State Masters

California—W. V. Griffith, Geyserville.

Colorado—John Morris, Golden.

Connecticut—L. H. Healey, South Woodstock.

Delaware—S. H. Messick, Bridgeville.

Idaho—D. C. Mullen, Nampa.

Illinois—Oliver Wilson, Peoria.

Indiana—Aaron Jones, South Bend.

Iowa—A. B. Judson, Balfour.

Kansas—George Black, Olathe.

Kentucky—F. P. Walcott, Covington.

Maine—C. S. Stetson, Alta.

Maryland—H. J. Patterson, College Park.

Massachusetts—Charles M. Gardner, Westfield.

Michigan—N. P. Hull, Diamondale.

Minnesota—Mrs. S. G. Baird, Minneapolis.

Missouri—C. O. Raine, Canton.

New Hampshire—H. O. Hadley, Peterboro.

New Jersey—G. W. F. Gaunt, Mullica Hill.

New York—F. N. Godfrey, Olean.

Ohio—T. C. Laylin, Norwalk.

Oregon—A. T. Buxton, Forest Grove.

Pennsylvania—W. T. Creasy, Catawissa.

Rhode Island—F. E. Marchant, W. Kingston.

South Dakota—C. B. Hoyt, Brookings.

Vermont—F. C. Smith, Morrisville.

Washington—C. B. Kegley, Palouse.

West Virginia—T. C. Atkeson, Morgantown.

Wisconsin—H. M. Culbertson, Medina.

Associations of General Interest

Association of American Agricultural Colleges and Experiment Stations—President, J. L. Snyder, president of Michigan state agricultural college; secretary-treasurer, J. L. Hills, director of Vermont Experiment Station, Burlington.

Agricultural Experimenters' League—Secretary, Charles H. Tuck, Ithaca, N. Y.

American Association of Farmers' Institute Workers—President, J. Lewis Ellsworth, State House, Boston, Mass.; secretary, John Hamilton, Washington, D. C.

American Association of Park Superintendents—F. L. Mulford, Harrisburg, Pa.

American Civic Association—President, J. Horace McFarland, Harrisburg, Pa.; treasurer, William B. Howland, New York City; secretary, C. R. Rogers, Philadelphia, Pa.

American Federation of Labor—President, Samuel Gompers, Washington, D. C.; secretary, Frank Morrison, 423 G St., Washington, D. C.

American Institute Farmers' Club—Secretary, W. A. Eagleson, care American Institute, New York City.

American Social Science Association—President, John Huston Finley, New York; secretary, Isaac Franklin Russell, New York.

American Association for the Advancement of Science—President, Prof. T. C. Chamberlain, Chicago.

American Veterinarian Medical Association—President, J. G. Rutherford, Ottawa, Canada; Secretary, Richard P. Lyman, Hartford, Ct.

Anti-Imperialist League—President, Moorfield Storey, Boston, Mass.; Secretary, Erving Winslow, Boston, Mass.

Association of Economic Entomologists—President, Dr. S. A. Forbes, Urbana, Ill.; secretary, A. F. Burgess, Bureau of Entomology, Washington, D. C.

Association of Official Agricultural Chemists—President, Harry Snyder, St. Anthony Park, Minn.; secretary, H. W. Wiley, chemist, U. S. Department of Agriculture, Washington, D. C.

American Bankers' Association—President, W. F. Keyer, Sedalia, Mo.; secretary-treasurer, F. E. Farnsworth, New York.

Dry Farming Congress—President, Gov. Morris, Mont.; secretary-treasurer, John T. Burns, Cheyenne, Wyo.

Eastern Association of Park Superintendents—G. A. Parker, Hartford, Conn.

Farmers' Congress of Texas—Secretary, T. W. Larkin, Denison.

Farmers' Educational and Co-operative Union of America—President, C. S. Barrett, Union City, Ga.; secretary, R. H. McCulloch, Beebe, Ark.

Farmers' National Congress—Secretary, George M. Whitaker, Washington, D. C.

Iowa State Drainage Association—Secretary, W. H. Stevenson, Ames.

Kansas Good Roads Association—Albert Dickens, Manhattan.

Kentucky Good Roads Association—J. V. Beckman, Louisville.

Lakes-to-the-Gulf Waterways Association—President, William H. Kavanaugh, Memphis, Tenn.; secretary, William F. Saunders, St. Louis, Mo.

Michigan Good Roads Association—Secretary, Edward N. Hines, Detroit.

Michigan State Association of Farmers' Clubs—Mrs. Myra L. Cheney, Mason.

National Association of Concrete Users—President, Richard L. Humphrey, Philadelphia; secretary, George C. Wright, Rochester, N. Y.; treasurer, H. C. Turner, 11 Broadway, N. Y.

National Drainage Association—President, N. B. Broward, Tallahassee, Fla.; secretary, Maj. J. A. Depray, 2916 16th St., N. W., Washington, D. C.

National Irrigation Congress—President, George E. Barstow, Denver, Col.; secretary, A. Warren Patch, Boston, Mass.

National Rivers and Harbors Congress—President, Joseph E. Ransdell, Washington, D. C.; secretary, J. F. Ellison, Cincinnati, O.

National Society of Equity—President, C. O. Drayton, Indianapolis, Ind.; secretary-treasurer, S. D. Kump, Indianapolis.

New England Congress of Rural Progress—W. D. Gibbs, Durham, N. H.

Ohio Canners' Association—Secretary-treasurer, James Stoops, Dayton.

Ohio Good Roads Federation—President, W. M. Hages, Cleveland.

Ohio and Indiana Grain Shippers' Traffic Association—Secretary, Harry W. Kress, Piqua, O.

Ohio Millers' Association—Secretary-treasurer, H. W. Fish, Mansfield.

Pennsylvania Lumbermen's Association—Secretary, B. F. Landig, Scranton, Pa.

Postal Progress League—Secretary-treasurer, James L. Cowles, 361 Broadway, New York.

Salt River Valley Water Users' Association—Secretary, Charles A. Van der Veer, Phoenix, Ariz.

Savannah Valley Associated Farmers' Clubs—Secretary, Dr. W. E. Mealing, North Augusta, S. C.

Southern Commercial Congress—G. Grosvenor Dawe, Washington, D. C.

Trans-Mississippi Commercial Congress—President, Thomas F. Walsh, Denver, Col.; secretary, Arthur F. Francis, Cripple Creek, Col.

The American Anti-Horse Thief Association—President, J. W. Wall, Parsons, Kan.; secretary-treasurer, J. M. Pence, Morrisville, Ill.

The Jewish Agricultural and Industrial Aid Society—President, Cyrus L. Sultzberger, New York; Leonard G. Robinson, general manager, New York; secretary, Morris Loeb, New York.

The National Irrigation Congress—Guy E. Mitchell, 2008 Calumet Ave., Chicago, Ill.

The Transplanted Lily

The Master walked in the morning
  Through His earthly gardens fair
And saw a snow white lily
  Unfolding sweetly there.

And His face grew strangely tender,
  And He smiled, and softly said:
"It is fair as a flower of heaven!"
  And He bent His kingly head

Close down to its waxen petals,
  And its beautiful golden heart,
And He said: "From this precious lily
  I am very loth to part."

So He called the Gardener to Him,
  And said: "It has need of care;"
Transplant it very gently
  To the upper garden fair;

For the sultry noontide cometh
  To drink its fragrant dew,
And perchance a sudden tempest
  May sweep this garden through;

But safe in my sheltered Eden
  The flower shall bloom away,
And the Gardener, as bidden,
  Transplanted it that day.

And those who walked in the garden
  But noted its empty place,
Nor knew that the beautiful lily
  In the Master's eyes found grace.

No man was ever so much deceived by another as by himself.

MRS FLY AND HER FAMILY ARRIVE

Fight the Flies

WISE people predict that the day will come when housekeepers will be just as ashamed to have flies in their homes as rats or mice. Since prevention is always better than cure, it is well to begin the campaign early in summer. A thorough cleaning of the premises will do away with much that breeds flies, and a stern determination to keep the ground about the house free from filth will see wonders accomplished. Have it understood that not a bit of waste from the kitchen is ever to be thrown on the ground, that all sweepings are to be religiously burned, that chickens and live stock are to be kept at a safe distance from the kitchen, and that all vessels containing slop must be covered. Have you ever noticed the myriads of flies about a crumb of sugar or a spoonful of jam dropped by some careless hand? If so you will readily see that the crumbs from the kitchen swept into the yard will furnish food for a whole army of pests.

When a storm is coming the insects gather in swarms on porches ready to swoop down the instant the door is opened. A good plan on such occasions is to have a pail of boiling water, and with a broom dipped into it, sweep down the flies by hundreds, making sure they are really dead. The cleanest of housekeepers are not free from this affliction on rainy days, so the best way is to go in and out as little as possible, brushing the screen each time.

Poison fly paper has much to commend it, if it is kept out of reach of the children. It is swift and sure, and few flies can resist it. Of course, there is some danger that the dying flies will drop into uncovered vessels of food, but with care this may be avoided. The sticky kinds of paper have the added advantage of keeping the fly when they catch him, but where space is limited it is hard to manage. One thing ought never to be done, and that is to shroud the whole house in darkness to get rid of the flies. Even a few flies are better than a house shut up like a vault and as dark as the grave.

Breeding Places

Manure piles are the ideal breeding places for flies, and for this reason should never be located near the house. A clean barn helps make a clean house, but it is not always possible to dispose of the manure every day in the busy season. The family dog should not be allowed to drag his dinner here and there over the porches, but be taught to eat at a distance from the back door. Allowing milk vessels to stand uncovered will draw hundreds of flies, and milk spilled on the floor or given to the cat out of doors brings trouble.

And never, never allow the baby to wander about with food and the flies helping themselves from it. Flies carry disease germs, and the same dirty insect that a moment ago was on filth in the barnyard may the next be on the baby's food as he wanders about the lawn. If the child is hungry he will sit quietly in the kitchen until the bread and butter disappears, and if not the wait till meal time will not hurt him.

The ideal closet is connected by an underground pipe with a running stream, but if this is impossible a good supply of earth may be always on hand to use each day. Lime frequently scattered about will keep down the odor and also the chance for fly breeding. A stout box that may be carted to the field and emptied frequently is the best thing for a country closet, but if this is impossible it should be located at some distance from the dwelling.

Of course, much may be accomplished each day by a determined killing of such flies as creep in, or boldly enter while the youngest member of the family makes his slow exit. A wire brush or folded newspaper will bring down the pest and not damage the wallpaper, unless the lady of the house gets angry and mashes the fly. A light blow is sufficient, but there are housekeepers with such a hatred for flies that nothing short of annihilation will satisfy them when they strike one. Cleanliness is the keynote in successfully battling with flies, and it wins every time.

Using Disinfectants

Bear in mind the difference between a disinfectant and deodorant; the former kills germs, while the latter destroys odors but does not kill germs. Many so-called disinfectants have very little germ-killing power, and are simply deodorants.

Cleanliness is the foremost agency in destroying disease germs. Sunlight is a valuable destroyer of bacteria; its importance cannot be overestimated. Moisture is favorable to growth of bacteria. Germs thrive in damp corners.

Boiling water is one of the most efficient disinfectants; one-half hour boiling destroys all disease germs.

Bichloride of mercury or corrosive sublimate in solution, one part to 1,000 parts of water, may be used for wiping infected woodwork, etc. It should not be used on metal. It is extremely poisonous, and has no color or odor; great care must be exercised in its use.

Carbolic acid in 3% or 5% solution in water is most effective. This is poisonous, but its strong odor reveals its presence. It may be mixed with typhoid discharges; soiled bedding may be soaked in this solution before boiling.

Chloride of lime, 6 ounces to a gallon of water, is excellent in scrubbing floors.

For disinfecting a room after the patient has left, formaldehyde is most efficient. This does not injure fabrics, furniture or hangings. This is usually used under the direction of an officer of the board of health. It is exceedingly poisonous.

Do not buy disinfectants about which you know nothing.

Sulpho-naphthol is excellent to use about the kitchen sink. A little in the water in which wounds, scratches, etc, are washed, will prevent infection.

State Flowers

By many the goldenrod is said to be our national flower. The flowers of the respective states are: Alabama, goldenrod; Arkansas, aster; California, poppy; Colorado, columbine; Delaware, peach blossom; Idaho, syringa; Illinois, wood violet; Iowa, wild rose; Maine, pine cone and tassel; Michigan, apple blossom; Oklahoma, mistletoe; Minnesota, moccasin flower; Missouri, goldenrod; Montana, bitter-root; Nebraska, goldenrod; New Jersey, the sugar maple; New York, rose and sugar maple tree; Oregon, Oregon grape root; Rhode Island, violet and maple tree; Vermont, red clover; Washington, rhododendron.

He that by the plow would thrive himself must either hold or drive.

Good fortune comes to him who takes care to keep her.

He that makes himself an ass must not take it ill if men ride him.

Always taking out and never putting in soon reaches the bottom.

He who has most patience best enjoys the world.

Give me an ass that carries me in preference to a horse that throws me.

He who has good health is young, and he is rich who has no debts.

Many a man who thinks he is right doesn't go ahead.

It is easier to lead a man to drink than it is to drive him away from it.

He that borrows must pay again with shame or loss.

Charge for the advice you hand out and people will gladly take it.

He only is the learned man who knows enough to make him live well.

A QUARTET OF CHEVIOTS

These beautiful Cheviot sheep came originally from the Cheviot Hills of England, where amid valleys and some mountain regions they have been produced to perfection for many centuries. They are of medium size, are well adapted to hilly land, are superlatively good grazers, can stand close confinement and produce a fleece weighing from eight to ten pounds. They are larger and more rangy than the Southdown, for example, and are better adapted than some of the other breeds to rough countries and severe climates. At present, they are most numerous in New York and Indiana and although adapted to range conditions, they have not been widely introduced on the western plains. The fleece is longer than that of the Dorset or that of the Southdown. Cheviots are particularly handsome from the sheep standpoint, and a flock in a pasture or on a lawn present a most attractive appearance.

The Corn Song

Heap high the farmer's wintry hoard!
Heap high the golden corn!
No richer gift has Autumn poured
From out her lavish horn!

And now, with autumn's moonlit eves,
Its harvest-time has come,
We pluck away the frosted leaves,
And bear the treasure home.

Where'er the wide old kitchen hearth
Sends up its smoky curls,
Who will not thank the kindly earth,
And bless our farmer girls!

But let the good old crop adorn
The hills our fathers trod;
Still let us, for his golden corn,
Send up our thanks to God!

Would You Farm Right?

The progressive farmer cannot afford to do without books. The assistance of the new agricultural knowledge and experience is necessary if he would make the most of his business. He must move with the times. The proper rotation of crops, the treatment of soils, the breeding of animals, the care and disposition of the products of the farm, demand the most thorough, scientific knowledge, in order that the wealth of the farm may be realized.

It is especially necessary for the young man who looks forward to a life on the farm to become thoroughly acquainted with the whole body of modern agricultural science. The old methods heretofore practiced are insufficient; these must be supplemented by a thorough familiarity with all modern agricultural knowledge.

Nearly half a century ago our Book Department published its first rural book. Since then it has made a steady, strong and substantial growth. Now it is the largest rural publishing house in the world—not only in extent of business, but in range of subjects. Its book list embraces every department of farm interest, and since the authors are recognized specialists in their respective lines, the books are acknowledged as standards, both by practical men and eminent agricultural educators in all English-speaking countries.

In presenting the following list to our friends and patrons, it is with great pleasure that we recommend these books as being suitable for the farmers' library. They are adapted alike for the amateur as well as the professional tiller of the soil, since their aim is to teach the best ways of handling crops, animals, etc, to best advantage.

On application, we will mail to anyone sending us six cents in stamps to cover cost of mailing, a copy of our New Illustrated Catalog, containing detailed descriptions of upward of 500 of the most practical and modern books on agriculture and allied subjects published in the English language. The titles and descriptions have been arranged so that the reader can inform himself, at a glance, concerning the books on any subject, and also to obtain readily such general information as will enable him to make an intelligent and judicious selection.

GENERAL

Farmers' Cyclopedia of Agriculture, E. V. Wilcox and C. B. Smith	$3.50—$4.50
Gardening for Profit, by Peter Henderson	1.50
Gardening for Pleasure, by Peter Henderson	1.50
Southern Gardeners' Practical Manual, by J. S. Newman	1.00
Money in the Garden, by P. T. Quinn	1.00
Market Gardening and Farm Notes, by Burnett Landreth	1.00
Gardening for Young and Old, by Joseph Harris	1.00
Play and Profit in My Garden, by E. P. Roe	1.00
Brill's Farm Gardening and Seed Growing, by Francis Brill	1.00
Truck Farming in the South, by A. Oemler	1.00
American Farm Book, by Richard L. Allen	2.00
Manual of Agriculture, by George B. Emerson and Charles L. Flint	1.00
Annals of Horticulture, L. H. Bailey	1.00
A B C of Agriculture	.50

FARM SCIENCE

The Study of Corn by V. M. Shoesmith	net	$ .50
Farm Development by W. M. Hays	net	1.75
How Crops Grow, by Prof. Samuel W. Johnson		1.50
How Crops Feed, by Prof. Samuel W. Johnson		1.50
Chemistry of the Farm, by R. Warrington		1.00
Farm Machinery and Farm Motors, J. B. Davidson and L. W. Chase	net	2.00
First Lessons in Dairying, by Hubert E. Van Norman	net	.50
First Principles of Soil Fertility, by Alfred Vivian	net	1.00
Soils, by Charles William Burkett		1.25
Rural School Agriculture, by Charles M. Davis		1.00
Practical Dairy Bacteriology, by Dr. H. W. Conn		1.25
Physical Properties of the Soils, by A. G. McCall	net	.50

FARM SCIENCE—Continued

The Study of Breeds, by Thomas Shaw $1.50
Animal Breeding, by Thomas Shaw 1.50
Feeding Farm Animals, by Prof. Thomas Shaw 2.00
Plant Life on the Farm, by M. T. Masters 1.00
Soil Physics Laboratory Guide, by W. G. Stevenson and I. O. Schaub .... .50
Agriculture Through the Laboratory and School Garden, by C. R. Jackson and L. S. Daugherty ... net 1.50
Systematic Pomology, by F. A. Waugh 1.00
Manual of Corn Judging, by A. D. Shamel .... .50
The Propagation of Plants, by Andrew S. Fuller 1.50
Soiling Crops and the Silo, by Thomas Shaw 1.50
Talks on Manures, by Joseph Harris 1.50
The Soil of the Farm, by John Scott and J. C. Morton 1.00
Bommer's Methods of Making Manures, by George Bommer .... .25
How to Co-operate, by Herbert Myrick 1.00
Pedder's Land-measurer for Farmers .... .50
Bookkeeping for Farmers, by T. Clark Atkeson .... .25

IRRIGATION AND DRAINAGE

Draining for Profit and Draining for Health, by George E. Waring, Jr $1.00
Irrigation Farming, by Lucius M. Wilcox 2.00
Irrigation for the Farm, Garden and Orchard 1.00
Land Draining, by Manly Miles 1.00
Farm Drainage, by Judge French 1.00

HORSES AND THEIR CARE

Dadd's American Reformed Horse Book, by George H. Dadd $2.00
Dadd's Modern Horse Doctor, by George H. Dadd 1.00
Herbert's Hints to Horse Keepers, by Henry William Herbert 1.50
Handbook of the Turf, by Samuel L. Boardman 1.00
Youatt and Spooner on the Horse, by Hon. Henry S. Randall 1.00
Farmers' Cyclopedia of Live Stock, by E. V. Wilcox and C. B. Smith .... 4.50—5.50
The Saddle Horse 1.00
The Horse: How to Buy and Sell, by Peter Howden 1.00
The Family Horse, by George A. Martin 1.00
The Bridle Bits, by Col. J. C. Battersby 1.00
How to Handle and Educate Vicious Horses, by Oscar R. Gleason .... .50
The Percheron Horse, by Col. M. C. Weld .... .50

CATTLE AND DAIRYING

The Farmers' Veterinarian, by C. W. Burkett .... net $1.50
Management and Feeding of Cattle, by Thos. Shaw .... net 2.00
The Business of Dairying, by C. B. Lane .... net 1.25
Questions and Answers on Buttermaking, by C. A. Publow .... net .50
Questions and Answers on Milk and Milk Testing by C. A. Publow and H. C. Troy .... net .50
Profitable Dairying, by C. L. Peck .... .75
Farmers' Cyclopedia of Live Stock, by E. V. Wilcox and C. B. Smith .... 4.50—5.50
Science and Practice of Cheese-Making, by Van Slyke and Publow .... net 1.75
Clean Milk, by S. D. Belcher 1.00
Modern Methods of Testing Milk and Milk Products, by L. L. Van Slyke .... .75
American Cattle Doctor, by George H. Dadd 2.00
The Dairyman's Manual, by Henry Stewart 1.50
Guenon's Treatise on Milch Cows, by Thomas J. Hand 1.00
Keeping One Cow 1.00
Key to Profitable Stock Feeding, by Herbert Myrick .... .25

SHEEP AND SWINE

Swine in America, by F. D. Coburn .... net $2.50
Stewart's Shepherd's Manual, by Henry Stewart 1.00
The American Merino, by Stephen Powers 1.50
Coburn's Swine Husbandry, by F. D. Coburn 1.50
Harris on the Pig, by Joseph Harris 1.00
Farmer's Cyclopedia of Live Stock, by E. V. Wilcox and C. B. Smith .... 4.50—5.50
Diseases of Swine, by Dr. R. A. Craig .... .75
Home Pork Making, by A. W. Fulton .... .50

POULTRY, BEES, AND PETS

Making Poultry Pay, by Edwin C. Powell 1.00
Profits in Poultry 1.00
The New Egg Farm, by H. H. Stoddard 1.00
Poultry Feeding and Fattening, by G. B. Fiske .... .50
Squabs for Profit, by William E. Rice and William E. Cox .... .50
Turkeys and How to Grow Them, by Herbert Myrick 1.00
Quimby's New Bee-keeping, by L. C. Root 1.00
American Bird Fancier, by D. J. Browne and Dr. Fuller Walker .... .50
Canary Birds .... .50

FARM CROPS

The Cereals in America, by Thomas F. Hunt $1.75
The Forage and Fiber Crops in America, by Thomas F. Hunt 1.75
The Book of Alfalfa, by F. D. Coburn 2.00
The Book of Wheat, by P. T. Dondlinger .... net 2.00
The Book of Corn, by Herbert Myrick 1.50
Farm Grasses of the United States of America, by William Jasper Spillman 1.00
Forage Crops Other Than Grasses, by Thomas Shaw 1.00
Soil and Crops of the Farm, by George E. Morrow and Thomas F. Hunt 1.00
Clovers and How to Grow Them, by Thomas Shaw .... net 1.00
Tobacco Leaf, by J. N. Killebrew and Herbert Myrick 2.00
Tobacco Culture .... .25
The Hop, by Herbert Myrick 1.50

FARM CROPS—CONTINUED

American Sugar Industry, by Herbert Myrick $1.50
Alfalfa, by F. D. Coburn .... .50
Silos, Ensilage and Silage, by Manly Miles .... .50
Hemp, by S. S. Boyce .... .50
Wheat Culture, by D. S. Curtis .... .50
Flax Culture .... .30
The Peanut Plant; Its Cultivation and Uses, by J. W. Jones .... .50
Broom Corn and Brooms .... .50

FRUIT CROPS

American Fruit Culturist, by John J. Thomas .... net $2.50
American Apple Orchard, by F. A. Waugh .... net 1.00
Foundations of American Grape Culture, by T. V. Munson .... net 3.00
Successful Fruit Culture, by Samuel T. Maynard 1.00
Plums and Plum Culture, by Prof. F. A. Waugh 1.50
Fruit Harvesting, Storing, Marketing, by F. A. Waugh 1.00
Dwarf Fruit Trees, by F. A. Waugh .... .50
The Fruit Garden, by P. Barry 1.50
Citrus Fruits and Their Culture, by H. Harold Hume .... net 2.50
The Nut Culturist, by Andrew S. Fuller 1.50
American Grape Growing and Wine Making, by George Hussman 1.50
Grape Culturist, by A. S. Fuller 1.50
Pear Culture for Profit, by P. T. Quinn 1.00
Quince Culture, by W. W. Meech 1.00
Peach Culture, by Hon. J. Alexander Fulton 1.00
Cranberry Culture, by Joseph J. White 1.00
Small Fruit Culturist, by Andrew S. Fuller 1.00
Field Notes on Apple Culture, by Prof. L. H. Bailey, Jr .... .75
Chorlton's Grape Grower's Guide, by William Chorlton .... .75
The Practical Fruit Grower, by S. T. Maynard .... .50
Cape Cod Cranberries, by James Webb .... .40
Strawberry Culturist, by Andrew S. Fuller .... .25

VEGETABLE CROPS

The Potato, by Samuel Fraser $0.75
Tomato Culture, by Will W. Tracy .... .50
Bean Culture, by Glenn C. Sevey .... .50
Celery Culture, by W. R. Beattie .... .50
Making Horticulture Pay, M. G. Kains .... net 1.50
The New Onion Culture, by T. Greiner .... .50
Onions; How to Raise Them Profitably .... .20
Cabbage, Cauliflower, Etc., by C. L. Allen .... .50
Asparagus, by F. M. Hexamer .... .50
Sweet Potato Culture, by James Fitz .... .50
Mushrooms; How to Grow Them, by William Falconer 1.00
The New Rhubarb Culture, by J. E. Morse .... .50

FLORICULTURE

Greenhouse Construction, by L. R. Taft $1.50
Greenhouse Management, by L. R. Taft 1.50
Practical Floriculture, by Peter Henderson 1.50
Home Floriculture, by Eben E. Rexford 1.00
The Window Flower Garden, by Julius J. Heinrich .... .50
Your Plants, by James Sheehan .... .40
Bulbs and Tuberous-rooted Plants, by C. L. Allen 1.50
Parsons on the Rose, by Samuel B. Parsons 1.00
The Chrysanthemum, by A. Herrington .... .50

ANDSCAPE GARDENING AND FORESTRY

Landscape Gardening, by F. A. Waugh $0.50
Ornamental Gardening for Americans, by Elias A. Long 1.50
Beautifying Country Homes, by Weidenmann 10.00
Hedges, Windbreaks, Shelters and Live Fences, by E. P. Powell .... .50
Forest Planting, by H. Nicholas Jarchow 1.50
Practical Forestry, by Andrew S. Fuller 1.50

INSECTS AND PLANT DISEASES

Insects Injurious to Vegetables, by T. H. Chittenden $1.50
Spraying Crops, by C. M. Weed .... .50
Insects and Insecticides, by Clarence M. Weed 1.50
Treat's Injurious Insects of the Farm and Garden, by Mrs. Mary Treat 1.50
Fumigation Methods, by Willis G. Johnson 1.00

BUILDINGS AND CONVENIENCES

Homes for Home Builders, by W. D. King $1.00
Modern House Plans for Everybody, by S. B. Reed 1.00
Handy Farm Devices, by R. Cobleigh .... net 1.50
Cottage House, by S. B. Reed 1.00
Barn Plans and Outbuildings 1.00
Poultry Architecture, by G. B. Fiske .... .50
Fences, Gates and Bridges .... .50
Farm Conveniences 1.00
Farm Appliances .... .50
Poultry Appliances and Handicraft, by G. B. Fiske .... .50

SPECIAL SUBJECTS

The Ice Crop, by Theron L. Hiles $1.00
Cider Makers' Handbook, by J. M. Trowbridge 1.00
Ginseng, by M. G. Kains .... .50

SPECIAL SUBJECTS—CONTINUED

Silk Culture, by Mrs. C. E. Bamford	$ .30
Our Farm of Four Acres, and the Money We Made by It	.30
Ten Acres Enough, by I. P. Roberts	1.00
The Dogs of Great Britain, America and Other Countries	1.50
American Game Bird Shooting, by John Mortimer Murphy	1.50
Home Fishing and Home Waters, by Seth Green	.50
Hunter and Trapper, by Halsey Thrasher	.50
Practical Taxidermy and Home Decoration, by Joseph G. Batty	1.00
Hints on Rifle Practice with Military Arms, by C. E. Prescott	.25

MISCELLANEOUS

Cache la Poudre, by Herbert Myrick	net $6.00—$1.50
The Promise of Life, by Herbert Myrick	.50
A Swim for Life	1.00
The Bride's Primer	1.50
The End of the World, by Edward Eggleston	1.50
The Mystery of Metropolisville, by Edward Eggleston	1.50
Left-Overs Made Palatable, by Isabel Gordon Curtis	1.00
New Methods in Education, by J. Liberty Tadd	net 3.00—2.00
The Hoosier Schoolmaster, by Edward Eggleston	1.25

Besides our regular publishing business we maintain headquarters for all kinds of agricultural and industrial books, no matter where published. This long-established and widely experienced department is at the service of our patrons and friends, who may call upon us even for unlisted books of no matter what nature, in the full confidence that we will fill their orders at the regular market price with the greatest possible dispatch.

ORANGE JUDD COMPANY

439 Lafayette St. • • • New York, N. Y.

Why Farmers Ought to Advertise—and How

The Farmer Finds It Pays to Advertise His Products Direct to the City Consumer and to His Brother Farmers

This is an age of advertising. It is the most powerful factor in modern business life, and while already some farmers have realized that they can make money by advertising, there are numbers of progressive farmers who have not advertised because they feel they don't know how to take the first step.

But it is really an easy matter to write an advertisement of your farm produce that will sell the goods for you.

How to Write an Advertisement

First of all, tell the truth. If the article you are advertising is not in first-class condition, don't say that it is, but rather say: "In fair condition."

Second, be brief, but to the point. Read over your adv and see if you could not say the same thing just as well in fewer words. Tell the essential things that a purchaser would be most likely to want to know. Tell about the *quality*.

Third, be sure to give names, dimensions and prices.

In other words, tell all the things *you* would want to know if you were an intending purchaser. If your article is of a well-known make or has a trade mark or a familiar name by which it is known, be sure to mention that.

Write Just as You Would Talk

to anyone you were trying to sell something to. Never mind the grammar, but say what you actually feel and your grammar will take care of itself, and when you have signed your full name and address you will be surprised to find what a readable adv you have written. Some people think careful grammar or big words necessary. Not at all. Just tell your story in a clear, straightforward way, so that everyone who reads it will know you mean exactly what you say, and be perfectly honest. If you misrepresent ever so slightly, your customer will feel he has been ill-used, and nine men out of ten would rather *give* you a dollar than feel they had been *done* out of ten cents. Honesty is not only the *best* policy—it's the *only* policy in advertising. Much better say of your advertised article, "It's in *fair* condition" or "It's been used a *little*," than say, "In splendid condition," or "Never been used."

Display advertising is more profitable for many things than small classified advs. It does cost a little more, but your adv will stand right out and catch the eye the moment the page is turned. In display advertising you should have two or three words set in large type, so as to attract the attention. Usually the name of the article you are advertising should be the largest, and then you can add in a somewhat smaller type a short phrase—just five or six words—that *explains* a little more about your article or makes so strong an appeal to the reader that he will feel as though *he* must buy what *you* are advertising. There you have the foundation for a rattling good adv that will produce sales if the small text matter following gives, in the fewest possible words, *why* your article is different from others, *because* of the way it is made, the conditions under which it is produced, etc. Then give the dimensions, prices, etc.

You Can Tell the Space an Adv Will Occupy

by the following rules. **For convenience,** most newspapers have adopted what is termed the agate line standard, so they can readily tell the space occupied by any given adv, and the price is figured at so much per agate line.

This line is set in agate type

It contains seven words, and this is the average number of words contained in any agate line of a single newspaper column, although, of course, if the words are short ones, a line may contain nine or ten, while if the words are long, it may contain only five or six, but seven is the average.

It takes 14 of these lines, one below the other, to make an inch in depth, so if you want to write a 1-inch adv, you must limit yourself to 98 words, but of course you will want some of the words displayed in large type as headlines, so you will have to allow for the headlines by subtracting enough words to equal the space occupied by the display headlines. For instance, you want a quarter-inch headline. Now that is equal to four agate lines, so you will have to subtract 28 words from your 98 words, which will leave you but 70 words for your adv. Then if you want another line half as big, you will have to subtract 14 words more, which will leave 56 words, and then it is well to try and condense these 56 words into 40 words, so you can have a little white space, which will set off the display lines to better advantage.

You Can Figure the Cost of Display Advs

For display advs just decide how much space your adv is to occupy, seven lines to a half inch and 14 lines to a full inch. If you want your adv double column, just multiply by two, that is, 1-inch double column adv contains 2 inches of space, or 28 agate lines. Then multiply the number of agate lines in your adv by the price per line, which is 40 cents for the New England Homestead, 50 cents for the Orange Judd Farmer and 60 cents for the American Agriculturist. If you want an advertisement in all three of the papers, the combined rate is $1.25 an agate line.

We'll Help to Write Your Advs

if you will tell us just exactly what it is you want to sell, give us full particulars as to prices, etc.

Classified Advs are Money Makers, too

The small Want and For Sale advs in Orange Judd Company's classified adv departments, called the "Farmers' Exchange," "Our Real Estate Market" and "Our Help Bureau," are often as profitable as display advs—for advertising *some* things they are much *more* profitable.

If you want to reach your *brother farmers* and sell them surplus stock, some particular variety of seed, plants, vegetables or berry shrubs, that you have perfected; if you want to sell some of your property, implements or tools that you have outgrown.

Or, if you are in the market for live stock, seeds, plants, second-hand implements, etc; if you want to buy a few more acres, or a whole farm; or, if you are in want of farm help, or the good wife in want of a hired girl.

Everyone has Something to Advertise

at some time or other, if one stops to think. How many articles there are in woodsheds, lofts, lumber rooms and wagon sheds—implements, tools, vehicles, farm machinery and even furniture—that have not been used for months, perhaps, and which have been replaced by more modern and serviceable things, but whose days of usefulness are by no means over, and which would be eagerly bought by people who have to economize, but who perhaps have just the place for something that you can no longer find use for.

Readers Open Paper at Classified Advs

for the value of advertising by the farmer himself is more appreciated today than ever before, the up-to-date agriculturist naturally turning to the advertising columns of his farm paper when he wants live stock, seeds, implements or hired men. Then, when he has any surplus stock, produce, or tools that he has outgrown, but which some brother farmer might value, he inserts a small "FOR SALE" adv.

Low Rates for Classified Advs

To find the cost of a classified adv in the Farmers' Exchange, Help Bureau and Real Estate Market, you count the number of words, including your name and address, counting each initial and abbreviation as a word, and then multiply the number of words by 4 cents for the New England Homestead, 4 cents for the Orange Judd Farmer and 5 cents for the American Agriculturist.

Cash must accompany the order for both Display and Classified advs.

An Adv with Us Covers the United States

Of course, you know there are three editions of the American Agriculturist weeklies, the American Agriculturist proper, that covers the middle and southern Atlantic states, the Orange Judd Farmer, that covers all the states west of the Ohio and Mississippi rivers, and the New England Homestead, that covers the six New England states.

The maps on the next page show the number of paid subscribers each of these three journals has, while underneath the maps are the advertising rates for both the display columns and the classified advertising.

We Guarantee all Our Advertisers

so before we accept an adv from anyone, we require them to give us the full particulars regarding their proposition, which we hold as strictly confidential, and we reserve the right of rejecting any adv for reasons that may appear satisfactory to ourselves. We do not accept any liquor advs, or any objectionable advs of any kind, medical or otherwise. Write to us freely, ask all the questions you want. You will find an advertisement will "move the goods." Address your letters to the Advertising Manager at the office nearest you.

Orange Judd Company, *Publishers*

Headquarters
439 Lafayette Street, New York, N. Y.

Eastern Office
1-57 Worthington Street
Springfield, Mass.

Western Office
1448 Marquette Building
Chicago, Ill.

INDEX

www.ingramcontent.com/pod-product-compliance
Lightning Source LLC
Chambersburg PA
CBHW080827220526
45467CB00008B/2222
9781717037121